毫米波合成孔径雷达技术

王 辉 著

科学出版社

北京

内 容 简 介

毫米波频段应用是合成孔径雷达（synthetic aperture radar, SAR）的重要发展趋势。本书围绕毫米波 SAR 的前沿体制方向论述了相应的信号处理与信息应用技术研究进展。第 1 章为概论，首先介绍了毫米波 SAR 的技术特点和发展历程，明确了毫米波 SAR 的科学特点；第 2 章、第 5 章依次论述了收发分置调频连续波体制的空基、天基 SAR 成像技术，重点分析了超高分辨率滑动聚束、实时成像等前沿工作模式；第 3 章、第 6 章论述了多通道脉冲体制的空基、天基毫米波 SAR 信号模型，并形成了成像处理、多模式干涉测量信号处理方法；第 4 章讨论了地基 W 波段逆合成孔径雷达(ISAR)技术；第 7 章面向不同的应用场景，具体介绍了几种典型毫米波 SAR 图像的应用技术，归纳总结了具有工程化实现基础的噪声抑制、目标检测与海洋信息反演技术途径，满足多行业遥感数据产品需求。

本书主要面向专门从事毫米波 SAR 技术方向的研究人员，同时也可供其他频段 SAR 系统与信号处理方向的研究人员阅读。

图书在版编目（CIP）数据

毫米波合成孔径雷达技术/王辉著. —北京: 科学出版社, 2022.12
ISBN 978-7-03-073247-7

Ⅰ. ①毫⋯ Ⅱ. ①王⋯ Ⅲ. ①毫米波雷达-合成孔径雷达-研究 Ⅳ. ①TN958

中国版本图书馆 CIP 数据核字（2022）第 178626 号

责任编辑：周 涵 郭学雯 / 责任校对：杨聪敏
责任印制：吴兆东 / 封面设计：无极书装

科 学 出 版 社 出版
北京东黄城根北街 16 号
邮政编码：100717
http://www.sciencep.com

北京建宏印刷有限公司 印刷
科学出版社发行 各地新华书店经销

*

2022 年 12 月第 一 版　开本：720×1000　B5
2023 年 9 月第二次印刷　印张：20
字数：401 000
定价：178.00 元
（如有印装质量问题，我社负责调换）

前　言

　　合成孔径雷达 (syntheic aperture rader, SAR) 技术从 20 世纪 70 年代被提出以来，在国内外均得到了迅速发展，已经广泛应用于国民经济等重要领域，已经成为对地遥感观测的一种重要手段。

　　随着 SAR 对地遥感观测向着更高分辨率、更高精度、更精细表征的方向发展，新体制、新模式、新频段的 SAR 技术研究随之展开。其中，毫米波因其更大的相对带宽、更小的天线尺寸、更短的干涉基线、更强的细节描述能力，成为未来 SAR 对地遥感观测技术的重要发展方向，得到了国内外研究机构的广泛重视。同时毫米波频段核心功率器件水平的提升，也从工程实现角度促进了理论与方法研究的加速。

　　国际上从 20 世纪 90 年代开始了机载毫米波 SAR 技术的研究，经过多年的理论攻关和飞行验证，21 世纪初进一步开展了星载毫米波 SAR 的论证研究，并取得了大量的研究成果。

　　结合国内毫米波频段核心功率器件水平的发展，作者于 2012 年率先在国内提出了星载毫米波 SAR 技术的研究方向在分析毫米波频段特点与应用需求的基础上经过调研与论证分析，提出了两大技术体制——调频连续波体制和基于数字波束合成 (DBF) 扫描接收技术的脉冲体制。

　　本书内容基于作者前期的研究成果，并力求将最新的研究方法融入其中，根据机载、星载、地基不同平台和脉冲、连续波不同体制的特点，分别讨论了成像处理、运动目标检测、干涉测量等面向不同应用场景的典型毫米波 SAR 信号处理与图像应用处理方法。

　　随着毫米波遥感机理研究的不断深入和各国相应项目的不断推进，星载毫米波 SAR 系统也即将加入到在轨 SAR 卫星的大家庭中，大量毫米波 SAR 遥感数据的获得必将促进毫米波 SAR 处理理论与方法的飞速进步。希望通过本书的阐述与总结，能够使对毫米波 SAR 技术方向感兴趣的研究人员得到启发，为后续工作提供帮助。

　　本书重视处理方法理论与实际的联系，大部分处理方法都经过实测数据的验证，内容编排力求逻辑严谨、知识连贯。郑世超、吴思利等帮助完成了各章节的修订，在此表示感谢。最后，感谢上海航天技术研究院毫米波成像技术研究团队，他们的工作与成果是本书内容的基础；感谢李春升、邢孟道等专家在毫米波 SAR

技术研究过程中给予的帮助和支持，感谢上海市毫米波空天信息获取及应用技术重点实验室的帮助与支持。

虽然我们在编写本书时做了努力，但作者水平有限，书中不妥之处在所难免，恳请读者批评指正。

王　辉

2022 年 10 月

目　　录

第 1 章 概 论

1.1 SAR 原理及其发展

1.1.1 SAR 原理

合成孔径雷达 (synthetic aperture radar, SAR) 是一种主动微波遥感设备, 它通过雷达平台和目标之间的相对运动, 在一定积累时间内, 将雷达在不同空间位置上接收的宽带回波信号进行相干处理, 从而得到目标二维图像。

在距离向, SAR 通过发射大时宽带宽积的线性调频信号进行脉冲压缩来提高分辨率, 这一点与常规雷达一致; 在方位向, SAR 利用目标和雷达的相对运动形成一个虚拟的合成孔径来获得高分辨率, 工作时在匀速直线运动的平台上以一定的脉冲重复频率发射和接收脉冲信号, 将回波信号进行相干处理之后实现方位向的高分辨率。

雷达在 (地面) 距离上的分辨率被定义为系统能够区分的两点之间的最小距离。如果距离较远点的回波脉冲的前沿到达时间迟于距离较近点的回波脉冲的后沿到达时间, 那么每个点在雷达回波的时间上可以区分开。如果雷达脉冲的持续时间是 τ_{p}, 那么两个可分辨点之间的最小间隔为

$$\Delta R_{\mathrm{g}} = \frac{\Delta R_{\mathrm{s}}}{\sin \theta} = \frac{c\tau_{\mathrm{p}}}{2\sin \theta} \tag{1.1}$$

其中, ΔR_{s} 为斜距分辨率; c 为光速; θ 为入射角。

地面成像带和雷达波束宽度的关系如图 1.1 所示。

为了获得理想的距离分辨率 ΔR_{g}, 要求脉冲持续时间 τ_{p} 很短, 导致系统占空比以及平均发射功率非常小, 系统信噪比 (SNR) 无法满足目标观测的要求。因此, SAR 系统采用脉冲压缩技术同时实现高分辨率 (用较长的脉冲) 和高信噪比。对接收到的脉冲信号进行压缩处理 (匹配滤波), 可以获得的距离分辨率变为

$$\Delta R_{\mathrm{g}} = \frac{c}{2B_{\mathrm{r}}\sin \theta} \tag{1.2}$$

其中, B_{r} 为发射信号的带宽。

SAR 系统中方位向 (平行于平台飞行方向) 的高分辨率是通过合成孔径技术得到的, 这是 SAR 系统与其他雷达系统的本质区别。SAR 系统利用雷达天线随

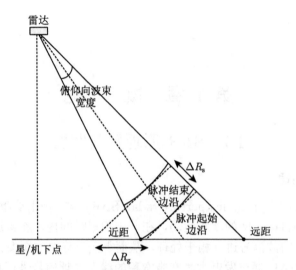

图 1.1　地面成像带和雷达波束宽度的关系

着平台运动而形成虚拟的天线阵列，在平台运动过程中雷达依次采集、存储回波信号。在信号处理时对雷达和目标之间距离变化量引入的相位进行补偿，并将同一目标的多个回波信号相参叠加，从而实现方位向的高分辨率。方位向合成孔径示意图如图 1.2 所示。

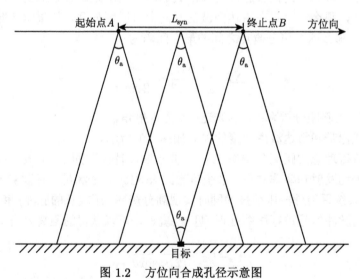

图 1.2　方位向合成孔径示意图

在雷达天线波束照射目标期间平台移动的距离为 L_{syn}，天线的方位向尺寸为 D_{a}。其中合成孔径长度由实际天线的方位向波束宽度 θ_{a} 以及雷达与目标之间的

距离 R 决定，即

$$L_{\mathrm{syn}} = \theta_{\mathrm{a}} \cdot R = 0.886 \cdot \frac{\lambda}{D_{\mathrm{az}}} \cdot R \qquad (1.3)$$

考虑信号的发射和接收双程传播，任意两次采集时天线到目标的相位差是单程传播引入相位差的 2 倍，所以合成孔径虚拟天线阵列的等效波束宽度变为

$$\theta_{\mathrm{az}} = 0.886 \cdot \frac{\lambda}{2L_{\mathrm{syn}}} \qquad (1.4)$$

因此，通过合成孔径信号处理之后，SAR 的方位分辨率提升为

$$\Delta R_{\mathrm{az}} = \theta_{\mathrm{az}} R = 0.886 \cdot \frac{\lambda R}{2L_{\mathrm{syn}}} = 0.886 \cdot \frac{\lambda R}{2} \cdot \frac{D_{\mathrm{az}}}{0.886 \cdot \lambda R} = \frac{D_{\mathrm{az}}}{2} \qquad (1.5)$$

从上面的分析可以发现，合成孔径处理得到的方位分辨率与平台和目标之间的距离无关，只取决于天线的方位向尺寸。

1.1.2 SAR 的发展

1951 年 6 月，美国 Goodyear 宇航公司的 Carl Wiley 首先提出通过频率分析方法改善雷达的角分辨率。与此同时，美国伊利诺伊大学控制系统实验室独立地用非相参雷达进行实验，验证了频率分析方法能改善雷达的角分辨率。自此，在各国政府的高度重视与支持下，SAR 技术得到了飞速发展。1978 年 6 月 27 日，美国国家航空航天局 (NASA) 发射装载 SAR 载荷的 Seasat-A 海洋卫星，标志着星载 SAR 由实验室研究向应用研究的关键转变，开创了星载合成孔径雷达的历史。该系统在整个飞行期间获取了地表一亿平方千米的高质量图像数据，证明了合成孔径雷达从航天高度获取高分辨率图像的能力，开启了 SAR 技术研究和应用的新纪元。经过 60 多年的发展，SAR 技术已经成为自然资源普查、自然灾害监测的重要技术手段。

1. 星载 SAR

星载 SAR 技术方面，自 1978 年美国成功发射第一颗 SAR 卫星 Seasat-1 以来，星载 SAR 受到世界上许多国家的重视。苏联于 1991 年发射了 Almaz-1 SAR 卫星，欧洲空间局于 1991 年发射了 ERS-1 SAR 卫星，日本于 1992 年发射了其第一颗 SAR 卫星 JERS-1，加拿大于 1995 年发射了 Radarsat-1 SAR 卫星，这些卫星在国民经济领域都发挥了重要作用。进入 21 世纪以来，星载 SAR 技术的发展速度不断加快，意大利、以色列、中国、印度、俄罗斯、韩国、阿根廷也已经先后发射了自己的 SAR 卫星，SAR 技术的应用不断拓展。

Seasat 卫星获得的 SAR 图像如图 1.3 所示。

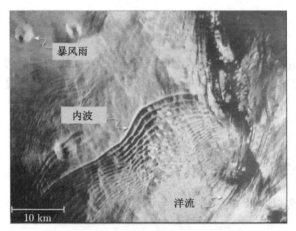

图 1.3　Seasat 卫星获得的 SAR 图像

目前，世界上较为先进的在轨星载 SAR 系统多采用多极化、多模式、相控阵的技术路线，典型系统如德国的 TerraSAR-X 系列卫星、加拿大的 Radarsat 系列卫星、欧洲空间局的 "哨兵"(Sentinel) 系列卫星、以色列的 TecSAR 卫星和中国的高分三号 (GF-3) 卫星等。图 1.4 给出了高分三号卫星获取的一幅 SAR 图像 (厦门)。

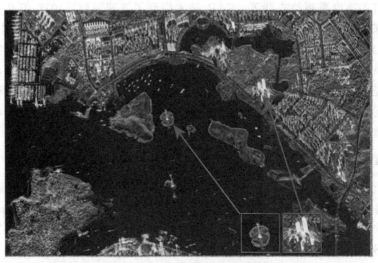

图 1.4　高分三号卫星获取的一幅 SAR 图像 (厦门)

目前已经发射的星载 SAR 雷达主要工作在 L、C、X 波段，其中对分辨率要求相对较低的星载雷达通常采用 L、C 等低频段，而高分辨率星载 SAR 常采用 X 频段。随着对高精度信息获取需求的不断提升，星载 SAR 技术开始向更高的毫米波频段发展，美国国家航空航天局、德国航空太空中心 (DLR) 等研究机构先后开展了星载毫米波 SAR 系统的论证工作。可以预见，随着相关技术水平的不断发展，在不远的将来，星载毫米波 SAR 也会进入实际应用阶段。

表 1.1 统计给出了至今已经发射的部分典型星载 SAR 系统的概况。

表 1.1 典型星载 SAR 系统

型号	国家或地区	发射时间	波段	最高分辨率	成像幅宽/km	入射角	工作模式
Seasat-1	美国	1978 年	L	25m	100	固定	条带
SIR-A	美国	1981 年	L	40m	50	47°	条带
SIR-B	美国	1984 年	L	25m	20~50	15°~60°	条带
SIR-C/X	美国	1994 年	C/X	15m	15~90	15°~60°	条带
ERS-1/2	欧洲	1991 年,1994 年	C	30m	56~100	23°	条带
JERS-1	日本	1992 年	L	20m	75	35°	条带
ALMAZ-1	俄罗斯	1991 年	C	10m	40	30°~60°	条带
Radarsat-1	加拿大	1995 年	C	9m	50	20°~45°	条带, 扫描
ENVISAT	欧洲	2002 年	C	30m	50~100	15°~45°	条带, 扫描
ALOS	日本	2006 年	L	7m	40~350	20°~45°	条带
SAR-Lupe	德国	2006 年	X	优于 1m	5.5~60	天线指向固定	条带, 聚束
Radarsat-2	加拿大	2007 年	C	3m	20~500	20°~60°	条带, 扫描
TerraSAR	德国	2007 年,2010 年	X	1m	10~100	20°~55°	条带, 扫描, 聚束
TecSAR	以色列	2008 年	X	1m	10~100	天线指向固定	条带, 聚束, 马赛克
Sentinel	欧洲	2014 年	C	5m	80~400	20°~44°	条带, TOPS
高分三号	中国	2017 年	C	1m	10~650	17°~60°	条带, 扫描, 聚束

2. 机载 SAR

机载 SAR 技术方面，1972 年，美国喷气推进实验室 (JPL) 就进行了 L 波段星载 SAR 的机载校飞。到今天，世界上先进的机载 SAR 一方面向多频段、多通道、多极化、多模式、超高分辨率、三维观测能力的高性能复杂系统发展，典型系统如法国航空航天研究中心 (ONERA) 的 RAMAES 系统、美国全球鹰 Lynx SAR 系统和德国 FGAN-FHR 的 PAMIR 系统；另一方面向兼顾高分辨率、动目标检测、实时成像的小型化无人机 SAR 系统发展，典型系统如美国 ImSAR 公司研发的 NanoSAR 系统。

1) 法国 RAMAES 系统

法国航空航天研究中心研制的多频段、多通道 RAMAES 系统，其在 X 频段和 Ku 频段的分辨率达到了 0.1m，它通过发射五个 300MHz 的线性调频信号子脉冲串，完成距离大带宽的合成，通过天线轨迹的精确获取来获得方位 0.1m 的分辨率。

2) Lynx SAR 系统

Lynx 工作于 Ku 波段，可工作于 15.2～18.3GHz 的约 3GHz 频带内，其工作模式可由地面控制站通过链路进行选择，其聚束模式的分辨率达 0.1m，条带模式达 0.3m，作用距离为 30km。采用实时运动补偿技术，即使无人机在转弯或做其他机动飞行时也能形成高质量图像。

3) 德国 PAMIR 系统

PAMIR 系统是一个宽带相控阵 SAR/GMTI(地面运动目标指标) 系统，系统中心频率为 9.45GHz，带宽为 1820MHz，PAMIR 系统具有 5 个接收通道，能够支持 SAR 体制下先进的阵列信号处理技术，比如能够支持利用空时自适应处理 (STAP) 技术进行 GMTI 杂波抑制，能够支持 ECCM(电子对抗) 和干涉合成孔径雷达 (interferometric synthetic aperture radar, InSAR) 高分辨率 3D 成像。该系统采用了先进的相控阵天线技术和多载频的发射波形及收发方案。PAMIR 系统获得的 SAR 图像如图 1.5 所示。

图 1.5　PAMIR 系统获得的 SAR 图像

4) 美国 NanoSAR 系统

NanoSAR 系统由微型合成孔径雷达开发商 ImSAR 公司研发，第一代系统为 Nano SAR-A，第二代系统为 NanoSAR-B。NanoSAR 系统的载机包括 "扫描鹰" 和 E-BUSTER (BLACKLIGHT)™ 小型无人机。

NanoSAR-A 是世界上最小的合成孔径雷达，载荷质量为 0.9kg，包括导航系统、天线、电缆、实时成像处理器和接收端。该系统全部采用机上实时成像处理，并提供 NTSC 视频进行实时影像分析。NanoSAR-A 系统及其获取的 SAR 图像如图 1.6 所示。

图 1.6 NanoSAR-A 系统及其获取的 SAR 图像

表 1.2 统计给出了部分典型机载 SAR 系统的概况。

表 1.2 典型机载 SAR 系统

型号	国家	波段	最高分辨率	主要工作模式	主要飞行平台	主要特点
NanoSAR	美国	X	1m	条带	"扫描鹰"和 E-BUSTER (BLACKLIGHT)™ 小型无人机	世界上最小的合成孔径雷达
Lynx	美国	Ku	0.1m	条带、聚束、GMTI、相干变化检测	捕食者无人机、I-GNAT 无人机、MQ-9 收割者无人机	通用原子公司开发
HISAR	美国	X	1.8m	条带、聚束、广域动目标检测 (MTI)、广域搜索、海面监视	"全球鹰"无人侦察机、RC-7B 低空多功能侦察机	海上巡逻、地面测绘成像、边境监视、环境资源管理、交通、农业、森林监控
ARL-M	美国	X	1.8m	广域动目标显示、聚束	ARL 低空侦察机	低空机载侦察
TESAR	美国	Ku	0.3m	条带、聚束、GMTI	捕食者无人机	诺斯罗普·格鲁曼公司开发
STacSAR	美国	Ku	0.5m	条带、聚束、GMTI	—	可进行机上实时成像处理,得到的图像可实时下传到地面站

型号	国家	波段	最高分辨率	主要工作模式	主要飞行平台	主要特点
TUSAR	美国	Ku	0.3m	条带、聚束、GMTI	—	诺斯罗普·格鲁曼公司为美国陆军开发的项目
IFSARE	美国	X	3m	—	ERIM 的 Lear jet 36 飞机	能够提供高精度的三维地形图像
AER-I/II	德国	X	1m	SAR 成像、SAR/GMTI、4 通道极化、4 通道干涉、多视角、聚束	—	验证机载环境下有源相控阵天线的应用前景
PAMIR	德国	X	0.1m	斜视条带、聚束、滑动聚束、Scan-MTI、InSAR、ISAR	—	AER、AER-II 的下一代产品
MISAR	德国	Ka	0.5m	SAR 成像、MTI	LUNA 无人机	质量小于 4kg，具备实时处理能力
MEMPHIS	德国	Ka、W	0.2m	SAR 成像、干涉	—	多基线干涉
MIRANDA	德国	W	0.15m	SAR 成像	NEO S-300 无人机	具备实时处理能力
MiSAR	荷兰	Ka	0.3m	—	Stemme S10 轻型电动滑翔机	荷兰 Delft 理工大学开发
RAMSES	法国	P、L、S、C、X、Ku、Ka、W 可选	0.11m	快视、高分辨条带、Flashlight 成像、InSAR、PolInSAR	Transall C160（平台已退役）	设计初衷是为军用雷达提供测试平台，逐渐应用于科研领域的新技术测试
SETHI	法国	P、L、X、UHF/VHF	0.1m	高分辨率成像、InSAR、PolInSAR	Falcon 20	民用机载 SAR 系统，用于科学研究
CV-580	加拿大	C、X	6m	宽视角、窄条带、宽条带	Convair-580 飞机	首架在我国境内开展成像飞行的国外遥感飞机
Sea Dragon	俄罗斯	X	—	SAR、ISAR	Il-38 和 Tu-204P 海上巡逻机，Tu-142M-Z 反潜战飞机	已装备俄罗斯和印度海军
ASTOR	英国	X	0.5m	条带、聚束、广域搜索 GMTI	BD-700、Sentinel R1	具有和美军 JSTARS 系统协调作战能力

型号	国家	波段	最高分辨率	主要工作模式	主要飞行平台	主要特点
QuaSAR	英国	L、S、C、X、Ku 可选	0.3m	条带、聚束、GMTI	无人机	采用通用雷达组件，可以不同方式组合
PI-SAR	日本	X、L	1.5m	干涉、极化干涉	—	用于进行全球环境和灾难的监测

3. 未来发展趋势

随着世界各国 SAR 技术的发展和越来越多 SAR 系统性能的不断丰富、提升，未来 SAR 技术将得到更加广泛的应用，SAR 正朝着能够为人们提供更为广阔、更为丰富、更为细致目标信息的方向发展。从目前来看，SAR 技术的发展趋势将是高频段、高分宽幅、多极化、多模式、多平台、三维信息获取等。

1) 高分宽幅 SAR 技术

高分宽幅是星载 SAR 发展的重要方向之一。一方面，灾害情况评估、目标检测识别等遥感应用对 SAR 图像的空间分辨率指标提出了很高的要求；另一方面，海洋资源检测、灾区应急勘探等遥感应用要求雷达系统具备宽幅成像的能力。然而，传统的星载 SAR 体制在空间分辨率与测绘带宽度之间存在相互制约的关系，难以同时实现高空间分辨率和宽测绘带的对地观测。针对这一问题，国际上对诸如多通道收发、参数捷变、压缩感知等不同的技术路线开展了大量研究与实践，更具创新性的工作模式也在探索之中。

2) 三维地形测绘 SAR 技术

作为 SAR 技术发展中的一个重要分支，InSAR 利用天线之间的视角差异来提取地形高程信息，完成对目标区域的三维地形获取，目前被广泛地应用于地表形变监测、测绘、冰川研究等领域。然而，传统的 InSAR 系统在对地形突变、低相关区域及叠掩区域观测时，难以实现高精度的、高稳定度的三维测绘，无法满足日益扩大的应用需求。针对这一问题，研究具备三维分辨能力的 SAR 成像体制与模式可以很好地弥补 InSAR 测绘能力的不足，从而大大拓展 SAR 测绘的应用范围。目前基于多基线层析、阵列下视成像、圆迹成像等不同路线的三维成像技术均在国内外机载、星载试验中得到验证。

3) 多基 SAR 技术

多基 SAR 通过灵活配置系统发射端和接收端的相对位置，能够扩展传统单基 SAR 的功能并提升其性能。多基星载 SAR 通过灵活配置卫星间垂直轨迹向上的间距，可形成多条不同长度的基线，结合长、短基线的优势，从而获得更高的高程测量精度。目前最为成功的在轨多星 SAR 系统是德国的 TerraSAR-X/TanDEM-X，它由两颗 X 波段星载 SAR 系统组成,一次飞行可以得到多幅干涉高程图。TanDEM-X 工作示意图如图 1.7 所示。

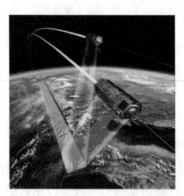

图 1.7 TanDEM-X 工作示意图

4) 多极化 SAR 技术

多极化 SAR 技术利用电磁波的全矢量特性,能够获取目标的极化散射回波特性。由于目标的介电常数、物理特征、几何形状等对电磁波的极化方式比较敏感,因而极化散射矩阵蕴含着丰富的目标信息。极化测量获得的目标散射矩阵可用于提取目标极化特征参数,在农业大面积地物分类、森林物种识别、地质结构描述、土壤湿度估计、海冰监测、海洋学等领域有着广泛的应用。现阶段,各国学者在极化 SAR 领域的目标最优极化、多极化分解、极化图像分类、极化 SAR 目标检测识别等方面进行了大量研究工作。

随着 SAR 技术的飞速发展,众多新思想、新模式、新方法不断涌现,发展趋势正在从单项技术突破向概念体制更新转变、从单源信息应用向多源信息应用转变。随着这些新思想、新模式、新方法面临的工程化、应用化技术难题的解决,未来 SAR 技术将进入新的跨越式发展时期。

1.2 毫米波特性

毫米波是处于微波和光波之间的电磁波,频率范围为 30～300GHz,也就是波长范围在 1～10mm。毫米波雷达技术最早起步于第二次世界大战时期,由于需要提高雷达的精度、分辨率,人们便开始了毫米波雷达技术的研究。但是,由于毫米波在大气中传播时受到降雨、沙尘天气等的严重影响,还由于激光和红外探测技术的快速发展,所以毫米波雷达技术的发展举步不前。直到 20 世纪 80 年代后期,毫米波雷达关键技术的突破,使得毫米波雷达快步复苏,并且发达国家还把毫米波技术设定为重点研究项目。近几年,由于国民经济领域高精度的要求,更进一步地推动了毫米波雷达技术的发展，也使毫米波雷达的应用更为广泛。

1.2.1　毫米波大气传播特性

毫米波的主要大气效应是由气体 (水蒸气和氧气)、云和雨引起的。氧气和水蒸气是大气中的气体成分，可以深度影响 20~300GHz 频率范围内的电磁波传播。氧气吸收电磁波是由于氧分子的共振，尤其是在 50~70GHz 频段，118.7GHz 和 300GHz 以上。氧气衰减取决于空气压力和温度。水蒸气吸收是由于电磁波引起分子相互作用，例如，在 22.253GHz、183.3GHz 和 324.4GHz 是一些典型吸收线。水蒸气吸收是气象参数的函数，受到诸如表面压力、温度和水蒸气总含量 (WVTC) 的影响。在频率高于 10GHz 的情况下，因降雨衰减导致的严重中断损失时间会达到每年百分之几的时间。

2008 年，D'Addio 等分析了基于扫描接收天线波束的星载 Ka 波段 SAR 的性能 [1]。在模拟中，相对于传统的 SAR 系统架构，基于接收扫描的系统在降雨率高 10 倍的情况下具有相同的性能。因此扫描接收技术可有效降低雨水对 Ka 波段的衰减和杂波影响。

2009 年，Danklmayer 和 Chandra 根据德国卫星 TerraSAR-X 实际数据采集和同步天气雷达测量，对 X 波段和 Ka 波段的 SAR 成像中降水的影响进行了定量估计 [2]。降雨区域模型如图 1.8 所示。假设其高度为 4km，且区域为均匀降雨。他们通过图中所示模型模拟 Ka 波段 (35GHz) 的双向路径衰减与降雨量之间的关系，并对比了 TerraSAR-X 图像和由天气雷达测量生成的模拟 Ka 波段 SAR 图像，发现 10mm/h 的降雨率对 Ka 波段 SAR 图像能够产生明显的影响。

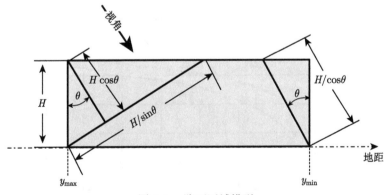

图 1.8　降雨区域模型

2009 年，Waske 等分析了降水对 Ka 波段 InSAR 性能的影响。Waske 等提出了干涉图相干性的扩展形式以评估降雨对 InSAR 随机高度误差的影响 [3]，并证明在中雨情况下，Ka 波段 InSAR 可以满足与 HRTI-3 规范兼容的随机高度误差。

2012 年，Capsoni 等设计了一个紧凑的高分辨率 Ka 波段 SAR，并研究晴天和均匀云覆盖直至降雨的情况下天气对 Ka 波段 SAR 成像质量的影响 [4]。在均匀云覆盖的情况下，利用分层模型来对衰减和云反向散射进行数值估计。

根据国际电信联盟 (ITU) 的规定进行的统计分析表明，Ka 波段对地观测信号因气体效应引起的双向衰减在 90% 的时间约为 2dB，而高达 95% 的时间则低于 5dB。

1.2.2　毫米波地物后向散射特性

目标的电磁特性即目标的电磁散射特性，包括目标散射场的幅度、相位、频率、极化、角闪烁等特性，其中最重要的就是雷达散射截面 (RCS)。反射信号的一个重要特征是当入射波垂直接近圆形的表面时，产生极大的反射。入射角不同时，目标反射信号可能快速变化 (称为角闪烁)，从而表现出雷达截面积随入射角变化而变化 [5-8]。

2005 年，美国麻省理工学院针对 X、Ka、W 的杂波后向散射特性开展了研究与对比分析，分别基于 160GHz、520GHz、1.56THz 的 1/16 紧缩场 ISAR 成像完成试验验证。

试验发现，水平 (HH) 极化条件下，Ka 波段比 X 波段后向散射系数强 2.5~5.5dB (大入射角时差别较大)；垂直 (VV) 极化条件下，Ka 波段比 X 波段后向散射系数强 2~4dB (大入射角时差别较大)。不同波段归一化后向散射系数的对比 (HH 极化) 如图 1.9 所示；不同波段归一化后向散射系数的对比 (VV 极化) 如图 1.10 所示。表 1.3 为 Ka 波段与 X 波段后向散射系数的对比。

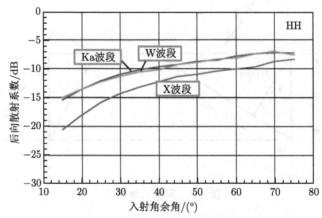

图 1.9　不同波段归一化后向散射系数的对比 (HH 极化)

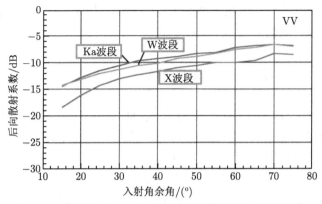

图 1.10   不同波段归一化后向散射系数的对比 (VV 极化)

表 1.3   Ka 波段与 X 波段后向散射系数的对比

波段	极化	入射角 70°		入射角 30°	
		σ^0(理论值)	σ^0(实测值)	σ^0(理论值)	σ^0(实测值)
X 波段	HH	−18dB	−17dB	−10dB	−10dB
	VV	−17dB	−16dB	−11dB	−10dB
Ka 波段	HH	−15dB	−14dB	−6dB	−8dB
	VV	−14dB	−13dB	−7dB	−7dB

2012 年，欧州空间局为了对后续星载 Ka 波段 SAR 工程研制提供相关数据支撑，支持开展了 Ka SAR-2012 项目研究。该项目通过机载飞行试验获取的大量数据对不同入射角下、不同地物在 Ka 波段的后向散射特性进行了研究分析。

其统计给出的不同波段农田区域实测平均后向散射系数对比如图 1.11 所示，该项目对农田区域的平均后向散射系数统计表明，Ka 波段在 10° ∼ 70° 入射角

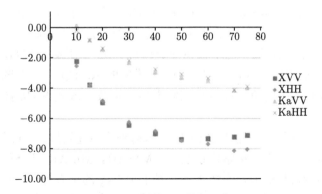

图 1.11   不同波段农田区域实测平均后向散射系数对比

范围内农田区域平均后向散射系数为 $0 \sim -4\text{dB}$，明显强于同入射角范围内 X 波段的平均后向散射系数 $(-2 \sim -8\text{dB})$。

1.3　毫米波 SAR 技术发展

与低频段的 SAR 相比，毫米波 SAR 具有如下优点。①可实现分辨率高。毫米波波段可用带宽大且相同波束宽度下毫米波天线尺寸更小，所以毫米波 SAR 可以比较容易地获得比低频段 SAR 更高的距离向和方位向分辨率。②体积小、质量轻。毫米波波段天线及射频模块的尺寸远小于低频段，因此毫米波 SAR 系统具有体积小、质量轻的特点。③干涉基线短，毫米波波长短，因此获取相同的干涉测量精度，毫米波 InSAR 的基线比低频段 SAR 要小很多。④目标轮廓效应明显。雷达工作频段越高，目标轮廓效应就越明显。在 Ka 波段，目标几何外形的轮廓能产生更强的回波，有利于获取清晰的目标几何特征。⑤穿透力较弱。毫米波对植被、雪、土壤等的穿透力较弱，信号反射大部分发生在雪和树冠等的顶部，因而毫米波 SAR 可实现对冰雪的精确测量。⑥抗干扰能力强。由于目前大量电子战装备的工作频率尚未完全覆盖毫米波频段，所以毫米波 SAR 的电子对抗性能相对更强。

随着核心功率器件水平的不断提升，最近几年，美国和欧洲纷纷开始研究 Ka 波段和 W 波段在 SAR 领域的应用。在机载方面，已经完成了 Ka 波段和 W 波段系统的研制和应用；在星载方面，技术人员的兴趣主要集中在更具有工程可实现性的 Ka 波段 SAR 技术的研究上。

1.3.1　机载毫米波 SAR 技术的发展

机载毫米波 SAR 技术的发展始于 20 世纪 90 年代，美国麻省理工学院林肯实验室于 1991 年率先发表了他们在机载 Ka 波段 SAR 技术方面的成果，他们完成了全极化高分辨率 Ka 波段 SAR 系统的研制和飞行试验，获得了 0.3m 分辨率的 Ka 波段 SAR 图像，用于开展毫米波成像机理研究；同一时期，美国马丁·玛丽埃塔公司 (洛克希德·马丁公司前身) 于 1992 年研发了 35GHz 机载双极化 SAR 系统并开展飞行试验，获取了 1m 分辨率的 Ka 波段 SAR 图像。这两套机载毫米波 SAR 系统的研制和成功试验为后续机载毫米波 SAR 技术的发展奠定了基础。

进入 21 世纪后，机载毫米波 SAR 技术得到了飞速发展。2003 年，德国 EADS 公司推出了第一代 SAR 传感器系统——MISAR。MISAR 是一种高度小型化的 Ka 波段调频连续波 SAR，安装在载荷量小于 5kg 的无人机上，并对搭载在微型无人机上的 SAR 系统进行了首次飞行测试，成功展示了它在极小安装平台上获得高质量成像的能力。随后在多次飞行试验以及获得的研制经验基础上，该公司开发出了第二代 MISAR。MISAR 系统样机及获取的 SAR 图像如图 1.12 所示。

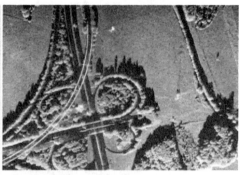

图 1.12　MISAR 系统样机及获取的 SAR 图像

2004 年，美国桑迪亚国家实验室完成了机载 Ka 波段 SAR 系统飞行试验，获得并公开了大量 0.1m 分辨率的高质量 Ka 波段 SAR 图像，充分验证了 Ka 波段 SAR 相比低波段 SAR 图像类光学、细节特征信息丰富的特点，极大证明了毫米波 SAR 在高质量精细观测方面的突出优势。

2004 年，我国取得了机载毫米波 SAR 技术方面的研究成果。该系统工作在 Ka 波段，采用集中馈电 (行波管) 和抛物面天线的工作体制，具备实时成像功能，通过飞行试验获得了 1m 分辨率的 SAR 图像。

2005 年至今，德国高频物理与雷达技术研究所–尚频物理与雷达研究中心 (FGAN-FHR) 开展了大量机载毫米波 SAR 技术研究工作，先后研制了多套 Ka、W 波段 SAR 系统并完成了多次飞行试验：①同时工作在 35GHz 和 94GHz 的 Ka/W 双频多基线干涉 SAR 系统 MEMPHIS，可以实现距离分辨率优于 0.2m、方位分辨率优于 0.05m 的高分辨率成像，并获得 0.2m 左右的测高精度；②W 波段 (94GHz) 的 MIRANDA 系统，该系统用于无人机平台，可以实现 0.15m 的高分辨率成像；③Ka 波段 (35GHz) 的 MIRANDA-35 系统，该系统主要用于开展相干变化检测研究，该系统同样可以获得 0.15m 的 SAR 图像。MEMPHIS 系统获得的 Ka 波段 SAR 图像如图 1.13 所示，NEO S-300 无人机 MIRANDA 系统飞行试验如图 1.14 所示，MIRANDA 成像结果如图 1.15 所示。

2011 年，中国科学院研制出我国第一个机载毫米波三基线 InSAR 系统，该系统工作在 Ka 波段，采用喇叭天线，为保证通道之间的一致性，采用毫米波开关完成不同通道射频信号的切换，并使用一路接收机实现宽带信号接收。该系统通过飞行试验获得了 0.5m 分辨率的 SAR 图像和优于 1m 的高程测量精度。高程起伏地形的数字地表模型 (DSM) 如图 1.16 所示。

图 1.13   MEMPHIS 系统获得的 Ka 波段 SAR 图像

图 1.14   NEO S-300 无人机 MIRANDA 系统飞行试验

图 1.15   MIRANDA 成像结果

图 1.16   高程起伏地形的 DSM

经过近 30 年的发展，机载毫米波 SAR 技术已经由最初的采用集中功放、喇叭天线的简单系统工作体制向固态分布式功放、相控阵天线的复杂工作体制发展，系统功能更加丰富、性能不断提升。通过对不同系统的研制和飞行试验，突破了毫米波 SAR 系统研制及数据处理方面的大量关键技术，对毫米波遥感机理的认识不断深入，大大推动了毫米波 SAR 技术的进步。

1.3.2 星载毫米波 SAR 技术的发展

由于毫米波波段大气衰减大于传统低频段，所以前期星载毫米波 SAR 的发展受到了较多的限制。近年来随着大量毫米波 SAR 技术研究的开展和相应工艺水平的提高，星载毫米波 SAR 开始进入快速发展阶段。

2003 年，美国洛克希德·马丁公司首次提出了 Ka 波段星载可重构孔径聚束 SAR 的设计方案。该方案中卫星轨道高度设定为 700km，系统馈源选择高功率固态收发 (TR) 阵列器件，入射角 15° ～70° 变化时，通过开关部分 TR 模块来重构 SAR 的孔径。该系统设计可以实现的距离和方位向分辨率都为 1m。

2005 年，德国航空太空中心针对地球探索者计划 (EE8) 提出了 SIGGD 系统 (SAR for Ice Glacier and Global Dynamics)。SIGGD 是一种创新的 Ka 频段 SAR，其主要目的是准确估计冰川、冰盖、极地变化，测量海拔、流速，为更好地了解冰川盆地的水文以及南北极水循环提供科学研究支撑，填补全球冰川的平衡和动力学数据库的空白。该系统使用一对编队飞行卫星，获得所需的长基线以实现高度灵敏度和测量的稳定性。

2006 年，JPL 提出了"冰川和陆地冰面地形干涉仪"(GLISTIN) 系统的论证方案 [9,10]，该系统是一个实现冰川和冰层表面测绘的新型的 Ka 波段 SAR 系统，具有高空间分辨率，高垂直测量精度，并且不受云层覆盖的影响的特点。该系统为单平台干涉合成孔径雷达 (InSAR)。Ka 波段 8mm 的波长使雪的穿透性最小化并且兼顾了大气损耗的影响；与激光雷达相比，这个频段的 SAR 对云层不敏感，可提供足够的测绘带宽、次季节性的再访问频率周期和固有的可变的空间分辨率；在冰川和沿海地区可达到米级垂直精度的空间分辨率；在内陆可达到分米级垂直精度的空间分辨率。

为解决宽测绘和高发射功率的限制，GLISTIN 采用 DBF 技术，天基系统中 GLISTIN 第一个提出这样的设计理念。通过论证，该系统在内陆表面高程测量精度优于 10cm，在沿海地区高程精度达到几十厘米。该系统轨道高度大约为 600km，92° 倾角非太阳同步轨道，地面测绘带宽为 70km。该系统能完全覆盖南极和其他更多中等纬度的范围，可提供足够的测绘带宽、次季节性的再访问频率周期和固有的可变的空间分辨率。GLISTIN 系统示意图如图 1.17 所示。

2007 年，美国国家研究理事会发布了第一个有关地球科学和应用的十年空间

图 1.17   GLISTIN 系统示意图

观测计划，SWOT(the Surface Water and Ocean Topography) 是其中有关地表水和海洋地形的一个科学研究项目 [11-18]，原计划 2016 年发射 (目前已经推迟发射)。SWOT 的主载荷之一为 Ka 波段的 InSAR，其工作频率为 35GHz，信号带宽为 200MHz，可以实现 0.75m 的斜距分辨率和 5m 的地距分辨率。SWOT 系统天线尺寸为 4m×0.2m，干涉基线长度为 10m。利用该系统，可实现海面的高精度和宽测绘带测量，从而对海洋中小范围的变化进行研究；同时也可测量陆地水体高度，对陆地水体的储存和流失造成的空间和时间分布进行研究。SWOT 系统模型图如图 1.18 所示。

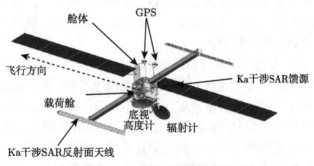

图 1.18   SWOT 系统模型图

SWOT 系统采用星下点双测绘带模式，同时对星下点两侧进行观测，每个测绘带宽度为 60km，两侧共 120km，两测绘带波束分别为 H 极化和 V 极化。采用偏馈发射阵列天线 (相控阵)，通过调节射频网络移相器控制天线指向，同时发射 H 极化和 V 极化波束，指向不同测绘带。同时星下点高度计在星下点有一条很窄的路径，用来测高。SWOT 任务示意图如图 1.19 所示。

2008 年，欧洲空间局提出了基于扫描接收技术 (scan on receive，SCORE) 的 Ka 波段星载 SAR 的设计方案 [19,20]。鉴于系统组件在高频段容易产生较大的损耗，所以在设计时采用收发分离的天线架构：发射时选用高增益的反射面天线，

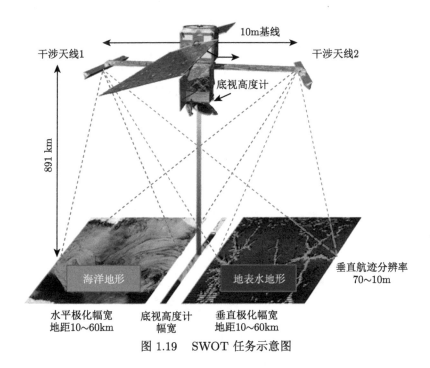

图 1.19 SWOT 任务示意图

接收时选用 8 通道的相控阵天线，并采用基于 DBF 的扫描接收技术。采用这种系统架构，能有效降低对发射功率的需求，采用扫描接收技术还能减小雨水的后向散射对成像性能的干扰。

2010 年，欧洲空间局又进行了 Ka 波段 SAR 实现单平台高分辨率干涉的验证工作。该系统同样使用了基于高增益天线的扫描接收技术[21]。该系统工作频率为 35.75GHz，发射带宽为 300MHz，利用 2m×0.35m 的发射天线和 2.25m 直径的接收天线，能够获得 1m×1m 的分辨率，同时该雷达具有 12m 的干涉基线长度。实验结果表明，Ka 波段的 12m 基线可以获得非常高的高程测量精度。欧洲空间局 Ka InSAR 硬件配置示意图如图 1.20 所示。

2012 年，意大利阿莱尼亚航天公司提出一种在 Ka 频段工作的单星 SAR 干涉仪[22,23]，采用改进的双基地方案设计，满足了单星干涉测量需求。其采用三副天线，其中一副只用于发射，安装在卫星本体，两副接收天线安装在吊杆顶端，并且通过天线的设计具备提供交轨干涉和顺轨干涉的能力。

2013 年，德国航空太空中心在欧洲空间局提供基金支持的情况下，也对 Ka 波段干涉 SAR 系统进行了研究并提出了设计方案。该方案中卫星向两侧各伸出 10m 的天线支撑臂，两个发射天线安装在天线支撑臂末端，两个接收天线则安装在卫星星体上，干涉基线长度约为 10m，两个发射天线和两个接收天线均为抛物面天线。该系统在方位向两发两收，采用 DBF 技术，并在数据处理上采用多孔径处理方法 (MAPS)，降低脉冲重复频率 (PRF)，同时获得宽测绘带；距离向采用 SCORE 技术获得高增益。系统结构可以调整为 4 个相位中心的结构，可以同时实现干涉和 GMTI。Ka-InSAR 系统示意图如图 1.21 所示。

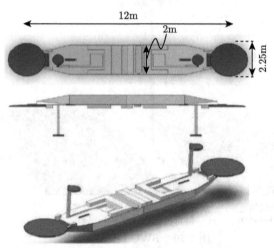

图 1.20　欧洲空间局 Ka InSAR 硬件配置示意图

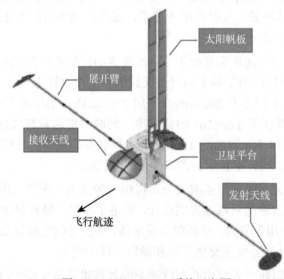

图 1.21　Ka-InSAR 系统示意图

2014 年，荷兰航天局和德国航空太空中心提出了一种 5 通道具备 GMTI 功能的 Ka 频段高分宽幅 (HRWS)SAR 系统 [24-27]，可在 1.5m×1.5m 分辨率下实现

50km 幅宽的目标场景观测，系统灵敏度优于 −18dB，方位模糊 (AASR) 和距离模糊 (RASR) 均优于 −20dB。基于 HRWS-GMTI 算法，可实现测速精度 10km/h 的 GMTI。

2016 年，德国航空太空中心提出了一种在 Ka 波段中运行的单通道跨轨道星载干涉 SAR 方案 [28-31]。该单通道跨轨干涉仪高度扫描波束侧视角为 25°，一个发射天线是由位于焦平面中的馈电阵列馈送的单个偏置反射器。该天线能够通过馈源阵列和矩阵开关产生 8 个扫描波束。接收端有两个接收天线 (MFA)，每个接收天线由三个偏置反射器组成，该三个偏置反射器由也位于反射器系统的焦平面中的馈电阵列馈电，以实现扫描接收操作。每个接收天线可产生 56 个仰角波束，每个波束由 3 个相邻馈源产生。每个接收天线的主反射器位于可展开的桁架桅杆的尖端，而由两个双曲环面反射器组成的固定的双成像反射器系统容纳在卫星平台的地面平台上。

经过十余年的发展，星载毫米波 SAR 技术已经由单纯的技术验证性质的系统探索论证阶段发展到具有明确应用和工程研制计划的系统设计、研制阶段 [32,33]。随着天基毫米波遥感机理研究的不断深入和各国相应项目的不断推进，星载毫米波 SAR 系统在不久的将来必将加入在轨星载 SAR 卫星的大家庭中。

参 考 文 献

[1] D'Addio S, Ludwig M. Rain impact on sensitivity of Ka-band scan-on-receive synthetic aperture radars[C]// Geoscience and Remote Sensing Symposium, IEEE, 2008:III-1174-III-1177.

[2] Danklmayer A, Chandra M. Comparison of precipitation effects in space-borne X-and Ka-band SAR imaging[C]// Geoscience and Remote Sensing Symposium, IEEE, 2009:IV-909-IV-912.

[3] Waske B, Ludwig M. Modelling and analysis of rain effect on Ka-band single pass InSAR performance[C]// Geoscience and Remote Sensing Symposium, IEEE, 2009: IV-913-IV-916.

[4] Capsoni C, Guarnieri A M, Riva C, et al. Impact of atmospheric propagation in a Ka-band space-borne SAR for imaging and interferometry[C]// Geoscience and Remote Sensing Symposium, IEEE, 2012:3815-3818.

[5] Ulaby F T, Dobson M C. Handbook of Radar Scattering Statistics for Terrain[M]. Boston/London: Artech House, 1989.

[6] Nashashibi A, Ulaby F T, Sarabandi K. Measurement and modeling of the millimeter-wave backscatter response of soil surfaces[J]. IEEE Transactions on Geoscience & Remote Sensing, 1996, 34(2):561-572.

[7] Vandermark D , Chapron B, Sun J, et al. Ocean wave slope observations using radar backscatter and laser altimeters[J]. J. Phys. Oceanogr., 2004, 34(12):2825-2842.

[8] Tanelli S, Durden S L. Simultaneous measurements of Ku- and Ka-band sea surface cross sections by an airborne radar[J]. IEEE Geosci. Remote Sens. Lett., 2006, 3(3):359-363.

[9] Moller D, Heavey B, Hodges R, et al. The Glacier and Land Ice Surface Topography Interferometer (GLISTIN): a novel Ka-band digitally beamformed interferometer[R]. JRL, 2006.

[10] Moller D, Hensley S, Sadowy G A, et al. The Glacier and Land Ice Surface Topography Interferometer: an airborne proof-of-concept demonstration of high-precision Ka-band single-pass elevation mapping[J]. IEEE Transactions on Geoscience & Remote Sensing, 2011, 49(2):827-842.

[11] Cao F, Tupin F, Nicolas J M, et al. Extraction of water surfaces in simulated Ka-band SAR images of KaRIn on SWOT[C]// Geoscience and Remote Sensing Symposium, IEEE, 2011:3562-3565.

[12] Fjortoft R, Gaudin J M, Pourthie N, et al. KaRIn on SWOT: characteristics of near-nadir Ka-band interferometric SAR imagery[J]. IEEE Transactions on Geoscience & Remote Sensing, 2013, 52(4):2172-2185.

[13] Moller D, Esteban-Fernandez D. Near-Nadir Ka-band Field Observations of Freshwater Bodies[M]. New York: John Wiley & Sons, Inc, 2014:143-155.

[14] Vaze P, Kaki S, Limonadi D, et al. The surface water and ocean topography mission[C]// IEEE Aerospace Conference, IEEE, 2018.

[15] Fjørtoft R, Gaudin J M, Pourthie N, et al. KaRIn - the Ka-band radar interferometer on SWOT: measurement principle, processing and data specificities[C]// Geoscience and Remote Sensing Symposium, IEEE, 2010:4823-4826.

[16] Wu X, Hensley S, Rodriguez E, et al. Near nadir Ka-band sar interferometry: SWOT airborne experiment[C]// Geoscience and Remote Sensing Symposium, 2011:2681-2684.

[17] Rodriguez E. Surface Water and Ocean Topography (SWOT) mission science requirements document[OL]. Jet Propulsion Laboratory, California Inst. Technol., Pasadena, CA, USA, Tech. Rep., Oct. Available: http://swot.jpl.nasa.gov/science/. 2011.

[18] Fu L, Alsdorf D, Morrow R, et al. SWOT: The Surface Water and Ocean Topography Mission: Wide-Swath Altimetric Measurement of Water Elevation on Earth[M]. Pasadena, CA, USA: Jet Propulsion Laboratory, 2012.

[19] Ludwig M, D'Addio S, Saameno-Perez P. Ka-band SAR for spaceborne applications based on scan-on-receive techniques[C]// Synthetic Aperture Radar (EUSAR), 2008 7th European Conference on. VDE, 2008:1-4.

[20] Ludwig M, D'Addio S, Aguirre M, et al. Imaging Ka-band SAR interferometer[C]// International Asia-Pacific Conference on Synthetic Aperture Radar, IEEE, 2011:1-4.

[21] Ludwig M, D'Addio S, Engel K, et al. A spaceborne Ka-band SAR interferometer concept based on scan-on-receive techniques[C]// European Conference on Synthetic Aperture Radar, VDE, 2010:1-4.

[22] Germani C, Venturini R, Ludwig M, et al. Ka-band SAR interferometer[C]// Geoscience and Remote Sensing Symposium, IEEE, 2012:5598-5601.

[23] Schaefer C, Lopez-Dekker P. Interferometric Ka-band SAR with DBF capability[C]// European Conference on Synthetic Aperture Radar, VDE, 2012:7-10.

[24] Ludwig M, Daganzo-Eusebio E, Davidson M. Ka-Band radar missions for earth observation[C]// Geoscience and Remote Sensing Symposium, IEEE, 2014:2289-2292.

[25] Tienda C, Younis M, Lopez-Dekker P, et al. Ka-band reflect array antenna system for SAR applications[C]// European Conference on Antennas and Propagation, IEEE, 2014:1603-1606.

[26] Patyuchenko A, Younis M, Krieger G. Compact X/Ka-band dual-polarization spaceborne digital beamforming synthetic aperture radar[C]// Radar Symposium, IEEE, 2015:1-3.

[27] Jacobs S, Bekers D, Monni S, et al. Design considerations on a sparse array antenna for Ka-band spaceborne SAR applications[C]// Radar Conference, IEEE, 2015:409-412.

[28] Lori M, Zolla P, Pfeiffer E, et al. Design and performance of a spaceborne Ka-band interferometrie SAR antenna system[C]// IEEE International Symposium on Antennas and Propagation, IEEE, 2016.

[29] Jacobs S, Bekers D, Monni S, et al. Introducing sparsity in a spaceborne Ka-band SAR antenna[C]// European Conference on Antennas and Propagation, IEEE, 2016:1,2.

[30] Mao C X, Gao S, Tienda C, et al. X/Ka-Band dual-polarized digital beamforming synthetic aperture radar[J]. IEEE Transactions on Microwave Theory & Techniques, 2017, 65(11):4400-4407.

[31] Bekers D J, Jacobs S, Bolt R J, et al. Design of a Ka-band sparse array antenna for spaceborne SAR applications[C]// European Microwave Conference, 2017:117-120.

[32] Wang H, Jiang M, Zheng S. Research on bi-satellite Ka-band FMCW SAR design and imaging[C]// EUSAR 2016, European Conference on Synthetic Aperture Radar, Proceedings of. VDE, 2016.

[33] Wang H, Chen Z, Zheng S. Preliminary research of low-RCS moving target detection based on Ka-band video SAR[J]. IEEE Geoscience & Remote Sensing Letters, 2017, 14(6):811-815.

第 2 章　连续波体制机载毫米波合成孔径雷达技术

2.1　概　述

SAR 系统的小型化是 SAR 技术的重要发展方向，所谓的 SAR 系统小型化就是在不影响成像质量的前提下尽可能减小雷达系统的体积、质量和功耗。小型化的 SAR 系统可以安装到更小、更灵活的飞行平台上，这将有助于降低对搭载平台的载重要求，扩展 SAR 的使用范围。

毫米波 Ka 波段乃至 W 波段天线及其射频模块尺寸小，可提升 SAR 系统的集成度，大幅降低系统体积与质量。在此基础上进一步结合 FMCW 体制的毫米波 FMCW SAR 已经成为国际上机载小型化 SAR 系统的首选。

FMCW SAR 是 FMCW 技术与 SAR 技术的融合。相比于传统的脉冲体制合成孔径雷达，FMCW 体制的 SAR 系统在达到相同平均发射功率的情况下峰值发射功率大大降低；同时 FMCW SAR 系统采用去调频 (dechirp) 接收方式，有效降低回波信号的数据量。但是，由于 FMCW SAR 基于持续地发射和接收信号，脉冲持续时间很长，发射和接收信号的过程中雷达的移动不能忽略，传统脉冲 SAR 成像处理时设定的"走–停"假设不再成立，所以需要针对性地完成成像处理方法的改进。

FMCW SAR 近 100% 的发射占空比，可大幅降低功放组件数量，应用于星载系统时，其降低成本的优势尤为突出。而星载系统如果仅采用条带模式，无法获得亚米级的高分辨率成像能力。滑动聚束模式通过雷达天线波束在方位向从前向后的扫描，可以获得更长的合成孔径时间，从而突破天线方位向尺寸的限制而实现更高的分辨率，其已经成为实现高分辨率成像最常用的工作模式。因此，面向未来星载 FMCW SAR 的工程实现的需求，先期开展机载 FMCW SAR 滑动聚束成像技术验证具有重要意义。

另外，随着无人机遥感产业的飞速发展，高性能的小型化传感器需求日益迫切。小型无人机载毫米波 SAR 能够全天时工作并提供类光学的 SAR 图像获取能力，可以很好地满足多行业应用需求。为了提高观测效率与应用效能，要求其具备实时的图像生成能力，如何解决小型无人机平台较大运动误差对 W 波段 SAR 成像的影响的问题，成为决定小型无人机载毫米波 SAR 应用前景的关键所在。

针对上述情况，本章首先介绍机载毫米波 FMCW SAR 基本的条带成像方法，在此基础上给出改进的两步式成像方法实现机载毫米波 FMCW SAR 滑动聚束成像，为后续星载应用进行技术验证；最后结合小型无人机平台的姿态不稳定和 W 波段对误差敏感的特点，介绍 W 波段小型无人机载 FMCW SAR 的实时成像方法。

2.2 机载 FMCW SAR 条带模式成像

本节首先从雷达方程入手，探索调频连续波合成孔径雷达的机理，以揭示其可以简化系统设计，实现系统小型化、轻型化、低成本的本质原因 [1]，建立 FMCW SAR 的理论基础。在此基础上，研究调频连续波信号距离分辨能力的原理。之后针对机载 FMCW SAR 系统条带成像算法展开具体讨论，包括距离多普勒算法和波数域成像算法。最后介绍机载毫米波 FMCW SAR 实测数据处理，为后续 FMCW SAR 新体制和信号处理技术的发展奠定研究基础和理论支持。

2.2.1 机载 FMCW SAR 条带成像模型

1. FMCW SAR 理论基础

根据雷达方程，合成孔径雷达系统接收信号聚焦后的信噪比 (SNR) 可以表示为

$$\mathrm{SNR}^1 = \frac{P_{\mathrm{t}} G^{\mathrm{t}} G^{\mathrm{r}} \lambda^3 \cdot \mathrm{PRF} \cdot T_{\mathrm{p}} \cdot c \cdot \sigma_0}{4 \cdot (4\pi)^3 R^3 \cdot v_{\mathrm{s}} \sin(\eta) F k T B} \tag{2.1}$$

其中，P_{t} 为系统发射信号的峰值功率；T_{p} 为脉冲持续时间；G^{t}、G^{r} 分别为发射、接收天线增益；σ_0 为探测目标的后向散射系数；R 为探测目标斜距；F 为噪声系数；k 为玻尔兹曼常量，等于 1.38×10^{-23} J/K；T 为系统环境温度；B 为信号带宽；PRF 为脉冲重复频率；η 为 SAR 照射目标的入射角。

对于一个既定的系统工作环境，提高天线面积和降低信号带宽，虽然可以提高信噪比，但是同时也会降低 SAR 图像的分辨能力，影响成像质量。而提高发射信号峰值功率会增大系统压力，提高系统设计的复杂度，降低系统的性能和可靠性。而增大脉冲持续时间能有效地提高系统的信噪比，同时不降低系统的其他任何性能指标。换一个角度看，扩大脉冲持续时间，可以在不降低信噪比、不影响系统分辨能力的前提下降低发射信号峰值功率，从而大大简化系统的设计，减轻系统压力，提高系统的可靠性和稳定性，从而显著降低系统的功耗、成本、体积及质量。

传统 SAR 系统主要采用脉冲体制，脉冲体制雷达在每个脉冲重复周期内发射高能窄脉冲，窄脉冲的时宽在几微秒到几十微秒，远小于毫秒量级的脉冲重复周期。脉冲体制 SAR 可以通过提高发射功率提高雷达的作用距离，实现远距离

探测。窄脉冲信号时宽小，能量集中，具有较高的峰值发射功率，使得脉冲体制雷达具有体积大、成本高等缺点。FMCW SAR 主要发射大时宽、占空比接近 100% 的调频连续波信号，同等作用距离下 FMCW 体制系统的峰值发射功率远低于脉冲体制 SAR，这大大降低了 SAR 系统对器件的要求，降低了成本[2]。FMCW SAR 采用去调频接收方式，混频后信号的带宽取决于发射信号的调频率和测绘带宽度，通常远小于发射信号带宽，这大大降低了接收机的采集压力，同时对距离向分辨率的影响很有限，具体内容在下文 FMCW SAR 距离向特性中论述。

2. FMCW SAR 距离向特性

最常见的 FMCW 信号为锯齿波，本节以正调频锯齿波信号分析 FMCW SAR 的距离向特性。图 2.1 为 FMCW SAR 回波信号的时频图。图 2.2 为 FMCW SAR 去调频接收的回波信号的时频图。图 2.1 中：t 为全局时间变量；f_r 为距离向频率变量；f_c 为载波频率；B_t 为发射信号带宽；T_{AD} 为接收机 A/D 每次采集的最大时长；$\Delta\tau_\omega$ 为接收信号的最近回波信号与最远回波信号的时延差。

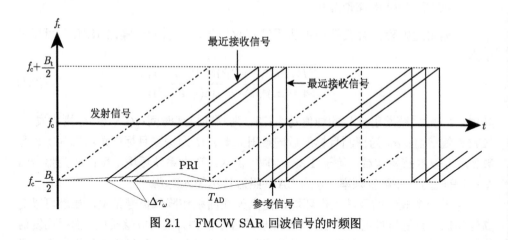

图 2.1　FMCW SAR 回波信号的时频图

从图 2.2 可以看出，去调频接收方式使得接收信号的带宽大大降低，因此接收机的压力就大大降低了，去调频接收信号的接收带宽为

$$B_r = K_r \Delta\tau_\omega = K_r \frac{2\Delta R_s}{c} \ll B_t \tag{2.2}$$

式中，ΔR_s 为成像场景近距和远距之间的斜距差；K_r 为发射信号调频率；c 为光速。接收信号带宽 B_r 远小于发射信号带宽 B_t，这大大降低了 A/D 采样的接收

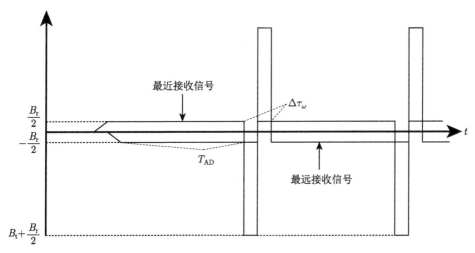

图 2.2　FMCW SAR 去调频接收的回波信号的时频图

压力。去调频接收的有效带宽为

$$B_{\mathrm{u}} = K_{\mathrm{r}} T_{\mathrm{AD}} = K_{\mathrm{r}} \left(T_{\mathrm{p}} - \frac{2\Delta R_{\mathrm{s}}}{c} \right) = B_{\mathrm{t}} \left(1 - \frac{2\Delta R_{\mathrm{s}}}{c T_{\mathrm{p}}} \right) \tag{2.3}$$

式中，T_{p} 为 $1/\mathrm{PRF}$，为一个扫频周期的时宽。$2\Delta R_{\mathrm{s}}/(c T_{\mathrm{p}})$ 一般在 1% 左右，损失 1% 的发射信号带宽，导致损失 1% 的距离向分辨率。相比于去调频接收所带来的接收机数据采集方面压力的减轻，这个影响是完全可以接受的。

将全局时间变量 t 分解成方位时间变量 t_{a} 与距离时间变量 t_{r} 的和的形式：

$$t = t_{\mathrm{a}} + t_{\mathrm{r}} = \left(n + \frac{1}{2} \right) T_{\mathrm{p}} + t_{\mathrm{r}} \tag{2.4}$$

式中，$n \in Z$；$-0.5 T_{\mathrm{p}} \leqslant t_{\mathrm{r}} < 0.5 T_{\mathrm{p}}$。

在一个扫频周期内，即式中的 n 为某一固定值的情况下，FMCW 发射信号的表达式为

$$s_0(t_{\mathrm{r}}) = \exp\left\{ \mathrm{j} 2\pi f_0 t_{\mathrm{r}} \right\} \exp\left\{ \mathrm{j} \pi K_{\mathrm{r}} t_{\mathrm{r}}^2 \right\} \tag{2.5}$$

观测场景中一个斜距为 $R(t_{\mathrm{r}}, t_{\mathrm{a}})$ 的理想点目标，其回波信号延时为 $\tau(t_{\mathrm{r}}, t_{\mathrm{a}}) = 2R(t_{\mathrm{r}}, t_{\mathrm{a}})/c$，则其对应的回波信号为

$$
\begin{aligned}
s_{\mathrm{r}}(t_{\mathrm{r}}, t_{\mathrm{a}}) =& \mathrm{rect}\left[\frac{t}{T_{\mathrm{AD}}} \right] \exp\left\{ \mathrm{j} 2\pi f_{\mathrm{c}}[t_{\mathrm{r}} - \tau(t_{\mathrm{r}}, t_{\mathrm{a}})] \right\} \\
& \times \exp\left\{ \mathrm{j} \pi K_{\mathrm{r}}[t_{\mathrm{r}} - \tau(t_{\mathrm{r}}, t_{\mathrm{a}})]^2 \right\}
\end{aligned}
\tag{2.6}
$$

　　去调频接收将回波信号与参考信号进行混频再予以接收。用以混频的参考信号为发射信号的时延信号，其时延量 $t_{\text{ref}} = 2R_{\text{ref}}/c$。参考信号为

$$s_{\text{ref}}(t_{\text{r}}) = s_0(t_{\text{r}} - t_{\text{ref}}) \tag{2.7}$$

　　接收机的接收信号为回波信号与参考信号共轭相乘：

$$
\begin{aligned}
s_{\text{d}}(t_{\text{r}}, t_{\text{a}}) &= s_{\text{r}}(t_{\text{r}}, t_{\text{a}}) \times s_{\text{ref}}^*(t_{\text{r}}) \\
&= \text{rect}\left[\frac{t}{T_{\text{AD}}}\right] \exp\left\{-\text{j}2\pi f_{\text{c}}[\tau(t_{\text{r}}, t_{\text{a}}) - \tau_{\text{ref}}]\right\} \\
&\quad \times \exp\left\{-\text{j}2\pi K_{\text{r}} t_{\text{r}}[\tau(t_{\text{r}}, t_{\text{a}}) - \tau_{\text{ref}}]\right\} \\
&\quad \times \exp\left\{\text{j}\pi K_{\text{r}}[\tau(t_{\text{r}}, t_{\text{a}}) - \tau_{\text{ref}}]^2\right\}
\end{aligned}
\tag{2.8}
$$

　　FMCW 体制下，由于信号时宽较大，天线相位中心在一个扫频周期内的运动是不可忽略的，所以式中 $\tau(t_{\text{r}}, t_{\text{a}})$ 是一个变化的量，具体影响将在 2.3 节讨论。讨论中作 $\tau(t_{\text{r}}, t_{\text{a}}) = \tau(0, t_{\text{a}})$ 的近似。对某一点目标，式 (2.8) 为一个频率为 $-K_{\text{r}}\tau(0, t_{\text{a}})$ 的单频信号，因此对于去调频接收的信号，做一次快速傅里叶变换 (FFT) 即可得到类似于脉冲体制 SAR 信号处理中距离向脉冲压缩后的结果。接收信号的实际带宽 B_{e} 为

$$B_{\text{e}} = K_{\text{r}} T_{\text{AD}} = \frac{B_{\text{t}}}{T_{\text{p}}} T_{\text{AD}} \tag{2.9}$$

　　相应地，距离向分辨率为

$$\rho_{\text{r}} = \frac{c}{2B_{\text{e}}} = \frac{T_{\text{p}}}{T_{\text{AD}}} \cdot \frac{c}{2B_{\text{t}}} \tag{2.10}$$

　　FMCW SAR 系统测绘场景宽度大都在几千米量级，相应的 $1 - T_{\text{AD}}/T_{\text{p}} < 1\%$，因此目前在成像处理的过程中带宽均用发射信号带宽 B_{t} 近似表示。

3. FMCW SAR 回波信号模型

　　为了深入理解 FMCW SAR 的信号特征，开发高效精确的信号处理方法，其点目标回波信号模型及点目标参考频谱模型是 FMCW SAR 信号处理研究中必不可少的基础。

　　FMCW SAR 的成像几何如图 2.3 所示。在传统脉冲 SAR 体制下，由于脉冲持续时间很短，雷达平台在发射和接收一个脉冲的时间内的前进距离可以忽略不计，这就是广泛应用的 "走–停" 假设，即认为雷达在发射和接收一个脉冲的过程

中静止不动，然后运动一个脉冲持续时间，再发射下一个脉冲。但 FMCW SAR 的工作基于持续地发射和接收信号，脉冲持续时间很长，因此在连续波情况下，不能再忽略发射和接收信号的过程中雷达的走动。在 FMCW SAR 体制下，"走–停" 假设不再成立。

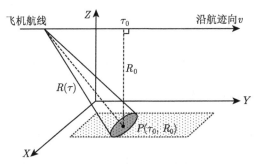

图 2.3　FMCW SAR 成像几何

雷达信号回波延时指的是雷达发射信号经地面目标反射后再被接收的时间历程，该参数决定了接收信号的相位特性。由于"走–停"假设的失效，FMCW SAR 模式下的回波延时不能像脉冲雷达一样直接描述，为了建立回波信号时域模型，首先要精确求解 FMCW SAR 的回波延时。

以测绘范围内一个点目标为例，该点距离雷达航迹的最短斜距为 R_0，零多普勒时间为 τ_0，后向散射系数为 σ_0。假设 τ_d 为信号传播的双程延时，则若雷达在任意时刻 τ 发射线性调频信号，将会在时刻 $\tau + \tau_d$ 接收到上述点目标的反射回波。则信号从发射到到达目标的斜距历程 $R(\tau)$ 可以表示为

$$R(\tau) = \sqrt{R_0^2 + v^2 (\tau - \tau_0)^2} \tag{2.11}$$

其中，v 为雷达载机航线速度。信号从被目标反射到被天线接收的斜距历程可以表示为

$$R(\tau + \tau_d) = \sqrt{R_0^2 + v^2 (\tau_d - \tau_0)^2} \tag{2.12}$$

同时，信号回波延迟时间和斜距历程的关系可以表示为

$$\tau_d = \frac{R(\tau) + R(\tau + \tau_d)}{c} \tag{2.13}$$

将等号右边的项移到等式左边，并将等式两边平方，则得到一个关于 τ_d 的一元二次方程。求解该方程得

$$\tau_d = 2\alpha \left[\frac{R(\tau)}{c} + \frac{v^2}{c^2} (\tau - \tau_0) \right] \tag{2.14}$$

其中，α 为多普勒参数，表达式为

$$\alpha = \frac{c^2}{c^2 - v^2} \tag{2.15}$$

假设系统发射线性调频信号的表达形式为 $s(t) = \exp\left(\mathrm{j}\pi K_{\mathrm{r}} t^2\right)$，则上述点目标的回波信号可以表示为

$$g_1(\tau, t) = \sigma(\tau_0, r_0) s(t - \tau_{\mathrm{d}}) \exp\left[\mathrm{j}2\pi f_0(t - \tau_{\mathrm{d}})\right] \tag{2.16}$$

信号解调操作的参考函数定义为

$$g_{\mathrm{ref}}(\tau, t, \tau_{\mathrm{c}}) = s^*(t - \tau_{\mathrm{c}}) \exp\left[-\mathrm{j}2\pi f_0(t - \tau_{\mathrm{c}})\right] \tag{2.17}$$

其中，$s^*(t)$ 表示 $s(t)$ 的共轭函数。这里 τ_{c} 是信号解调操作的参考延时，定义为 $\tau_{\mathrm{c}} = \dfrac{2ar_{\mathrm{c}}}{c}$，其中参考斜距 r_{c} 一般选择场景中心到雷达航迹的最短距离，则解调后的信号可以表达为

$$\begin{aligned}
g_{\mathrm{d}}(\tau, t) =& g_1(\tau, t) \times g_{\mathrm{ref}}(\tau, t, \tau_{\mathrm{c}}) \\
=& \sigma(\tau_0, R_0) \exp\left[-\mathrm{j}2\pi f_0(\tau_{\mathrm{d}} - \tau_{\mathrm{c}})\right] \\
& \times \exp\left\{-\mathrm{j}2\pi K_{\mathrm{r}}(t - \tau_{\mathrm{c}})(\tau_{\mathrm{d}} - \tau_{\mathrm{c}}) \exp\left[\mathrm{j}\pi K_{\mathrm{r}}(\tau_{\mathrm{d}} - \tau_{\mathrm{c}})^2\right]\right\}
\end{aligned} \tag{2.18}$$

式 (2.18) 即为经过去调频操作的 FMCW SAR 回波信号的精确表达式。可见，去调频操作在降低了数据率的同时，产生了信号的最后一项，通常称为残余音频相位 (PVP 项)。信号精确聚焦要求首先去除残余音频相位，这可以通过时域算法和频域算法实现 [3]。

去除残余音频相位之后，信号的表达式为

$$g(\tau, t) = \sigma(\tau_0, R_0) \exp\left[-\mathrm{j}2\pi f_0(\tau_{\mathrm{d}} - \tau_{\mathrm{c}})\right] \exp\left[-\mathrm{j}2\pi K_{\mathrm{r}}(t - \tau_{\mathrm{c}})(\tau_{\mathrm{d}} - \tau_{\mathrm{c}})\right] \tag{2.19}$$

求解信号的频谱，即将信号变换到二维频域。去调频操作相当于对信号进行了距离傅里叶变换，对上述信号进行距离向"时间–频率"代换，即 $f = K_{\mathrm{r}}(\tau_{\mathrm{d}} - \tau_{\mathrm{c}})$，信号为

$$g(\tau, f) = \sigma(\tau_0, R_0) \exp\left\{-\mathrm{j}2\pi(f_0 + f)(f_0 + f)(\tau_{\mathrm{d}} - \tau_{\mathrm{c}})\right\} \tag{2.20}$$

此时信号已经变换到距离频域–方位时域，故需要进行方位傅里叶变换以将信号变换到二维频域。不同于传统脉冲雷达，τ 只是代表方位时间，即慢时间，对于

连续波合成孔径雷达而言，τ 同时也受距离时间，即快时间的影响，可以直观地表达为 $\tau = \tau_n + t$，其中 τ_n 代表离散的方位时间，则信号表达为

$$g(\tau, t) = \sigma(\tau_0, R_0) \exp\left\{ -\mathrm{j}4\pi\alpha(f_0 + f)\left(\frac{R(\tau_n + t)}{c} + \frac{v^2}{c^2}(\tau_n + t - \tau_0) - \frac{r_c}{c} \right) \right\} \quad (2.21)$$

对方位时间 τ_n 做方位向傅里叶变换后，根据驻定相位原理 (principle of stationary phase，POSP)，在驻定相位点，相位的一阶导数为零，即

$$\left. \frac{\mathrm{d}\varPhi_1(f_\tau, f)}{\mathrm{d}\tau_n} \right|_{\tau_n = \tau_s} = 0 \quad (2.22)$$

求解上述方程得

$$\tau_s = \tau_0 - \tau - \frac{\dfrac{r_0}{v}\left[\dfrac{v}{c} + \dfrac{cf_\tau}{2av(f_0 + f)} \right]}{\sqrt{1 - \left[\dfrac{v}{c} + \dfrac{cf_\tau}{2av(f_0 + f)} \right]^2}} \quad (2.23)$$

将式 (2.23) 代入式 (2.21) 中，即可建立 FMCW SAR 的频谱模型，即

$$G(f_\tau, f) = \sigma(\tau_0, R_0) \exp\left[-\mathrm{j}\varPhi(f_\tau, f) \right] \quad (2.24)$$

其中，

$$\begin{aligned}
\varPhi(f_\tau, f) = {} & \frac{4\pi\alpha R_0}{c}\sqrt{(f_0 + f)^2 - \left[\frac{v}{c}(f_0 + f) + \frac{cf_\tau}{2av} \right]^2} \\
& - \frac{2\pi f_\tau f}{K_r} + 2\pi f_\tau \tau_0 - 4\pi(f_0 + f_\tau + f)\tau_c
\end{aligned} \quad (2.25)$$

这一频谱基于目标的斜距和零多普勒时间，推导过程中没有用到任何近似，因此该模型是任何斜视角下 FMCW SAR 回波信号频谱的精确模型。

4. FMCW SAR 残余音频相位

SAR 回波信号的方位向特性取决于延时 $\tau(t_r, t_a)$ 的变化，亦即斜距 $R(t_r, t_a)$ 的变化。图 2.4(a) 为脉冲体制 "走–停" 模型的斜距模型示意图，图 2.4(b) 为 FMCW 体制的非 "走–停" 模型的斜距模型示意图。

如图 2.4(a) 所示，传统的脉冲式 SAR 系统的载波信号时宽在几微秒到几十微秒。单个脉冲作用目标时间内，目标与雷达天线相位中心的位置近似不变，相

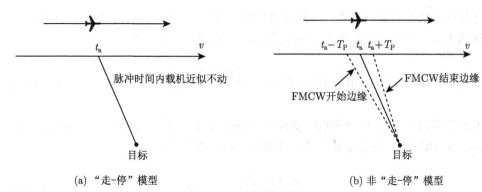

(a) "走–停" 模型　　　　　　　　　　　(b) 非 "走–停" 模型

图 2.4　脉冲与 FMCW 斜距变化对比

当于搭载平台没有移动。对于观测场景中一点目标 $Q(X_0, R_0)$，其到搭载平台的斜距为

$$R(t_a) = \sqrt{R_0^2 + (vt_a - X_0)^2} \tag{2.26}$$

　　"走–停" 模型是脉冲体制 SAR 的基础，该模型大大简化了脉冲体制 SAR 的理论分析，而 FMCW SAR 发射信号的时宽很大，占空比接近 100%。相比于脉冲 SAR，FMCW SAR 最大的区别在于 "走–停" 模式的失效[4]。如图 2.4 (b) 所示，发射的 FMCW 信号作用目标的时间内，由于 FMCW 信号时宽较大，目标与天线相位中心的瞬时斜距的变化，相比于脉冲体制雷达系统不再可以忽略，即斜距 $R(t_r, t_a)$ 在一个扫频周期内不作等于 $R(0, t_a)$ 的近似，斜距成为一个关于 t_r 的变化的量，因此有必要重新对 FMCW SAR 回波信号进行分析建模。FMCW 体制下，式 (2.26) 即变为

$$R(t_r, t_a) = \sqrt{R_0^2 + (v(t_r + t_a) - X_0)^2} \tag{2.27}$$

式中，快时间变量 t_r 对回波信号的影响称为快时间走动。快时间走动引入了额外的斜距变化量，这会引起回波信号方位向多普勒特性的变化。在一个 FMCW 信号的扫频周期内，将公式 (2.27) 在 $t_r = 0$ 处进行泰勒级数展开，只保留一次项可得

$$R(t_r, t_a) \approx \sqrt{R_0^2 + (vt_a - X_0)^2} + \frac{vt_r(vt_a - X_0)}{\sqrt{R_0^2 + (vt_a - X_0)^2}}$$

$$= R(0, t_a) - \frac{\lambda}{2} f_d t_r \tag{2.28}$$

式中，$f_d = -\dfrac{2v}{\lambda} \dfrac{vt_a - X_0}{R(0, t_a)}$ 为快时间走动引入的瞬时多普勒项。将式 (2.28) 代入

式 (2.8) 可得

$$
\begin{aligned}
s_{\mathrm{d}}(t_{\mathrm{r}}, t_{\mathrm{a}}) =& \mathrm{rect}\left[\frac{t_{\mathrm{r}}}{T_{\mathrm{AD}}}\right] \exp\left\{-\mathrm{j}2\pi f_{\mathrm{c}}\left[\tau(0, t_{\mathrm{a}}) - \frac{f_{\mathrm{d}}}{f_{\mathrm{c}}}t_{\mathrm{r}} - \tau_{\mathrm{ref}}\right]\right\} \\
& \times \exp\left\{-\mathrm{j}2\pi K_{\mathrm{r}} t_{\mathrm{r}}\left[\tau(0, t_{\mathrm{a}}) - \frac{f_{\mathrm{d}}}{f_{\mathrm{c}}}t_{\mathrm{r}} - \tau_{\mathrm{ref}}\right]\right\} \\
& \times \exp\left\{\mathrm{j}\pi K_{\mathrm{r}}\left[\tau(0, t_{\mathrm{a}}) - \frac{f_{\mathrm{d}}}{f_{\mathrm{c}}}t_{\mathrm{r}} - \tau_{\mathrm{ref}}\right]^2\right\}
\end{aligned} \tag{2.29}
$$

相比较于非 "走–停" 模型, "走–停" 模型下的脉冲 SAR 系统的接收信号为

$$
\begin{aligned}
s_1(t_{\mathrm{r}}, t_{\mathrm{a}}) =& \mathrm{rect}\left[\frac{t_{\mathrm{r}}}{T_{\mathrm{AD}}}\right] \exp\left\{-\mathrm{j}2\pi f_{\mathrm{c}}[\tau(0, t_{\mathrm{a}}) - \tau_{\mathrm{ref}}]\right\} \\
& \times \exp\left\{-\mathrm{j}2\pi K_{\mathrm{r}} t_{\mathrm{r}}[\tau(0, t_{\mathrm{a}}) - \tau_{\mathrm{ref}}]\right\} \\
& \times \exp\left\{\mathrm{j}\pi K_{\mathrm{r}}[\tau(0, t_{\mathrm{a}}) - \tau_{\mathrm{ref}}]^2\right\}
\end{aligned} \tag{2.30}
$$

"走–停" 模式下的信号中不含有 $f_{\mathrm{d}}t_{\mathrm{r}}/f_{\mathrm{c}}$ 项。式 (2.29) 除以式 (2.30), 对比两种模型的相位项:

$$
\begin{aligned}
\frac{s_{\mathrm{d}}(t_{\mathrm{r}}, t_{\mathrm{a}})}{s_1(t_{\mathrm{r}}, t_{\mathrm{a}})} =& \exp\left\{\mathrm{j}2\pi\left\{f_{\mathrm{d}} - K_{\mathrm{r}}[\tau(0, t_{\mathrm{a}}) - \tau_{\mathrm{ref}}]\frac{f_{\mathrm{d}}}{f_{\mathrm{c}}}\right\}t_{\mathrm{r}}\right\} \\
& \times \exp\left\{\mathrm{j}2\pi K_{\mathrm{r}}\left[\frac{f_{\mathrm{d}}}{f_{\mathrm{c}}} + \left(\frac{f_{\mathrm{d}}}{f_{\mathrm{c}}}\right)^2\right]t_{\mathrm{r}}^2\right\}
\end{aligned} \tag{2.31}
$$

式 (2.31) 中含有 t_{r} 的一次项和二次项, 一次项表明在每个扫频周期内产生信号频移, 快时间走动引入额外的距离徙动; 二次项表明信号的线性调频率发生了变化, 额外的调频率与 $f_{\mathrm{d}}/f_{\mathrm{c}}$ 有关, 这会造成距离向直接做傅里叶变换得到的距离压缩信号失真。

因此有必要校正快时间走动项, 即将 $s_{\mathrm{d}}(t_{\mathrm{r}}, t_{\mathrm{a}})$ 转变成 $s_1(t_{\mathrm{r}}, t_{\mathrm{a}})$ 形如 "走–停" 模型假设的回波信号形式, 令 $t_{\mathrm{a}} = t_{\mathrm{a}} - t_{\mathrm{r}}$, 存在 $\tau(t_{\mathrm{r}}, t_{\mathrm{a}} - t_{\mathrm{r}}) = \tau(0, t_{\mathrm{a}})$, 可得

$$
\begin{aligned}
s_{\mathrm{d}}(t_{\mathrm{r}}, t_{\mathrm{a}} - t_{\mathrm{r}}) =& \mathrm{rect}\left[\frac{t_{\mathrm{r}}}{T_{\mathrm{AD}}}\right] \exp\left\{-\mathrm{j}2\pi f_{\mathrm{c}}[\tau(0, t_{\mathrm{a}}) - \tau_{\mathrm{ref}}]\right\} \\
& \times \exp\left\{-\mathrm{j}2\pi K_{\mathrm{r}} t_{\mathrm{r}}[\tau(0, t_{\mathrm{a}}) - \tau_{\mathrm{ref}}]\right\} \\
& \times \exp\left\{\mathrm{j}\pi K_{\mathrm{r}}[\tau(0, t_{\mathrm{a}}) - \tau_{\mathrm{ref}}]^2\right\}
\end{aligned} \tag{2.32}
$$

式 (2.32) 将 FMCW SAR 的回波信号转换成跟脉冲体制 SAR 的回波信号一致的形式, 实现了 FMCW SAR 信号的类脉冲化处理。

2.2.2　机载 FMCW SAR 条带成像算法

1. 距离多普勒算法

距离多普勒域是 SAR 信号处理中常用的域，在距离多普勒域中，位于同一距离门上的所有目标的轨迹重合。因此，在距离多普勒域中，校正一条徙动曲线等于校正了同一距离门上的全部目标的距离单元徙动。同时，由于此时信号处在距离时域，所以可以方便地校正沿目标斜距变化的距离单元徙动。距离多普勒算法(range-Doppler algorithm，RD) 是在距离多普勒域内进行距离徙动校正的 SAR 回波信号处理的经典算法。直到目前，距离多普勒算法仍是一种广泛应用的 SAR 信号处理算法。

该算法根据照射目标与雷达航迹的垂直斜距的变化计算距离徙动量，校正距离单元徙动，因此距离多普勒算法在合成孔径不过宽、测绘带不过宽及斜视角不太大的情况下，具有较高的精确度。因此距离多普勒算法是机载 SAR 信号处理中最经典的算法之一。

在正侧视或者小斜视、一般测绘带宽及一般合成孔径宽度的 FMCW SAR 成像模式下，距离多普勒算法依然可以成为一种精确高效的信号处理方法。然而，由于信号时域表达及频谱模型特征的差异较大，在距离多普勒域进行 FMCW SAR 回波信号处理时借鉴传统距离多普勒算法的基本思想，但是具体操作步骤和滤波函数与传统算法有所不同 [5]。本节将针对 FMCW SAR 信号特性推导并描述相应的距离多普勒算法。

针对 FMCW SAR 的信号模型及频谱特性，距离多普勒算法的流程如图 2.5 所示，其中关键的推导过程和操作细节如下所述。

(1) 去除回波信号残余视频相位 (residual video phase, RVP) 项，这是所有 FMCW SAR 聚焦的必要操作，通常在信号处理的第一步进行。消除 RVP 项通常需要三个步骤，即距离向傅里叶变换，相位相乘和距离向傅里叶逆变换。

(2) 对信号进行方位向傅里叶变换，则回波变换到二维频域。距离多普勒算法忽略二阶及二阶以上距离–方位耦合项，因此可以对 FMCW SAR 回波信号二维频谱相位的根号项进行泰勒级数展开，并忽略其二次以上距离–方位耦合项。

(3) 距离向逆变换完成了信号距离压缩。需要注意的是，这里在推导信号表达式的过程中，忽略了二阶及二阶以上距离–方位耦合项所带来的影响。由此可见，雷达照射时间内的目标轨迹会经过不同的距离单元，因此称为距离单元徙动，且目标的距离徙动现象随目标斜距的增大而更加显著。同时，位于同一距离门的目标的徙动轨迹是方位多普勒频率的函数，目标的距离徙动现象随着多普勒频率绝对值的变大而更加显著。若不对这一徙动进行校正，或者校正不精确，则同一目标的能量会分散在不同的距离单元，进而降低方位压缩的精确性，导致距离向和

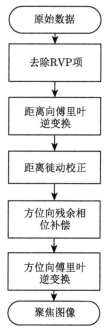

图 2.5 FMCW SAR 距离多普勒算法流程

方位向主瓣展宽、旁瓣升高, 严重影响目标聚焦质量。

(4) 进行距离单元徙动校正。位于不同距离门的点目标回波信号的距离单元徙动量随着其与雷达平台航迹垂直斜距的增长而变大, 同时在方位向受多普勒频率变化的影响。距离徙动校正的目标是使位于同一距离门的目标回波能量都集中在 R_0 处, 因此, 要精确校正不同距离门回波信号的距离单元徙动, 徙动校正因子必须是沿着距离和方位两个方向空变的, 距离徙动校正可以在距离多普勒域通过插值运算实现。假设插值运算是精确的, 徙动校正完成后, 测绘带内目标在距离多普勒域的徙动轨迹只与目标距离雷达航迹的最短斜距有关。位于测绘区域内目标回波在距离多普勒域的轨迹被校正为直线。

(5) 距离徙动校正后, 信号处在距离多普勒域, 此时可以精确并高效地实现方位压缩, 即通过方位匹配滤波进行残余相位补偿。此时, 方位压缩通过沿距离向乘以方位残余相位补偿函数实现, 方位压缩后, 信号被压至零多普勒位置。对于雷达照射区域内的每一个点目标而言, 除了确定其聚焦后位置的线性相位以外, 其余相位都已经得到了补偿。

(6) 方位匹配滤波后, 回波信号残余相位得到了精确补偿, 然而信号仍处在距离多普勒域。此时对方位匹配滤波后的信号进行方位向傅里叶逆变换, 将其变换到二维时间域, 即图像域, 即可完成方位向聚焦。

2. 波数域成像算法

距离多普勒算法在连续波 SAR 的回波信号处理中得到了验证和应用，但在处理过程中忽略了二次以上方位–距离耦合项随地面目标斜距的变化，这在正侧视或者小斜视模式下，且测绘带不是特别大的情况下，可以提供足够的精度。但是在大斜视模式下，或者是宽雷达测绘带的情况下，忽略了二次以上方位–距离耦合项随地面目标斜距的变化，会导致远离场景中心的目标发生散焦现象 [6]。

波数域算法 (range migration algorithm，RMA) 最早来源于地震波数据处理，地震波信号的传递函数模型具有时变性，和 SAR 回波信号具有类似特征 [7]。R. H. Stolt 曾提出一种频域处理方法来解决这种传递函数的时变性，之后波数域算法借鉴其关键性操作对 SAR 信号进行处理，在二维频域通过插值操作来校正距离–方位耦合与目标斜距和方位频率之间的依赖关系，即 Stolt 插值。Stolt 插值操作能完全克服 SAR 信号中距离徙动和二次距离压缩 (SRC) 对斜距的依赖，因此，波数域算法具有对宽测绘带和大斜视 SAR 回波数据的处理能力 [8]。需要说明的是，由于在信号处理的过程中假定了等效雷达速度不随斜距变化，这就限制了其处理极宽测绘带雷达回波数据的能力。这可以通过将宽测绘带雷达数据在距离向划分成多个条带进行处理的方式解决。

FMCW SAR 波数域算法的精确聚焦流程如图 2.6 所示。

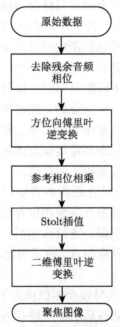

图 2.6　FMCW SAR 波数域算法的精确聚焦流程

2.3 机载 FMCW SAR 滑动聚束成像

传统条带模式下，天线波束中心线与搭载平台的夹角是固定的，可以得到连续不断的成像场景，但其方位向分辨率受到天线方位向等效尺寸的限制，理想状态下只能达到天线方位向等效尺寸的一半，并且受限于菲涅耳定律，天线的方位向等效尺寸无法无限小型化。聚束模式下，雷达天线转动使得电磁波照射地面上同一场景，从而获得更长的合成孔径，因此也就拥有更高的方位带宽和方位分辨率。但聚束模式只能照射固定的场景，其成像场景大小受到限制，只能对一个波束宽度范围内的场景进行高精度成像。滑动聚束模式是一种结合了条带和聚束两种模式的特点的成像模式，拥有比条带模式更高的分辨率和比聚束模式更大的方位向场景宽度。滑动聚束成像模式可以通过调整天线转动角度和速度实现观测场景范围和分辨率，可以通过天线转动角度和速度实现方位向场景范围和分辨率之间的折中，提高了 SAR 系统实际使用的灵活性。

本节首先从机载 FMCW SAR 滑动聚束成像模型入手，分析滑动聚束 FMCW SAR 的方位向特性，建立滑动聚束 SAR 的回波信号模型，并对条带模式、聚束模式、滑动聚束模式的方位向频谱特性进行对比分析。之后介绍经典两步法和在两步法基础上添加图像域解混叠操作的改进的两步法。最后介绍机载毫米波 FMCW SAR 实测数据处理流程及结果。

2.3.1 机载 FMCW SAR 滑动聚束成像模型

1. FMCW SAR 滑动聚束回波信号模型

FMCW SAR 工作于滑动聚束成像模式时，天线波束中心随着载机平台的运动而向后转动。地面照射区域以低于载机的速度向前运动，使得场景中的每个点被照射到的时间内平台位移量大于天线实际波束孔径照射在地面上的宽度，亦即时间积累更长，方位向带宽更大，因此可以实现方位向分辨率的提升 [9-15]。

FMCW SAR 滑动聚束成像模式空间几何模型如图 2.7 所示。

图 2.7 中 O 点为 $(t_r, t_a) = (0, 0)$ 时刻载机所处的位置，将 O 点定义为坐标原点。载机沿图中所示运动方向从 A 点到 B 点做速度为 v 的理想匀速直线运动。在载机运动的过程中，天线波束中心以角速度 ω 从 $+\theta$ (本书中统一规定以前视角度为正，后视角度为负) 转动到 $-\theta$，P_0、P_1、P_2 分别为载机在 O 点、A 点、B 点时雷达波束中心照射的位置，线段 OP_0 的长度等于参考斜距长度 R_{ref}，线段 OP_0、AP_1、BP_2 延长相交于地面下方的一点 O_t，即滑动聚束模式中天线波束中心始终指向地面下方的 O_t。线段 AB 的长度 L_b 为一次完整的滑动聚束成像中载机运动的范围，线段 P_1P_2 的长度 L_s 为天线波束中心在地面上扫描的范围，也对应了滑动聚束成像模式全分辨率成像的范围。图 2.7 中阴影部分为一次滑动聚束

模式总的观测范围, 阴影部分中除线段 P_1P_2 所对应的部分, 合成孔径积累时间小于一个完整的合成孔径时间, 分辨率低于线段 P_1P_2 对应的部分。

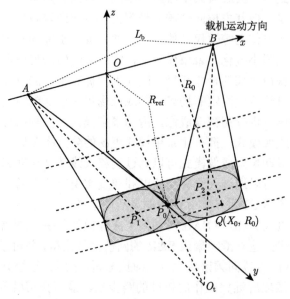

图 2.7　FMCW SAR 滑动聚束成像模式空间几何模型

L_a 为天线波束照射在地面上的方位向宽度, 其值为

$$L_a \approx R_{ref}\theta_a = \frac{\lambda R_{ref}}{D_a} \tag{2.33}$$

式中, θ_a 为天线波束的方位向角度; D_a 为天线的方位向等效宽度。定义滑动系数 $p = L_s/L_b$, $0 < p < 1$, 则天线波束中心线在地面上扫描的速度为 pv, 滑动聚束模式成像的方位向窗函数 W_a 为

$$W_a(t_a) = \text{rect}\left(\frac{X_0 - pvt_a}{L_a}\right) \tag{2.34}$$

结合式 (2.33) 和式 (2.34), FMCW SAR 滑动聚束成像模式下, 点目标 $Q(X_0, R_0)$ 的去调频接收的回波信号为

$$s'_d(t_r, t_a) = \text{rect}\left(\frac{t_r}{T_{AD}}\right)W_a(t_a)$$

$$\times \exp\left\{-j\frac{4\pi f_c}{c}\left\{\sqrt{R_0^2 + [v(t_r + t_a) - X_0]^2} - R_{ref}\right\}\right\} \tag{2.35}$$

$$\times \exp\left\{-j\frac{4\pi K_r t_r}{c}\left\{\sqrt{R_0^2 + [v(t_r + t_a) - X_0]^2} - R_{ref}\right\}\right\}$$

$$\times \exp\left\{j\frac{4\pi K_r}{c}\left\{\sqrt{R_0^2 + [v(t_r + t_a) - X_0]^2} - R_{ref}\right\}^2\right\}$$

忽略傅里叶变换对滑动聚束模式的方位向窗函数的影响，使用式 (2.32) 所示的方法去除快时间走动项，得到

$$
\begin{aligned}
s_1(t_r, t_a) =& \text{rect}\left(\frac{t_r}{T_{AD}}\right) W_a(t_a)\\
& \times \exp\left\{-j\frac{4\pi f_c}{c}\left[\sqrt{R_0^2 + (vt_a - X_0)^2} - R_{ref}\right]\right\}\\
& \times \exp\left\{-j\frac{4\pi K_r t_r}{c}\left[\sqrt{R_0^2 + (vt_a - X_0)^2} - R_{ref}\right]\right\}\\
& \times \exp\left\{j\frac{4\pi K_r}{c}\left[\sqrt{R_0^2 + (vt_a - X_0)^2} - R_{ref}\right]^2\right\}
\end{aligned}
\tag{2.36}
$$

式 (2.36) 含有三个相位项：第一个相位项主要包含方位向信息，根号项表示斜距变化引入的多普勒频率，方位向的多普勒带宽使得 SAR 系统能够实现方位向高分辨率；第二个相位项主要包含距离向信息，去调频接收使得第二个相位项是关于 t_r 的单频信号，但是由于根号项中 t_a 的存在，第二项中存在距离–方位耦合；第三个相位项是去调频接收引入的残余视频相位项，需要予以去除。

在忽略傅里叶变换对距离向窗函数的影响的条件下，可以在距离频域去除 RVP 项：

$$
\begin{aligned}
s'_1(t_r, t_a) =& \text{IFFT}_r\left\{\text{FFT}_r\{s_1(t_r, t_a)\} \times \exp\left\{-j\pi\frac{f_r^2}{K_r}\right\}\right\}\\
=& \text{rect}\left(\frac{t_r}{T_{AD}}\right) W_a(t_a)\\
& \times \exp\left\{-j\frac{4\pi(K_r t_r + f_c)}{c}\left(\sqrt{R_0^2 + (vt_a - X_0)^2} - R_{ref}\right)\right\}
\end{aligned}
\tag{2.37}
$$

其中，FFT_r 为距离向傅里叶变换；IFFT_r 为距离向傅里叶逆变换。距离向频率存在 $K_r t_r + f_c \to f_r$，因此上式可以写成式 (2.36) 的形式：

$$
\begin{aligned}
s'_1(f_r, t_a) =& \text{rect}\left(\frac{f_r - f_c}{K_r T_{AD}}\right) W_a(t_a)\\
& \times \exp\left\{-j\frac{4\pi f_r}{c}\left(\sqrt{R_0^2 + (vt_a - X_0)^2} - R_{ref}\right)\right\}
\end{aligned}
\tag{2.38}
$$

从式 (2.38) 可以看出，去调频接收的 SAR 信号可以看作是处在 "伪距离频域"，进行方位向 FFT 操作即可得到方位频域信号。然而式 (2.38) 的方位向傅里叶变换难以进行直接精确推导，需要应用驻定相位原理 (POSP) 得到近似的表达式，将式 (2.38) 的相位部分记为 $\varphi(t_a)$。

令

$$\frac{\mathrm{d}\varphi(t_a)}{\mathrm{d}t_a} = 0 \tag{2.39}$$

可得

$$t_a = -\frac{f_a c R_0}{2v^2 \sqrt{f_r^2 - \left(\dfrac{f_a c}{2v}\right)^2}} + \frac{X_0}{v} \tag{2.40}$$

将式 (2.40) 代入式 (2.38) 可得

$$\begin{aligned}
s_1'(f_r, f_a) =& \mathrm{rect}\left(\frac{f_r - f_c}{K_r T_{AD}}\right) W_a'\left(-\frac{f_a}{K_a} + \frac{X_0}{v}\right) \\
& \times \exp\left\{-\mathrm{j}\frac{4\pi R_0}{c}\sqrt{f_r^2 - \left(\frac{c f_a}{2v}\right)^2}\right\} \\
& \times \exp\left\{\mathrm{j}\frac{4\pi R_{ref}}{c}f_r\right\} \exp\left\{-\mathrm{j}2\pi f_a \frac{X_0}{v}\right\}
\end{aligned} \tag{2.41}$$

式 (2.41) 即为理想点目标 $Q(X_0, R_0)$ 校正了快时间走动项、去除了 RVP 项的 FMCW SAR 回波信号的二维频谱的表达式，其中方位向调频率 K_a 与二维频率变量 f_r、f_a 都有关：

$$K_a = -\frac{2v^2 f_r}{c R_0}\sqrt{1 - \left(\frac{f_a c}{2v f_r}\right)^2} \tag{2.42}$$

图 2.8 表示典型 Ka 波段 SAR 系统下式 (2.42) 中根号项的大小。

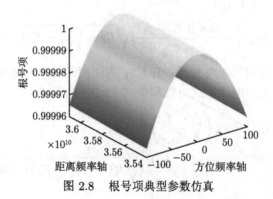

图 2.8　根号项典型参数仿真

从图 2.8 可以看出，典型 Ka 波段 SAR 系统工作时，式 (2.42) 的根号项无限接近于 1，因此方位向线性调频率 K_a 可以近似为

$$K_a = -\frac{2v^2 f_r}{cR_0} \tag{2.43}$$

存在 $f_r \to K_r t_r + f_c$，因此方位向线性调频率 K_a 主要受距离向时间变量 t_r 和点目标的最短斜距 R_0 的影响。在 Ka 波段及更高的波段，信号的相对带宽一般都比较小，$f_r \approx f_c$，故一般用 $-2v^2/(\lambda R_{ref})$ 近似表示方位向调频率。

2. FMCW SAR 方位向特性对比

条带模式、聚束模式以及滑动聚束模式这三种成像模式之间的根本差异在于天线的方位向转动，条带模式成像时天线波束角是固定不变的，聚束模式成像时天线波束角转动指向场景中心的一点，滑动聚束模式成像时天线波束角指向地面下方的一点。天线波束的转动表现在回波中主要是方位频率历程和方位分辨率的不同。

图 2.9 为 SAR 系统工作示意图，载机平台在方位向以速度 v 做理想的匀速直线运动。Q_1、Q_2、Q_3 为场景参考斜距 R_0 处均匀分布的三个理想点目标。

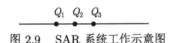

图 2.9　SAR 系统工作示意图

1) 方位频率历程

方位频率历程是成像场景中各点的瞬时方位频率随时间的变化关系。下面以正侧视为例，分别介绍三种成像模式的方位向频率历程。

(1) 条带模式。

图 2.10 为 SAR 条带模式成像斜距平面示意图，载机以速度 v 做匀速直线运动，载机平台到目标的最短斜距为 R_0。

图 2.10 中，L_a 为合成孔径长度；L_s 为天线波束角打在地面的方位向宽度；L_w 为成像场景宽度。条带模式工作时，随着载机的飞行，Q_1、Q_2、Q_3 三点依次进入雷达波束角的照射范围，由于天线是固定不动的，所以场景中各点具有相同的方位向频率历程，因此条带模式的多普勒频率历程范围 B_{strip} 等于场景中任一点的带宽 B_a：

$$B_{\text{strip}} = B_{\text{a}} = \frac{2v}{D_{\text{a}}} \tag{2.44}$$

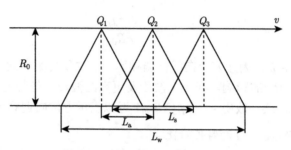

图 2.10　条带模式成像斜距平面

图 2.11 为条带模式时频图。

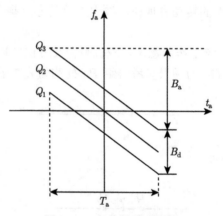

图 2.11　条带模式时频图

(2) 聚束模式。

图 2.12 为 SAR 聚束模式成像斜距平面示意图。

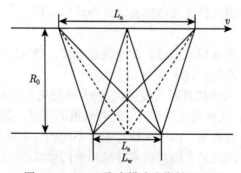

图 2.12　SAR 聚束模式成像斜距平面

聚束模式成像时天线波束中心始终指向场景中心点,不同方位位置的点 Q_1、Q_2、Q_3 始终处于天线波束照射范围内,因此它们拥有相同的时间积累。各点的差异在于方位向位置不同,其多普勒频率历程稍有不同,是一组沿频率轴平行的直线,且各线的起始和结束时间相同。图 2.13 为聚束模式时频图。

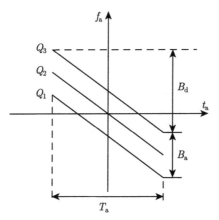

图 2.13 聚束模式时频图

从图 2.13 可以看出,聚束模式总的多普勒带宽分为两部分,一部分是合成孔径时间内点目标的多普勒带宽 B_a,另一部分是与方位向成像带宽有关的多普勒带宽 B_d,聚束模式的多普勒历程是这两部分之和:

$$
\begin{aligned}
B_{\mathrm{spot}} &= B_a + B_d \\
&= \frac{4v\sin\theta}{\lambda} + \frac{2vL_{\mathrm{w}}}{\lambda R_0}
\end{aligned}
\tag{2.45}
$$

(3) 滑动聚束模式。

图 2.14 为 SAR 滑动聚束模式成像斜距平面示意图。

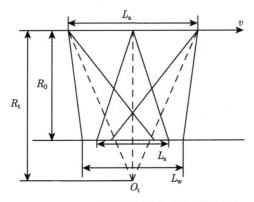

图 2.14 SAR 滑动聚束模式成像斜距平面

从图 2.14 中可以看出，滑动聚束模式天线波束从 θ 转动到 $-\theta$，波束中心线始终指向地面下方的一点，即图 2.14 中虚线延长会相交于同一点 O_t。

图 2.15 为滑动聚束模式时频关系图。

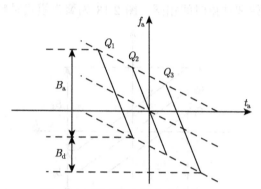

图 2.15　滑动聚束模式时频关系图

滑动聚束模式的多普勒历程也是由 B_a、B_d 两部分组成：

$$
\begin{aligned}
B_{\text{slide}} &= B_a + B_d \\
&= \frac{2v}{D_a} + K_t T_a
\end{aligned}
\tag{2.46}
$$

$$
K_t = \frac{2v^2}{\lambda R_t}
\tag{2.47}
$$

通常 $B_{\text{strip}} < B_{\text{slide}} < B_{\text{spot}}$。从三种成像模式的多普勒频率历程可以看出，条带模式和聚束模式均是滑动聚束模式的特例。滑动系数 $p = 0$ 时，式 (2.44) 中天线转动引入的 B_d 为 0，等效斜距 R_t 为 ∞，$B_{\text{slide}} = B_{\text{strip}}$，滑聚模式即变为条带模式；滑动系数 $p = 1$ 时，滑动聚束模式即变为聚束模式，$B_{\text{slide}} = B_{\text{spot}}$。书中主要讨论的均是 $0 < p < 1$ 的典型滑动聚束模式。

2) 方位分辨率

SAR 回波信号的方位向带宽为 B_a，相应的该系统的方位向分辨率 ρ_a 为

$$
\rho_a = \frac{v}{B_a}
\tag{2.48}
$$

式 (2.48) 对各成像模式均适用，其中 B_a 会随着 SAR 系统参数和成像模式的变化而变化。

(1) 条带模式。

条带模式的多普勒带宽如式 (2.44) 所示，相应的其方位向分辨率为

$$
\rho_a = \frac{D_a}{2}
\tag{2.49}
$$

条带模式 SAR 图像的方位向分辨率仅与天线的方位向实际尺寸有关，克服了传统孔径雷达分辨率与天线尺寸成反比的限制，有利于雷达系统的小型化设计。但是式 (2.49) 必须满足菲涅耳近似，即满足 $R_0 \ll L_a$，若 D_a 无限减小，合成孔径长度 $L_a \to \infty$，则回波信号的多普勒频率中的高阶相位项不再可以忽略，方位向分辨率不再随天线波束角的增大而线性提高，式 (2.49) 也就不适用了。

(2) 聚束模式。

SAR 聚束模式成像的合成孔径时间为

$$T_a = \frac{2R_0 \sin\theta}{v} \tag{2.50}$$

代入后可得聚束模式分辨率为

$$\rho_a = \frac{\lambda}{4\sin\theta} \tag{2.51}$$

上式可见，SAR 聚束模式成像时方位分辨率仅与载波波长 λ 和天线转动的角度 θ 有关，突破了条带模式下雷达天线尺寸对成像分辨率的限制。

(3) 滑动聚束模式。

SAR 滑动聚束模式成像的合成孔径时间为

$$T_a = \frac{\lambda R_0}{D_a v} \frac{R_t}{R_t - R_0} \tag{2.52}$$

代入后滑动聚束模式分辨率为

$$\rho_a = \frac{v}{B_a} = \frac{v}{\dfrac{2v^2}{\lambda R_0} T_a} = \frac{D_a}{2} \frac{R_t - R_0}{R_t} \tag{2.53}$$

从式 (2.53) 可以看出，滑动聚束模式成像的方位向分辨率与天线的方位向尺寸和天线波束转动引起的等效斜距 R_t 有关。滑聚模式分辨率为相应条带模式的 $(R_t - R_0)/R_t$ 倍。

$$R_t = \frac{v}{\omega} \tag{2.54}$$

等效斜距 R_t 等于载机速度 v 与天线波束的转动角速度 ω 之比。式 (2.53) 中 $R_t > R_0$，在 R_t 无限逼近 R_0 时，其方位向分辨率不是无穷小，而是受到天线扫描范围的限制，近似为聚束模式，为 $\lambda/(4\sin\theta)$。

3) 仿真实验

这里根据表 2.1 所示的系统参数进行仿真实验，对比三种成像模式的幅宽和分辨率。

表 2.1　三种模式成像参数

参数	条带模式	聚束模式	滑动聚束模式
载波频率/GHz	35.75	35.75	35.75
脉冲重复频率/Hz	1000	1000	1000
发射信号带宽/MHz	700	700	700
平台速度/(m/s)	50	50	50
扫描角度/(°)	—	±9	±9
参考斜距/km	2.5	2.5	2.5
天线转动速度/ ((°)/s)	—	1.7	0.3
等效天线尺寸/m	0.35	0.35	0.35

图 2.16(a) 为条带模式的点目标 32 倍插值的等高线图，图 2.16(b) 为该点目标的方位向剖面图，图中红色横线为 3dB 对应位置。

图 2.17(a) 为聚束模式的点目标 32 倍插值的等高线图，图 2.17(b) 为该点目标的方位向剖面图。

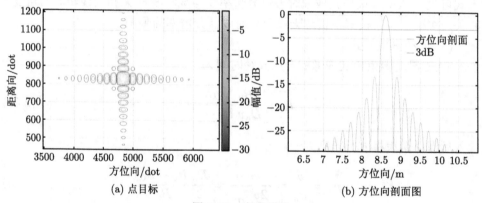

图 2.16　条带模式

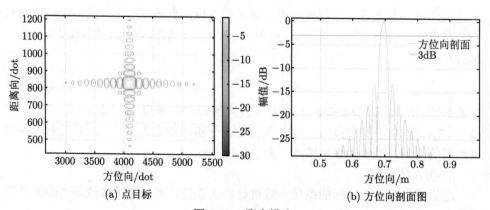

图 2.17　聚束模式

图 2.18(a) 为滑动聚束模式的点目标 32 倍插值的等高线图, 图 2.18 (b) 为该点目标的方位向剖面图。

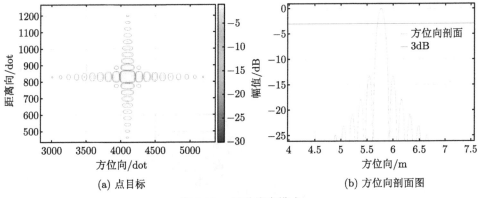

(a) 点目标   (b) 方位向剖面图

图 2.18 滑动聚束模式

表 2.2 为三种成像模式的仿真结果, 对比了三种成像模式的方位向峰值旁瓣比 (PSLR)、方位向积分旁瓣比 (ISLR)、方位向分辨率和对应条件下的理想分辨率。

表 2.2 三种模式结果

参数	条带模式	聚束模式	滑动聚束模式
方位向 PSLR/dB	-13.26	-13.28	-13.33
方位向 ISLR/dB	-10.03	-10.04	-10.24
方位向分辨率/m	0.176	0.017	0.143
理想分辨率/m	0.175	0.016	0.140

从表 2.2 可以看出, 理想点目标 3dB 宽度与公式计算所得的分辨率基本一致。对比聚束模式和滑动聚束模式的理论公式和仿真结果可知, 在相同转动角度下, 转动速度越快, 分辨率越高。

2.3.2 机载 FMCW SAR 滑动聚束成像算法

机载 FMCW SAR 滑动聚束成像模式依靠天线的方位向转动获得较高的方位向分辨率, 由此导致的方位向频谱混叠使得传统条带式 SAR 成像算法不再适用, 需要先解决 FMCW SAR 滑动聚束成像模式中回波信号方位向的频谱混叠问题。解决方位向混叠问题的一种方法是在系统设计时结合所需要工作的情况预留足够的脉冲重复频率 (pulse repetition frequency, PRF)。然而, 高的 PRF 会导致距离模糊增加, 以及采集和下行链路中的数据量增加。因此, 高的 PRF 不仅限制了 SAR 的测绘带宽和数据采集能力, 而且使 SAR 系统的设计复杂化。传统的处理方位向混叠信号的方法为子孔径法和两步法。

子孔径成像算法将一个完整的合成孔径时间分成若干个子孔径，由于一个子孔径的 PRF 远大于子孔径内信号的方位向带宽，信号处理过程中不会出现方位频谱混叠，可以利用成像算法对每个子孔径进行聚焦成像，最后再将各个子图进行相干拼接得到全孔径的 SAR 图像。子孔径算法对内存要求较低，各子孔径数据之间需要一定比例的重叠，且后期图像拼接较为复杂，成像效率较低，难以满足一次成像的需求，图 2.19 为子孔径法引入的明显拼缝，场景目标存在几何错位且拼接处能量强度不一致。

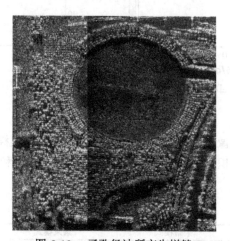

图 2.19　子孔径法所产生拼缝

故此，通常采用的滑动聚束成像处理方法为两步法，首先进行方位向解混叠操作，第二步运用传统的徙动校正算法进行成像处理。两步法可以对方位向点统一处理，要求方位向扩展的点数较少，相对效率较高。本节主要介绍一种基于 RMA 算法的两步法，并且针对传统两步法可能出现的图像域混叠问题做出改进。

1. 两步法

对于 FMCW SAR 滑动聚束模式的回波信号，仅进行方位向 FFT 是无法得到形如式 (2.56) 的信号的。因为 B_{slide} 通常大于 PRF，FFT 后将产生方位混叠，无法进行后续的距离徙动校正 (RCMC) 操作，对存在方位频域混叠信号进行 RCMC，必然会产生重影现象，且主要信号的分辨率也会降低。两步法的主要工作流程如图 2.20 所示。

方位时域的信号 $s_1'(f_{\text{r}}, t_{\text{a}})$ 的时频关系如图 2.21(a) 所示，通过引入一个线性调频项 H_1 将天线波束中心引入的多普勒频率历程消除掉：

$$H_1 = \exp\left\{\text{j}\pi K_t t_{\text{a}}^2\right\} \tag{2.55}$$

$$s_2(f_{\text{r}}, t_{\text{a}}) = s_1'(f_{\text{r}}, t_{\text{a}})H_1 \tag{2.56}$$

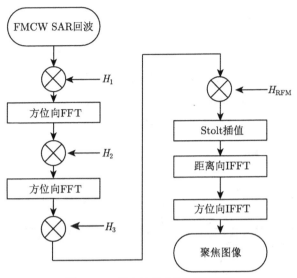

图 2.20 两步法的主要工作流程

$s_2(f_r, t_a)$ 的时频图如图 2.21(b) 所示，消除天线波束中心转动引入的多普勒频率后，多普勒历程仅剩下同系统参数下的条带模式的多普勒带宽。方位去调频后进行方位向重采样，对方位轴采用新的采样频率 F_n，重采样后的时间变量为 t'_a，且为了保证插值重采样操作的有效性，重采样频率 F_n 相较于 B_h 需要满足奈奎斯特采样定律，过采样率一般选择为 1.2~1.5。

$$H_2 = \exp(j\pi K_t t_a^{'2}) \tag{2.57}$$

$$s_3(f'_a, t'_a) = \mathrm{FFT}_a(s_2(f_a, t_a))H_2 \tag{2.58}$$

对 S_2 进行方位向补零后再进行方位向 FFT 并乘以 H_2，需要注意的是，这一步并不是时频域转换，而是为了完成 sinc 插值。重采样后总的方位向点数为

$$N_n = \frac{\mathrm{PRF}}{K_t} F_n \tag{2.59}$$

图 2.21 为去调频操作前、去调频操作后、插值后以及方位解混叠后四个阶段的方位向时频图。

重采样完成后需要将方位去调频操作中去除掉的由天线波束中心转动引入的频率分量补偿到信号中：

$$H_3 = \exp\left\{ j\pi \frac{f'_a}{K_t} \right\} \tag{2.60}$$

$$S_3(f_r, f_a') = \text{FFT}_a(s_3(f_r, t_a'))H_3$$
$$= W_a(f_a')\exp[-j\Phi(f_r, f_a)] \tag{2.61}$$

S_3 可以理解为做了一步没有方位向混叠的 FFT 操作，此时得到的才是真正的 FMCW SAR 滑动聚束模式的二维频域信号。完成了方位频域的解混叠操作后再运用内核徙动校正算法，便可完成聚焦操作。

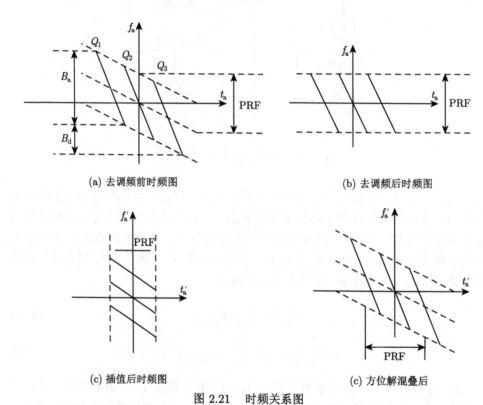

(a) 去调频前时频图　　　　　　　　　　　　　(b) 去调频后时频图

(c) 插值后时频图　　　　　　　　　　　　　(c) 方位解混叠后

图 2.21　时频关系图

2. 改进的两步法

对 RCMC 校正后的二维频域信号进行距离向 IFFT 操作，得到

$$S_4(t_r', f_a') = W_a(f_a')p_r\left(t_r' - 2\frac{R_0 - R_{\text{ref}}}{c}\right)\exp(-j2\pi f_a' t_0) \tag{2.62}$$

从图 2.21(d) 可以看出，解除方位频域混叠的信号依旧受到 PRF 的限制，要求较大的 PRF，这限制了波位设计时的自由度，不利于 SAR 总体性能指标的实现。可以参照解方位频谱混叠的方法解除方位时域的混叠问题，但是再进行一次

插值操作，运算量较大，考虑到此时的方位频域已不存在混叠，选用方位频域去调频的成像方式。具体的算法流程图如图 2.22 所示。

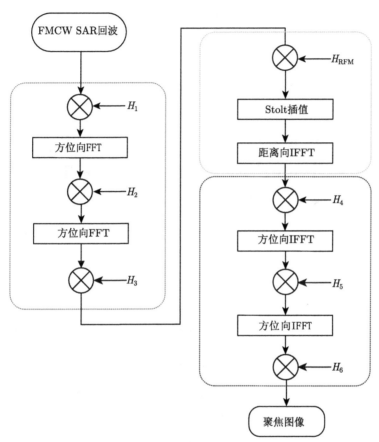

图 2.22 改进的两步法

如图 2.21(a) 所示，利用 H_4 在 $S_4(t'_r, f'_a)$ 中添加一个大小为 K_{a2} 的方位向调频率，再经过方位向 IFFT 操作

$$K_{a2} = \frac{2v^2}{\lambda\left(R_t - R_{ref}\right)}$$

$$H_4 = \exp\left\{j\pi\frac{f'^2_a}{K_{a2}}\right\}$$

$$S_5\left(t'_r, t'_a\right) = \text{IFFT}_a\left(S_4 \times H_4\right)$$

$$= w_a\left(t'_a\right)p_r\left(t'_r - \frac{2\left(R_0 - R_{ref}\right)}{c}\right)$$

$$\cdot \exp\left\{\mathrm{j}\pi K_{\mathrm{a}2}\left(t'_{\mathrm{a}} - t_0\right)^2\right\}$$

$S_4(t'_{\mathrm{r}}, f'_{\mathrm{a}})$ 的时频关系图与 $S_5(t'_{\mathrm{r}}, t'_{\mathrm{a}})$ 的时频关系如图 2.23(a) 和 (b) 所示。图 2.23 为解图像域混叠过程中三次去调频操作后的时频关系图。

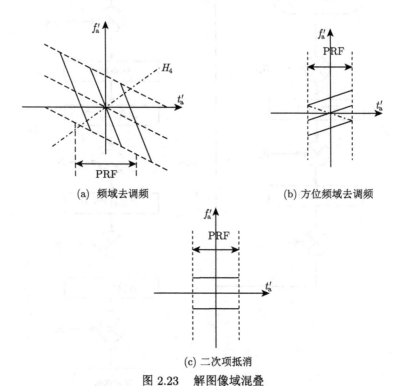

(a) 频域去调频　　　　　　　　　　　(b) 方位频域去调频

(c) 二次项抵消

图 2.23　解图像域混叠

利用 H_5 将 $S_4(t'_{\mathrm{r}}, f'_{\mathrm{a}})$ 中的二次项抵消掉,将信号中残余的二次项去除,时频关系如图 2.23(c) 所示,可以看出此时的各方位向点均是单频信号,再进行方位向 IFFT 操作,即可在方位频域得到良好聚焦的 SAR 图像 S_6:

$$H_5 = \exp(-\mathrm{j}\pi K_{\mathrm{a}2} t'^2_{\mathrm{a}}) \tag{2.63}$$

$$
\begin{aligned}
S_6(t'_{\mathrm{r}}, f'_{\mathrm{a}}) &= \mathrm{IFFT}_{\mathrm{a}}(S_5 \times H_5) \\
&= p_{\mathrm{r}}\left(t'_{\mathrm{r}} - \frac{2(R_{\mathrm{t}} - R_{\mathrm{ref}})}{c}\right) p_{\mathrm{a}}(f'_{\mathrm{a}} + K_{\mathrm{a}2} t_0) \exp\left(-\mathrm{j}\pi \frac{f'^2_{\mathrm{a}}}{K_{\mathrm{a}2}}\right)
\end{aligned} \tag{2.64}
$$

S_6 已是良好聚焦的图像。若需要高保相性的图像以供后续进行干涉等数据应用,可以将最后一个相位项补偿掉:

$$H_6 = \exp\left(j\pi \frac{f_a'^2}{K_{a2}}\right) \tag{2.65}$$

$$S_7(t_r', f_a') = p_r\left(t_r' - \frac{2(R_t - R_{ref})}{c}\right) p_a(f_a' + K_{a2}t_0) \tag{2.66}$$

两步法能够有效解决方位向频谱混叠问题，但会产生图像域混叠。若要克服图像域混叠，需要提高脉冲重复频率，这会导致雷达接收回波数据的增加，给处理带来压力。改进的两步式成像算法在传统两步法解除了方位向频谱混叠的基础上，选用方位频域成像，通过方位频域去调频操作完成聚焦，不受脉冲重复频率的限制，不再产生图像域混叠。

3. 仿真实验

为验证所述算法的有效性，这里在 MATLAB 中进行了仿真实验。首先根据所推导回波模型生成回波数据，仿真参数根据实验室研发的轻小型 Ka FMCW SAR 系统。系统参数如表 2.3 所示。

表 2.3　FMCW SAR 系统参数

参数	值	参数	值
载波频率/GHz	35.75	扫描角度/(°)	±9
脉冲重复频率/Hz	1000	参考斜距/km	2.5
发射信号带宽/MHz	700	天线转动速度/ ((°)/s)	0.33
平台速度/(m/s)	50		

在成像场景中布置了如图 2.24 所示的等间距的 6 个点目标，点 1 和点 6 位于场景边缘，属于非全孔径成像点，图 2.24 为仿真实验的布点图。

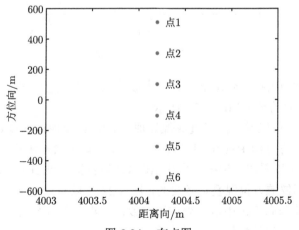

图 2.24　布点图

图 2.25 为利用传统两步法进行的滑动聚束成像仿真实验的结果剖面图。

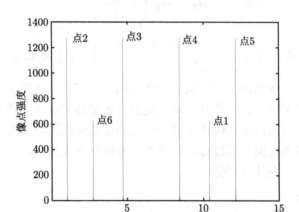

图 2.25   传统两步法

图 2.26 为利用改进两步法进行的仿真实验的结果剖面图。

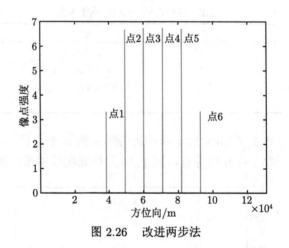

图 2.26   改进两步法

对由图 2.26 中所布的 6 个点目标生成的回波信号进行成像处理，像点经过 32 倍 sinc 插值后的结果如图 2.27 所示。

从图 2.27 中可以看出，经过成像处理得到的 6 个像点均良好聚焦。这 6 个像点的距离向、方位向 PSLR、ISLR 以及分辨率如表 2.4 所示。

从图 2.27 可以看出，传统两步法 RCMC 后直接二维 IFFT 在方位时域是存在混叠的，解图像域方位混叠是必要的，图 2.27 可以看出，改进的两步法仿真的像点所处的位置与布点图中点所处位置一致，不再出现混叠，可以证明改进的两步法在方位频域实现聚焦操作是有效的。

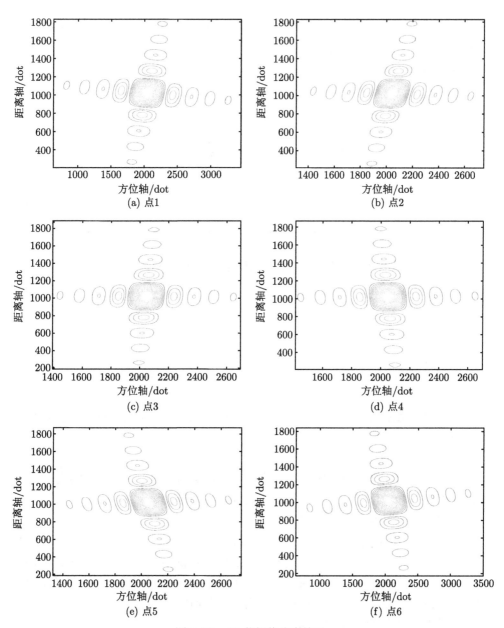

(a) 点1

(b) 点2

(c) 点3

(d) 点4

(e) 点5

(f) 点6

图 2.27 32 倍插值仿真结果

从图 2.27 和表 2.4 可以看出，通过本节所提算法从边缘点到全孔径成像点均良好聚焦，其距离向、方位向峰值旁瓣比、积分旁瓣比均与理论值吻合，其中点 1 和点 6 为边缘非全孔径成像，像点强度和 32 倍插值后的 3dB 宽度均只有全孔径成像点的一半。相同参数下的 FMCW SAR 条带模式的方位向 32 倍插值后的 3dB 宽度为 264, 滑动聚束模式 3dB 宽度为 119。理论上滑动聚束模式的 3dB 宽度条带模式的比值为 0.4491, 与仿真结果计算出的方位向分辨率改善因子 $A = 119/264 = 0.45$ 一致。

表 2.4　仿真结果

	指标	点 1	点 2	点 3	点 4	点 5	点 6
距离向	PSLR/dB	−13.27	−13.26	−13.21	−13.43	−13.26	−13.26
	ISLR/dB	−10.42	−10.52	−10.52	−10.15	−10.52	−10.41
	分辨率/m	0.244	0.244	0.248	0.246	0.243	0.244
方位向	PSLR/dB	−13.26	−13.30	−13.26	−13.27	−13.30	−13.25
	ISLR/dB	−10.09	−10.32	−10.04	−10.04	−10.32	−10.08
	分辨率 /m	0.423	0.210	0.207	0.214	0.215	0.426

2.3.3　机载毫米波 FMCW SAR 滑动聚束 SAR 实测数据处理

这里给出了一套采用惯导补偿和复用相位梯度再聚焦 (phase gradient autofocus, PGA) 进行运动补偿, 采用改进的两步法进行徙动校正的滑聚实测数据处理方案及实测数据处理结果。

图 2.28 为所设计算法流程图。

机载 FMCW SAR 滑动模式成像的处理流程主要分为七个步骤。

(1) 预处理。

FMCW SAR 滑动聚束模式回波数据距离向 IFFT 进入徙动线域, 完成快时间走动校正和 RVP 校正。

(2) 惯导误差补偿。

每个方位向采样点对应时刻, 各个距离门由载机运动误差引入的误差量是一致的, 因此以参考位置计算惯导对斜距的误差补偿量。

(3) PGA 参考位置误差补偿。

PGA 进行相位提取是不考虑距离空变的, 采取先进行参考位置误差补偿, 再进行距离空变误差补偿的方式。选取参考位置附近的 512 个或 1024 个距离门作为输入, 将方位向分为若干子块, 估计每个子块内部的相位误差, 再将各子块的相位误差拼接出整块回波数据参考位置相位误差曲线。

(4) PGA 距离空变误差补偿。

成像场景区域的距离向测绘带的近端和远端斜距变化是不一致的, 所需要进行的相位误差补偿也存在差异。将参考误差补偿后的方位向子块沿距离向划分子块, 提取出各距离向子块的相位误差信息, 再拟合成一条与距离向采样点数等长的曲线, 利用这条曲线的相位误差对每个距离门进行误差补偿。

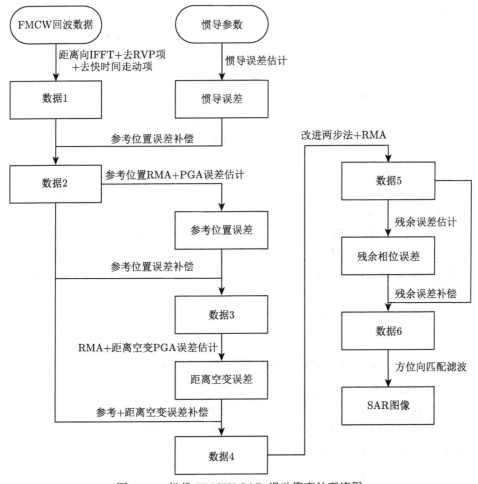

图 2.28 机载 FMCW SAR 滑动聚束处理流程

(5) 去混叠操作及徙动校正。

按照 2.3.2 节论述的方法, 采用改进的两步法和 RMA 算法, 对完成了距离空变误差校正后的回波进行方位向去混叠和徙动校正。

(6) PGA 残余误差补偿。

惯导补偿以及两次 PGA 的运动误差补偿完成了主要误差量的校正, 补偿后的数据依旧存在部分残余误差相位, 对数据 5 再次运用 PGA 提取相位误差, 补偿误差相位。理论上能够实现良好脉冲压缩的相位误差需要在 $\pi/4$ 范围内, 步骤 (6) 残余误差补偿可以根据实际残留的误差相位的大小调整步骤 (6) 运行的次数。

(7) 方位向匹配滤波。

进行方位向匹配滤波操作, 完成方位向脉冲压缩, 得到聚焦良好的 FMCW

SAR 滑动聚束图像。

正常接收的回波数据在经过上述 7 个步骤后，理论上能够得到良好聚焦的 SAR 图像，若在分析图像分辨率、积分旁瓣比、峰值旁瓣比等参数后发现图像质量不满足要求，在系统参数允许范围内还可以通过对图像域进行 PGA 操作，进一步提高能量的聚焦程度。

2.4 小型无人机载 W 波段 SAR 高分辨率成像

W 波段小型无人机 SAR(W-UAV-SAR) 由于自身体积小、质量轻、受气流影响大，运动误差严重 [16]。而且，由于 W 波段 SAR 载频非常高，波长非常短，SAR 图像聚焦效果对运动误差更加敏感 [17-19]。因此，高分辨率成像算法需要对运动误差的估计精度提出更严苛的要求。然而基于惯性测量单元惯导测量精度有限，无法满足这一测量精度，造成了仅靠惯导信息无法高精度成像。另外，由于 W 波段雷达系统发射功率的限制，SAR 作用斜距较短，场景空变特性明显，带来了更加严重的距离向相位误差的空变性。因此，如何精确地估计出载机运动平台搭载的天线相位中心的运动误差并补偿，是 W 波段小型无人机 SAR 实现高分辨率的关键技术 [20-26]。

2.4.1 小型无人机载 W 波段 SAR 高效实时成像算法

实时成像由于受时间与内存等资源的限制，需要在满足成像精度的同时尽可能地降低计算复杂度，因此在实现实时成像时应该尽可能地消除不必要的计算步骤。这里结合系统飞行试验参数对实时成像算法进行优化，提出一种基于惯导和运动误差估计的高效实时成像算法。

1. 成像误差分析

W-UAV-SAR 系统飞行试验参数如表 2.5 所示。下面结合系统参数对成像处理过程中的脉间连续运动引入的相位误差和距离徙动引入的包络误差进行分析，以便在实时成像时合理简化处理。

表 2.5 W-UAV-SAR 系统初期飞行试验参数

参数	值	参数	值
发射波形	调频连续波	方位向波束宽度	1.6°
接收方式	去调频接收	距离向波束宽度	8°
信号带宽	2GHz	中心斜距	684m
PRF	1000	波长	0.0032m
距离分辨率	0.075m	高度	300m

1) 脉间连续运动误差分析

在 FMCW SAR 中，由于信号被连续地发射，并且占空比非常高，达到或接近 100%，与发射窄脉冲相比，脉内雷达运动将引入额外的误差，停–走–停假设不再成立。与脉冲体制下的频率函数不同，FMCW 体制下的频率函数可以表示为

$$f = f_0 + K_r (\tau - 2R/c) \tag{2.67}$$

与脉冲体制相比，该频率差值相当于滤波器输入的时间漂移，并在滤波器输出等效为一个距离走动：

$$\Delta R \approx \frac{f_0}{K_r} \cdot v \cdot \sin\theta = \frac{f_0}{K_r} \cdot \frac{v^2 t}{\sqrt{R_0^2 + v^2 t^2}} \tag{2.68}$$

式中，θ 为雷达与目标之间的方位角，$\theta \in [\theta_{min}, \theta_{max}]$，$\theta_{min}$ 和 θ_{max} 分别为雷达方位向波束后沿与波束前沿照射目标时对应的方位角。因此，脉间走动引起的距离走动量最大为

$$\Delta R_{max} \approx \frac{f_0}{K_r} \cdot v \cdot (\sin\theta_{max} - \sin\theta_{min}) \tag{2.69}$$

根据表 2.6 系统参数计算得到脉间走动引入的距离徙动最大量为 0.02m，小于其斜距分辨率 0.075m 的一半，即使不做补偿，对成像的影响也不大。

2) 距离徙动引入的包络误差分析

正侧视距离徙动 (RCM) 示意图如图 2.29 所示。RCM 指观测场景中的一个点目标 P 与飞行平台上的 SAR 载荷的距离变化。SAR 载荷天线方位向波束宽

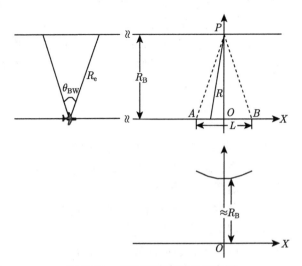

图 2.29 正侧视距离徙动示意图

度为 θ_{BW}，当飞行平台到达 A 点时，SAR 载荷的天线方位向波束前沿扫描到点目标 P，当飞行平台到达 B 点时，SAR 载荷的天线方位向波束后沿离开点目标 P。点目标 P 与飞行平台之间连线最短时的距离称为最近距离 R_B。正侧视距离徙动通常表示为 SAR 载荷天线波束边缘扫描到点目标时的斜距与最短距离之差：

$$R_q = R_e - R_B = R_B \sec\left(\frac{\theta_{BW}}{2}\right) - R_B \tag{2.70}$$

根据表 2.6 系统参数计算得 $R_q = 0.0667\text{m}$。由于简化算法中做了距离下采样，所以距离单元 Δr 为 0.15m。距离徙动不到距离单元的一半，因此距离徙动产生的包络误差可以忽略不记。

2. 基于惯导和运动误差估计的高效实时成像算法

由于实时成像时间短、运算量大、资源有限，所以需要在满足成像精度的同时尽可能地降低计算复杂度，因此在实现实时成像时应该尽可能地消除不必要的计算步骤。同时，实时成像需要采用流水式设计，即对部分数据先进行处理，直到数据量达到全孔径时，进行方位脉压出图。对于更长时间的成像过程，先按照每两个全孔径数据进行成像处理各自出图，为了保证所有点都是全分辨，仅保留每幅图像中一个全孔径的图像大小，相邻两幅图像通过重叠一半进行图像拼接。此时，重叠部分的数据处理可以保留至下一幅图像的成像过程中。

下面通过分析表 2.6 所示的系统参数，开展 W-UAV-SAR 系统实时成像算法分析。去调频接收信号需要去 RVP 项处理，以消除剩余相位对方位聚焦的影响。针对去调频接收信号，为了与成像算法更好地结合，这里设计采用去调频转直采接收的处理方式。通过计算可得，距离向 8° 的波束宽度对应的地面幅宽为 222m，斜距平面上为 300m。200m 的幅宽与 0.075m 的距离向采样点数为 2666。考虑到波束宽度对应场景点数为 4000，因此距离向成像最多只需用 4096 点。最优的方位分辨率为 0.11m×1.2=0.13m。最大方位带宽小于 300Hz，考虑到 1000 的 PRF 是系统固定的参数，可以做一次方位数据抽取。全孔径数据点数在 2000 以内。考虑方位抽取一倍，则只有 1000 点。

通过分析可知，所设计的系统由于波束宽度的限制，距离向最多只要 4096 点即可满足成像幅宽要求，方位向 2048 点可满足方位全分辨成像需求。因此所设计的实时成像算法流程图如图 2.30 所示。

对录取的子孔径回波数据进行一次处理，首先通过 RVP 项校正，去除因去调频接收引起的方位相位调制，这一步骤可以对每一个录取的回波进行处理，不一定要累计到一定脉冲数量的子孔径回波数据。然后沿距离向分块进行运动误差估计，这是因为观测距离较近，运动误差的距离空变不可忽略，需要通过多距离块的拟合实现运动误差的距离空变估计。每个子块的运动误差估计采用 PGA 算法与图像偏置 (MD) 算法联合估计的方式实现。当数据量累计到 2048 点时，方位数据已经达到两个全孔径长度，通过匹配滤波可以获得一个全孔径大小的全分辨图像，对数据进行运动误差补偿，并通过方位匹配滤波实现成像，最后作方位向多视出图。

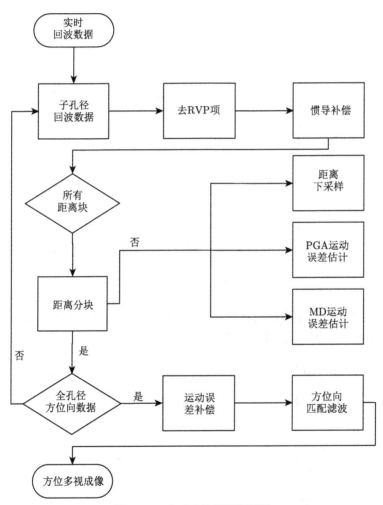

图 2.30　实时成像算法流程图

3. 仿真实验

为了验证算法的有效性，这里对基于惯导和运动误差估计的高效实时成像算法进行点目标仿真。系统仿真参数如表 2.6 所示。

表 2.6　仿真参数

参数	值	参数	值
载频	94GHz	场景中心斜距	684m
发射信号带宽	2GHz	天线方位向波束宽度	1.6°
PRF	1000	测绘带宽	222m
载机速度	10m/s	系统采样频率	40M

XYZ 三轴运动误差仿真输入如图 2.31 所示。

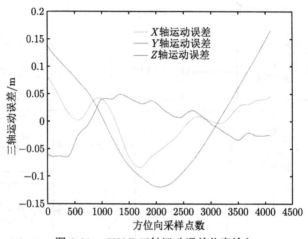

图 2.31　XYZ 三轴运动误差仿真输入

加入运动误差而不做运动补偿，使用 RD 算法点目标仿真的二维压缩结果如图 2.32 所示。二维压缩结果严重散焦。

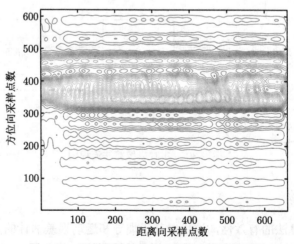

图 2.32　不做运动补偿的点目标二维压缩结果

　　加入运动误差而使用基于惯导和运动误差估计的高效实时成像算法的二维压缩点阵目标结果如图 2.33 所示。

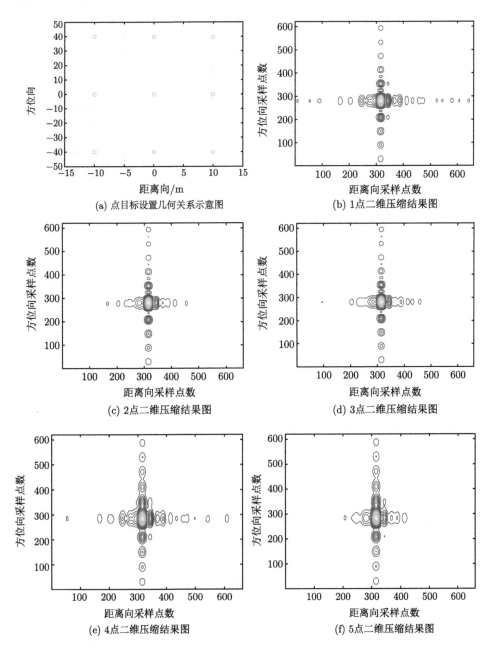

(a) 点目标设置几何关系示意图

(b) 1点二维压缩结果图

(c) 2点二维压缩结果图

(d) 3点二维压缩结果图

(e) 4点二维压缩结果图

(f) 5点二维压缩结果图

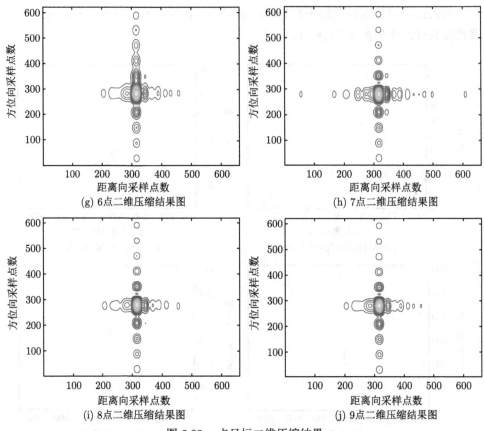

(g) 6点二维压缩结果图　　　　　　　　(h) 7点二维压缩结果图

(i) 8点二维压缩结果图　　　　　　　　(j) 9点二维压缩结果图

图 2.33　点目标二维压缩结果

　　由图 2.32 和图 2.33 对比可以看到，基于惯导和运动误差估计的简化实时成像算法可以补偿运动误差，明显改善有运动误差的点目标成像结果，从而说明了本章算法的有效性。

　　点目标成像结果二维剖面分析如表 2.7 所示。

表 2.7　点目标成像结果二维剖面分析

参数	PSLR/dB	ISLR/dB
1 点	−12.22	−9.05
2 点	−14.72	−11.44
3 点	−15.54	−10.92
4 点	−12.06	−9.07
5 点	−14.84	−11.01
6 点	−15.57	−10.89
7 点	−12.04	−9.36
8 点	−14.74	−11.42
9 点	−15.81	−10.99

从以上结果可以得到，点目标二维的 PSLR 和 ISLR 与理论值比较接近。仿真结果验证了该方法的有效性。

2.4.2 基于 GPU 的实时成像处理设计

根据单机功能需求，可将数字成像处理单机设计分解为监控定时功能单元、数字接收功能单元、实时成像处理功能单元、数据存储功能单元及其他辅助功能单元。

图 2.34 为基于现场可编程门阵列 (FPGA)+ 通用图形处理器 (GPU) 的数字单机系统实现框图，采用 FPGA+GPU 作为主要控制及处理芯片，完成上述数字单机划分的功能模块设计。

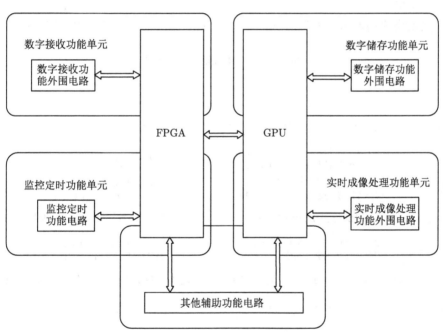

图 2.34　基于 FPGA+GPU 的数字成像处理模块功能实现框图

其中 GPU 模块为 NVIDIA 公司生成的 Jetson TX2，GPU 模块负责执行信号处理算法和智能化处理算法，并作为主控计算机，完成业务的流程控制、显示、控制、存储功能。GPU 模块通过 X4 PCIE 接口接插件 REF-186138-01 与 FPGA 进行互联，GPU 可以直接固定一个标准 SATA (serial ATA) 固态硬盘，通过 SATA 连接线与系统连接。

GPU 处理模块使用 NVIDIA 公司提供的标准的 Jetson Module。Module 和 FPGA 板之间的接口采用 NVIDIA 公司和 SAMTEC 公司的标准接口 (400-pin,

8×50)。

Jetson TX2 的特点是 NVIDIA Pascal GPU 有 256 个有统一计算架构 (CUDA) 能力的核心。中央处理器 (CPU) 复杂部分由两个 ARM v8 64 位 CPU 集群组成，它们由高性能的相干互联结构连接。为提高单线程性能，优化了丹佛 (Denver)2(双核)CPU 集群; 第二个 CPU 集群是一个 ARM Cortex-A57 (quad-core)，它更适合于多线程应用程序。

内存子系统包含一个 128 位的内存控制器，它提供高带宽 LPDDR4 支持。8 GB LPDDR4 主存和 32 GB eMMC 闪存集成在模块上。从 TX1 64 位到 128 位的设计是一个主要的性能提升。

其中，TX2 性能及接口描述如表 2.8 所示。NVIDIA Jetson TX2 模块实物图如图 2.35 所示。

该模块的功能示意图如图 2.36 所示，其中红圈表示在设计中使用的接口。

表 2.8　TX2 性能及接口描述

	Jetson TX2	Jetson TX1
GPU	NVIDIA Pascal, 256颗CUDA核心	NVIDIA Maxwell, 256颗CUDA核心
CPU	HMP Dual Denver 2/2 MB L2+ Quad ARM A57/2 MB L2	Quad ARM A57/2 MB L2
视频	4K×2K 60Hz 编码 (HEVC) 4K×2K 60Hz 编码 (12位支持)	4K×2K 30Hz 编码 (HEVC) 4K×2K 60Hz 编码 (10位支持)
内存	8GB 128位LPDDR4 58.3GB/s	4GB 64位LPDDR4 25.6GB/s
显示器	2个DSI接口、2个DP1.2接口 /HDMI 2.0接口/eDP 1.4接口	2个DSI接口、1个DP1.4接口 /HDMI 2.0接口/eDP 1.2接口
CSI	2通道CSI2 D-PHY 1.2(每个通道2.5 GB/s)	2通道CSI2 D-PHY 1.1(每个通道1.5 GB/s)
PCIE	Gen 2|1×4+1×1或1×1+1×2	Gen 2|1×4+1×1
数据存储	32 GB eMMC、SDIO、SATA	16 GB eMMC、SDIO、SATA
其他	CAN、UART、SPI、I2C、I2S、GPIO	UART、SPI、I2C、I2S、GPIO
USB	USB3.0+USB2.0	USB3.0+USB2.0
连接	1kM以太网、802.11 ac WLAN、蓝牙	1kM以太网、802.11 ac WLAN、蓝牙
机械	50mm×87mm(400针兼容板对板连接器)	50mm×87mm(400针兼容板对板连接器)

图 2.35 NVIDIA Jetson TX2 模块实物图

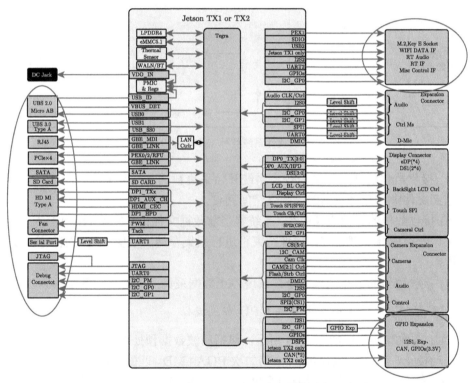

图 2.36 NVIDIA Jetson TX2 模块功能示意图

1. 基于 GPU 的软件总体工作流程

软件总体工作流程如图 2.37 所示。

(1) 系统开机启动，自动加载驱动、启动应用程序、完成参数配置，数据采集模式分两种：原始回波数据、经过 FFT 预处理的回波数据。

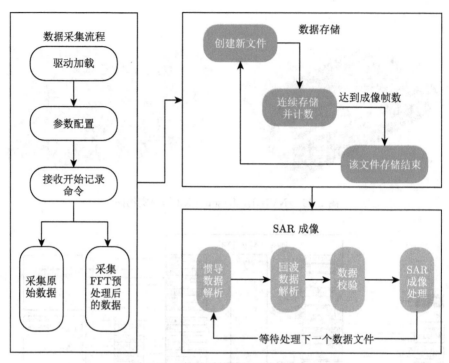

图 2.37 软件系统整体工作流程设计

(2) 接收数传的开始记录命令，系统开始采集数据，循环采集存储 10s 长度的数据到文件中，并将数据磁盘剩余空间回传。

(3) 接收数传的开始成像命令，系统将当前数据文件记录完整 (10s 内) 后，暂停采集、开启成像处理过程，成像结束再进行采集存储、成像处理，重复执行这个流程。

(4) 接收数传的停止记录命令，系统停止数据采集，等待下一条命令。

2. W-UAV-SAR 实时成像算法 GPU 实现流程

SAR 成像算法流程如图 2.38 所示，包括回波数据预处理、多普勒中心估计、距离走动校正、第一次 PGA+MD、第二次 PGA+MD、匹配滤波等。算法涉及大量 FFT、矩阵、向量操作，具有可高度并行计算的特点，因此，选择中央处理器 (CPU) 和图形处理器 (GPU) 混合编程，便于算法性能优化。此外，CUDA 中提供了一些高性能计算接口：cuFFT、cuCmulf、cuCabsf 等，可在成像算法中调用。

3. 基于 GPU 的实时成像性能分析

完整的成像算法在 TX2 CPU 上单核、单线程运行时间约为 44min，即 2640s。根据 TX2 CPU 和 GPU 硬件性能核算，加速比最高为 20 倍，这是在理想情况下的加速比,在实际应用中几乎达不到。

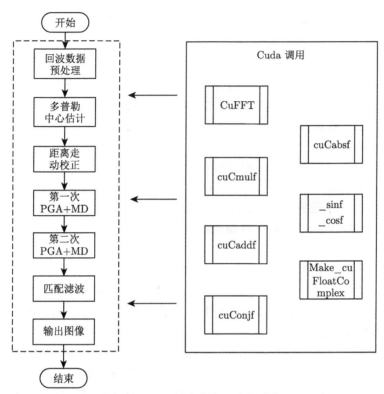

图 2.38 SAR 成像实现流程设计

加速比为 20 倍的核算过程如下:

CPU:ARM Cortex-A57 (quad-core) @ 2GHz +NVIDIA Denver2 (dual-core) @ 2GHz

CPU 基于 Armv8-A 架构,具有 6 个物理核心,不支持超线程。它含有 16 个单精度浮点执行单元,其理论单精度峰值浮点运算能力计算公式为

2035MHz (最大功率) × 16(单精度浮点执行单元数)× 6(物理核心数) = 195.36GFlops = 0.19536TFlops = 0.19536 万亿次浮点计算

GPU:256-core NVIDIA Pascal @ 1300MHz

NVIDIA Tegra X2 GPU 基于帕斯夫 (Pascal) 架构,它含有 2 个流式多处理器 (SM) 单元,每个 SM 单元包含了 128 个 CUDA 核心,它的理论单精度峰值浮点运算能力计算公式为

> 1300MHz(GPU Boost 主频)× 256(CUDA 核心数量)×2(单个时钟周期内能处理的浮点计算次数)= 665.6GFlops = 0.6656TFlops = 0.6656 万亿次浮点计算

CPU 程序为单线程程序，故只使用 CPU 的一个核，CPU 的单核心单精度峰值浮点运算能力为 32.56GFlops (0.19536 万亿次浮点计算/6)。

GPU 程序在执行时会使用所有的核心，故其单精度峰值浮点运算能力为 665.6GFlops (0.6656 万亿次浮点计算)。

故 GPU 与 CPU 单核的峰值浮点运算能力之比为

665.6GFlops/32.56GFlops=20.44

因此，对于单线程的 CPU 版本的程序而言，其在 GPU 上的理论加速比为 20:1，加速比不可能突破硬件资源的限制，即突破 GPU 与 CPU 的峰值浮点运算能力之比。

在 TX2 上经过 GPU 高性能计算优化后，完整算法的理想运算时间是 2640s/20=132s。目前，优化效果是 193s，即加速倍数为 2640/193=13.68，所以，还有一些提升的空间，主要是各部分核心运算间访存的优化方面，计算方面的优化几乎已经做到了最大程度。

主程序中计算热点包括 6 部分，分别是：基于 PGA 和 MD 的运动误差估计函数被调用 2 次，占用算法运行总时间的 80.5%；距离走动校正函数被调用 2 次，占用总时间的 7.0%；距离徙动校正函数被调用 3 次，占用总时间的 3.0%；方位向匹配滤波函数被调用 1 次，占用总时间的 2.1%；包络补偿函数被调用 2 次，占用总时间的 1.3%；原始回波的 FFT\IFFT 和 shift 等预处理操作占用总时间的 2.5%。以下分别对每个热点部分进行分析，运算分析与耗时占比如表 2.9 所示。

表 2.9　运算分析与耗时占比

序号	函数名称	调用次数	耗时占比	说明
1	基于 PGA 和 MD 的运动误差估计函数	2	80.5%	占算法总运行时间比例
1.1	基于 PGA 的运动误差估计函数（运动误差估计函数 1）	52	54.1%	占父级函数 (1) 运行时间比例
1.1.1	基于 PGA 的运动误差估计子函数	52	99%	占父级函数 (1.1) 运行时间比例
1.1.1.1	FFTshift	624000	4.3%	占父级函数 (1.1.1) 运行时间比例
1.1.1.2	FFT\IFFT	780	4.3%	
1.1.1.3	求极值函数	468000	14.9%	
1.1.1.4	复数向量加 \ 乘法	~ 4680000	~ 25.5%	

序号	函数名称	调用次数	耗时占比	说明
1.1.1.5	复数加 \ 乘	>4233120000	22.8%	
1.1.1.6	FFT\IFFT	780000	∼ 25.3%	
1.1.1.7	其他		2.9%	
1.1.2	多视函数	52	0.9%	
1.1.3	其他		0.1%	
1.2	基于 MD 的运动误差估计函数	52	24.8%	
1.2.1	基于 MD 的运动误差估计子函数	52	97.2%	
1.2.1.1	ISFT	104	47.4%	
1.2.1.2	FFT\IFFT	104	17.8%	
1.2.1.3	FFTshift	416	3.2%	
1.2.1.4	复数向量开根号函数	104	10.9%	
1.2.1.5	复数向量幅值求和	208	11.3%	
1.2.1.6	FFT\IFFT	208	5.6%	
1.2.1.7	其他		3.8%	
1.2.2	多视函数	52	1.9%	
1.2.3	FFT\IFFT	104	0.5%	
1.2.4	其他		0.4%	
1.3	差拍函数	52	13.5%	
1.3.1	向量乘法	159744	99.9%	
1.3.2	其他		0.1%	
1.4	FFT\IFFT	104	1.1%	
1.5	其他		6.5%	
2	距离走动校正函数	2	7.0%	
2.1	向量乘法	20240	98.6%	
2.2	其他		1.4%	
3	距离徙动校正函数	3	3.0%	
3.1	ISFT	3	39.6%	
3.2	FFT2\IFFT2	3	22.1%	
3.3	多普勒频谱补偿函数	6	8.1%	
3.4	其他 (向量乘法)		30.2%	
4	回波预处理 (FFT\IFFT、翻转等)	6	2.5%	
5	方位向匹配滤波函数	1	2.1%	
5.1	ISFT	3072	17.2%	
5.2	FFT\IFFT	3072	15.0%	
5.3	补零函数	2	6.7%	
5.4	其他 (向量乘法)		61.1%	

续表

序号	函数名称	调用次数	耗时占比	说明
6	包络补偿函数	2	1.3%	
6.1	FFTshift	8	7.2%	
6.2	其他 (向量乘法)	18432	92.8%	
7	方位向多视处理函数	1	0.8%	
7.1	ISFT	1	19.0%	
7.2	FFT\IFFT	1	16.6%	
7.3	补零函数	1	15.0%	
7.4	多视函数	3072	8.1%	
7.5	其他		41.3%	
8	ISFT	3	0.6%	
9	多普勒中心估计函数	1	0.6%	
10	FFT\IFFT	3	0.5%	
11	滤波函数	1	0.2%	
12	补零函数	1	0.1%	
13	其他		0.8%	

注：序号 1 调用了序号 1.1 的函数，序号 1.1 调用了序号 1.1.1 的函数，依此类推。

1) 基于 PGA 和 MD 的运动误差估计函数

(1) 运算分析。

PGA 这部分运算占算法总运行时间的 80.5%，大部分时间用在基于 PGA 的运动误差估计函数、基于 MD 的运动误差估计函数和差拍函数上，分别占 54.1%、24.8% 和 13.5%，三者加总是 92.4%，即占算法总时间的 80.5%×92.4%=74.38%。以下对这 3 个函数的运算分别进行分析。

(2) 基于 PGA 的运动误差估计函数。

基于 PGA 的运动误差估计函数中耗时最多的计算为基于 PGA 的运动误差估计子函数，占基于 PGA 的运动误差估计函数时间的 99%。表 2.10 是基于 PGA 的运动误差估计子函数中各类运算的次数和耗时占比。由于一次复数乘法需要 7 次浮点运算，一次复数加法需要 3 次浮点运算，所以，表中约 4680000 次 "复数向量加 \ 乘法"，向量长度为 1024，那么浮点运算次数为 10240×4680000，约 48 G 次浮点运算；表中 "复数加 \ 乘" 4233120000 次，即约 42 G 次浮点运算，加总为 90G 次。这两类运算约占基于 PGA 的运动误差估计子函数时间的 48.3% (25.5%+22.8%)，除此之外的 FFT、IFFT、取模、求最大值运算耗时也约占 48%，因此，估计这部分的总浮点计算次数约为 180G 次 (90G×2)。这与用 Intel VTune Profiler 工具统计的成像算法整体上浮点计算次数 280G 次相比，在数量级上是相匹配的，也就是除了基于 PGA 的运动误差估计子函数部分，算法中其他部分浮点运算次数约为 100G 次。

表 2.10 基于 PGA 的运动误差估计子函数中各类运算的次数和耗时占比

函数名称	调用次数	耗时占比
FFTshift	624000	4.3%
FFT\IFFT	780	4.3%
求极值函数	468000	14.9%
复数向量加 \ 乘法	∼ 4680000	∼ 25.5%
复数加 \ 乘	>4233120000	22.8%
FFT\IFFT	780000	∼ 25.3%
其他		2.9%
总计		100%

基于 PGA 的运动误差估计函数中的运算主要是矩阵/向量的常见运算、FFT\IFFT、规约求最大值等,非常适合在 GPU 上运算,而且,这部分占算法总时间比重也最高,因此对这部分重点进行了 GPU 高性能计算的优化。

(3) 基于 MD 的运动误差估计函数。

基于 MD 的运动误差估计函数中耗时最多的计算为基于 MD 的运动误差估计子函数,占基于 MD 的运动误差估计函数时间的 97.2%。表 2.11 是基于 MD 的运动误差估计子函数中各类运算的次数和耗时占比,可以看出,耗时最多的运算是 FFT、IFFT 和向量的 shift 操作。关于做 FFT\IFFT 的向量点数,从源代码中可以看出是 512 点,以及补零之后的 512×9 点、512×27 点,同样地,sqrt\abs\sum 这些操作也是基于这么多点的向量,所以虽然调用次数为几百次,但是耗时还是比较多的。

表 2.11 基于 MD 的运动误差估计子函数中各类运算的次数和耗时占比

函数名称	调用次数	耗时占比
ISFT	104	47.4%
FFT\IFFT	104	17.8%
FFTshift	416	3.2%
复数向量开根号函数	104	10.9%
复数向量幅值求和	208	11.3%
FFT\IFFT	208	5.6%
其他		3.8%
总计		100%

这部分运算主要是 FFT\IFFT,其次是复数向量\矩阵的常见运算和规约求和等,非常适合在 GPU 上运算,因此对这些运算进行了 GPU 高性能计算的优化。

(4) 差拍函数。

差拍函数中,99.9% 的时间用在了大规模的复数向量乘法上,约 159744 次,将这些运算进行 GPU 高性能计算的优化。

(5) GPU 加速效果和分析。

由于 PGA 这部分运算中的矩阵/向量的常见运算、FFT\IFFT、规约求和、规约求最大值等，占了很大的运算比重，而且非常适合在 GPU 上计算，所以对这部分算法程序进行了深入分析和改写。首先，将程序拆分为若干段，便于改写为 CUDA 核函数的代码段，然后，分别用 CUDA 改写并验证正确性，最后，集成各段核函数并统一内存管理，将大部分运算连续地运行在 GPU 上，最大限度地降低了数据在设备和主机间的拷贝。

成像算法整体在 Jetson TX2 CPU 上单核单线程运行时间为 44min，PGA 这部分算法的运行时间为 $80.5\% \times 44 \times 60s = 2125s$，即在 GPU 高性能计算优化之前的运行时间；优化之后，它的运算时间约为 114s，加速比为 2125/114=18.6。通过对 TX2 硬件的分析，加速比最高为 20 倍，这是理想情况下的加速比，实际中几乎达不到。所以，这部分算法的优化已经充分利用了 GPU 资源，达到了最大的优化性能。

2) 距离走动校正函数和距离徙动校正函数

(1) 运算分析。

从表 2.9 中可以看出，距离走动校正函数占算法总耗时的 7%，即用时 $2640s \times 7\%=185s$，其中，98.6% 的运算时间用在了 20240 次的向量乘法上。距离徙动校正函数占算法总耗时的 3%，即用时 $2640s \times 3\%=79s$，其中，90% 以上的时间用在了 FFT\IFFT、shift 和向量乘法运算上。将这些运算进行了 GPU 高性能计算的加速。

(2) GPU 加速效果和分析。

经过 GPU 高性能计算加速后，距离走动校正函数和距离徙动校正函数耗时为 34.3s，加速之前耗时为 185s+79s=264s，所以，加速比为 264/34.3=7.7。这与理想加速比 20 还有一定差距，这是由于，这部分运算调用次数不多，而只有频繁调用才能提高加速比，所以，这部分在运算上继续优化的空间不大。

3) 方位向匹配滤波函数

(1) 运算分析。

从表 2.9 中可以看出，方位向匹配滤波函数占算法总耗时的 2.1%，即用时 $2640s \times 2.1\%=55.4s$，其中，90% 以上的时间用在了 FFT\IFFT、shift 和向量乘法运算上。所以将这些运算进行了 GPU 高性能计算的加速。

(2) GPU 加速效果和分析。

经过 GPU 高性能计算加速后，方位向匹配滤波函数耗时为 13.5s，加速之前耗时为 55.4s。所以，加速比为 55.4/13.5=4.1，与 20 倍有一定差距，这是由于，算法中这部分运算只调用了一次，而只有频繁调用才能提高加速比，而且并发度不高。所以，这部分在运算上继续优化的空间不大。

4) 包络补偿函数

(1) 运算分析。

从表 2.9 中可以看出，包络补偿函数占算法总耗时的 1.3%，即用时 2640s×1.3%=34.3s，其中，90% 以上的时间用在了向量乘法运算上。所以将这些运算进行了 GPU 高性能计算的加速。

(2) GPU 加速效果和分析。

经过 GPU 高性能计算加速后，包络补偿函数耗时为 13.36s，加速之前耗时为 34.3s，所以，加速比为 34.3/13.36=2.58，与 20 倍有一定差距，这是由于，算法中这部分运算只调用了 2 次，而只有频繁调用才能提高加速比，而且并发度不高，所以，这部分在运算上继续优化的空间不大。

5) 回波数据预处理

(1) 运算分析。

回波数据预处理主要包括 FFT\IFFT、翻转等操作，从表 2.9 可以看出，它占总算法耗时的 2.5%，即用时 2640s×2.5%=66s，将这些运算进行了 GPU 高性能计算的加速。

(2) GPU 加速效果和分析。

经过 GPU 高性能计算加速后，预处理部分耗时为 4.2s，加速之前耗时为 66s，所以，加速比为 66/4.2=15.7，与理想加速比 20 差距较小，达到了较大程度的优化。

6) 方位多视函数

(1) 运算分析。

从表 2.9 中可以看出，这部分占算法总耗时的 0.8%，即用时 2640s×0.8%=21s，涉及运算种类较多，FFT\IFFT、shift、向量操作等，所以将一些运算进行了 GPU 高性能计算的加速。

(2) GPU 加速效果和分析。

经过 GPU 高性能计算加速后，这部分耗时为 7s，加速之前耗时为 21s，即加速比为 21/7=3，由于这部分运算仅调用 1 次，而且并发度不高，不能接近理想加速比 20，几乎没有再优化的空间。

4. 带宽分析

Jetson TX2 具有 59.7GB/s 的显存带宽，算法运行中，绝大部分时间带宽占用不超 10GB/s，平均占用不到 20%，如图 2.39 所示；监测到使用的读写带宽最大为 20GB/s，如图 2.40 所示。然而，单处理器运行时，处理器平均利用率在 90% 以上，所以，带宽并不是算法运行的瓶颈，浮点计算能力才是。

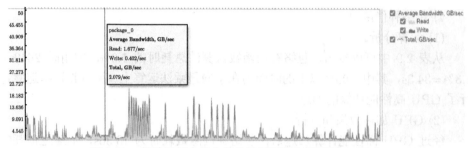

图 2.39　算法运行中绝大部分时间带宽占用不超 10GB/s

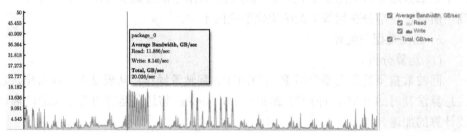

图 2.40　算法运行中使用最大读写带宽

5. 总结

表 2.12 为在 Jetson TX2 平台上对计算热点部分的加速效果的概括总结。

表 2.12　计算热点部分的加速优化总结

序号	运算	优化前/s	优化后/s	加速比
1	基于 PGA 和 MD 的运动误差估计函数	2125	114	18.6
2	距离走动校正函数和距离徙动校正函数	264	34.3	7.7
3	方位向匹配滤波函数	55.4	13.5	4.1
4	包络补偿函数	34.3	13.36	2.57
5	回波数据预处理	66	4.2	15.7
6	方位多视函数	21	7	3
7	其他	74.3	6.64	—
8	总计	2640	193	13.68

参 考 文 献

[1] 刘悦. FMCW SAR 新体制与信号处理方法研究 [D]. 北京：中国科学院电子学研究所，2012.

[2] 徐伟. 星载 TOPSAR 模式研究 [D]. 北京：中国科学院电子学研究所，2010.

[3] Saunders D, Bingham S, Menon G, et al. A single-chip 24GHz SiGe BiCMOS transceiver for low cost FMCW airborne radars[C]// Proc. Aerospace & Electronics Conference (NAECON), 2009: 244-247.

[4] Lanari R, Tesa M. Spotlight SAR data focusing based on a two-step processing approach[J]. IEEE Transaction on Geoscience and Remote Sensing, 2001: 363-370.

[5] Reigber A, Moreira A. First demonstration of airborne SAR tomography using multibaseline L-band data[J]. IEEE Transaction on Geoscience and Remote Sensing Letters, 2000, 38(5): 2142-2152.

[6] Fornaro G, Reale D, Serafino F. Four-dimensional SAR imaging for height estimation and monitoring of single and double scatterers[J]. IEEE Transaction on Geoscience and Remote Sensing, 2009, 47(1):224-237.

[7] Wang R, Loffeld O, Nies H, et al. Focus FMCW SAR data using the wavenumber domain algorithm[J]. IEEE Transaction on Geoscience and Remote Sensing, 2010, 48(4):2109-2108.

[8] Fornaro G, Lombardini F, Serafino F. Three-dimensional multipass SAR focusing: experiments with long-term spaceborne Data[J]. IEEE Transactions on Geoscience and Remote Sensing, 2005, 43(4):702-714.

[9] 景国彬. 机载/星载超高分辨率 SAR 成像技术研究 [D]. 西安: 西安电子科技大学,2018.

[10] 李春升, 杨威, 王鹏波. 星载 SAR 成像处理算法综述 [J]. 雷达学报, 2013, 2(1):111-122.

[11] 梁毅. 调频连续波 SAR 信号处理 [D]. 西安: 西安电子科技大学,2009.

[12] 刘寒艳, 宋红军, 程增菊. 条带模式、聚束模式和滑动聚束模式的比较 [J]. 中国科学院大学学报, 2011, 28(3):410-417.

[13] 张大炜, 魏芳, 王岩飞. 多普勒效应对 FMCW-SAR 系统成像性能的影响分析 [J]. 电子与信息学报, 2008, 30(3):55-59.

[14] 梁毅, 王虹现, 邢孟道, 等. 调频连续波 SAR 信号分析与成像研究 [J]. 电子与信息学报, 2008, 30(5):5-9.

[15] Meta A, Hoogeboom P. Development of signal processing algorithms for high resolution airborne millimeter wave FMCW SAR[C]// IEEE International Radar Conference, 2005.

[16] 张慧, 王辉, 潘嘉祺. W 波段 FMCW 体制 ISAR 系统成像及试验验证 [J]. 上海航天, 2018, 35(6):24-29.

[17] 梁毅, 王虹现, 邢孟道. 调频连续波 SAR 信号分析与成像研究 [J]. 电子与信息学报, 2008, 30(5):1017-1021.

[18] 张大炜. 机载 SAR 实时处理技术和 FMCW-SAR 成像的研究 [D]. 北京: 中国科学院研究生院 (电子学研究所), 2007.

[19] 何学辉. 机载合成孔径雷达成像实时信号处理研究 [D]. 西安: 西安电子科技大学, 2004.

[20] 保铮. 雷达成像技术 [M]. 北京: 电子工业出版社, 2005: 24-30.

[21] 邢孟道, 保铮. 基于运动参数估计的 SAR 成像 [J]. 电子学报, 2001, 29(S1):1824-1828.

[22] 张雨轮, 张涛, 李涛. 基于惯导的机载斜视 SAR 运动补偿研究 [J]. 火控雷达技术, 2014, 43(1):18-21.

[23] 龚伟, 向茂生. 利用惯导与 GPS 数据对雷达成像做运动补偿 [J]. 电子测量技术, 2006, 29(2):11-13.

[24] 刘瑞华, 赵云仙. 一种基于低成本 INS 的 SAR 运动补偿算法 [J]. 雷达科学与技术, 2009(4):257-261.

[25] Zhang L , Wang G , Qiao Z , et al. Azimuth motion compensation with improved subaperture algorithm for airborne SAR imaging[J]. IEEE Journal of Selected Topics in Applied Earth Observations and Remote Sensing, 2016, 10(1):1-10.

[26] 皮亦鸣, 杨建宇, 付毓生. 合成孔径雷达成像原理 [M]. 北京: 电子科技大学出版社, 2007: 115-120.

第 3 章　脉冲体制机载毫米波合成孔径雷达

3.1　概　　述

宽幅和高分辨率是 SAR 的永恒追求，也是一对矛盾量。对于宽幅观测需求，因为天线方向图主瓣展宽以及距离模糊对于长时宽信号制约等因素，难以在整个幅宽内获得良好的天线增益，进而降低信号信噪比[1]。对于毫米波来说，由于其波长短，应用于机载平台时飞行高度较低，传统 SAR 设计更难在合理的输出功率水平上获得大的测绘带宽。数字波束合成扫描接收 (DBF-SCORE) 技术可以利用高度向多个天线子孔径，通过设置各个子孔径的加权系数，合成高增益的窄接收波束，实时对准回波方向进行接收，实现高接收增益，从而可采用较小的发射天线获得较大的测绘带宽，并能改善信噪比、优化距离模糊和减小雨杂波的影响。

另外，星载毫米波 SAR 技术已经由单纯的技术验证性质的系统探索论证阶段发展到具有明确应用和工程研制计划的系统设计、研制阶段，大量的技术验证是星载系统工程研制的必备条件。机载毫米波 DBF SAR 的设计研制与信号处理研究可以作为未来先进天基毫米波 SAR 部署的必要技术验证途径，本书第 6 章也将对脉冲体制星载毫米波 DBF SAR 的成像与干涉处理方法进行介绍。

本章首先对 DBF-SCORE 技术的基本原理、结合通道均衡的 DBF 处理和自适应 DBF 处理方法进行介绍，在此基础上给出机载毫米波 DBF SAR 的成像处理方法和实测数据的处理分析结果，最后对机载方位多通道 DBF SAR 运动目标检测处理方法与流程进行介绍。

3.2　DBF-SCORE 基本原理

雷达固定发射功率会被天线方向图调制到整个幅宽，幅宽越大则单位面积的入射能量越少，进而响应引起信号信噪比的下降。根据雷达方程，首先描述雷达系统热噪：

$$P_{\mathrm{n}} = kT_{\mathrm{n}}B_{\mathrm{n}} \tag{3.1}$$

其中，k 为玻尔兹曼常量，$1.38 \times 10^{-23}\mathrm{J/K}$；$B_{\mathrm{n}}$ 为接收机带宽；T_{n} 为温度。得到信噪比描述式：

$$\mathrm{SNR}^{\mathrm{raw}} = \frac{P^{\mathrm{rec}}}{P_{\mathrm{n}}} = P_{\mathrm{e}}\frac{\lambda^2}{(4\pi)^3}\frac{G^2}{R^4}\frac{1}{\mathrm{Loss}}\frac{1}{kT_{\mathrm{n}}B_{\mathrm{n}}}\sigma \tag{3.2}$$

其中，P_{e} 为峰值发射功率；G 为天线增益；R 为观测斜距，Loss 为系统损耗；σ 为目标雷达截面积，考虑为 $\sigma^0 S$，即归一化雷达截面积与静止目标有效表面积的乘积。根据观测几何和雷达参数，有效观测面积的二维尺寸分别为 $R\lambda/D$ 与 $T^{\text{pulse}}c/(2\sin\theta)$：

$$S = \frac{R\lambda T^{\text{pulse}}c}{2D\sin\theta} \tag{3.3}$$

对于 SAR 原始回波的分辨单元，信噪比进而表述为

$$\text{SNR}^{\text{raw}} = P_{\text{e}}\frac{\lambda^2}{(4\pi R)^3}G^2\frac{1}{\text{Loss}}\frac{1}{kT_{\text{n}}B_{\text{n}}}\frac{\sigma^0 cT^{\text{pulse}}}{2D\sin\theta} \tag{3.4}$$

而经过合成孔径过程，信噪比会有巨大改善，源于距离脉压缩和方位多脉冲间调相的相干处理使独立噪声得到有效抑制。方位向累计数和距离向累计的独立采样数分别为

$$N_{az} = 2\frac{R_0}{D^2}\lambda \tag{3.5}$$

$$N_{rg} = B_{\text{d}}T^{\text{pulse}} \tag{3.6}$$

则 SAR 聚焦后的复图像信噪比表述为

$$\text{SNR}^{\text{slc}} = P_{\text{e}}\frac{\lambda^2}{(4\pi R)^3}G^2\frac{1}{\text{Loss}}\frac{1}{kT_{\text{n}}}T^{\text{pulse}}\frac{2\sigma^0}{D^2} \tag{3.7}$$

在采样条件 $v/f_{\text{a}} = D/2$ 下，

$$\text{SNR}^{\text{slc}} = P_{\text{av}}\frac{\lambda^2}{(4\pi R)^3}G^2\frac{1}{\text{Loss}}\frac{1}{kT_{\text{n}}}\frac{\sigma^0}{2v^2} \tag{3.8}$$

其中，P_{av} 为平均发射功率。值得注意的是，在 SAR 处理前信噪比受到斜距项的负 4 次调制，而方位累计后由于合成孔径与斜距正相关，综合后只受到斜距的负 3 次调制。定义对于散布目标：

$$\text{SNR}^{\text{raw}}_{\text{ext}} = P_{\text{av}}\frac{\lambda^3}{(4\pi R)^3}\frac{G^2\sigma^0 r_{\text{d}}}{\text{Loss}2vkT_{\text{n}}} \tag{3.9}$$

据此定义等效后向散射系数 $\text{NE}\sigma^0$ 为信噪比为 1 时的 σ^0：

$$\text{NE}\sigma^0 = \frac{(4\pi R)^3}{\lambda^2}\frac{\text{Loss}kT_{\text{n}}2v}{P_{\text{av}}G^2 r_{\text{d}}} \tag{3.10}$$

则对场景的实际信噪比为

$$\text{SNR} = \sigma - \text{NE}\sigma^0 \tag{3.11}$$

而场景幅宽近似为 $W_g = R\lambda/H_r$，H_r 为天线距离向尺寸。通过上述分析易知，为了获得大幅宽主要有三种方式：① 更宽的天线主瓣宽度；② 更远的雷达–场景距离；③ 灵活的波束指向方式。而根本上来说，无论哪种方式都会降低目标的能量增益，进而降低信噪比。

DBF-SCORE 技术是基于多通道的宽幅成像解决方案，其首先根据波束宽度和天线尺寸的对应关系配备小口径的发射天线尺寸，并且在接收端具有多个小口径接收天线，满足宽幅场景的收发覆盖。而信号质量则由接收端扫描接收，即SCORE 完成，通过通道间调相合成而获得理论的增益提升。图 3.1 为距离向剖面下 DBF-SCORE 技术与回波斜距窗示意图。根据 SAR 原理，固定波束指向下的探测幅宽由波束主瓣宽度、下视角以及平台高度决定，见式 (3.12)。受限于平台供电能力以及元器件效率等因素，雷达能输出的辐射功率有限。为提高空间覆盖能力，无论是增大波束宽度、增大中心斜距还是增大视角，都会大大降低回波功率，影响信号质量。

$$\theta_r \approx \frac{\lambda}{H_r} \tag{3.12}$$

式中，θ_r 为距离向波束宽度；λ 为波长；H_r 为发射天线距离向孔径。天线波束宽度 θ_r 与波长 λ 成正比，与天线尺寸 H_r 成反比。因此，为了达到相同的波束宽度，波长越短时所需要的天线尺寸越小 [2]。

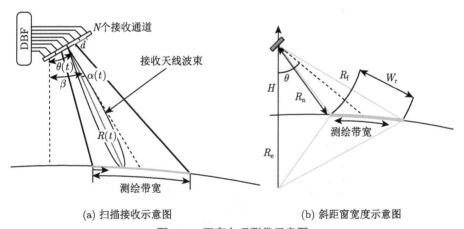

(a) 扫描接收示意图　　　(b) 斜距窗宽度示意图

图 3.1　距离向观测带示意图

如图 3.1(a) 所示的 4 通道 DBF 系统中，d 为天线距离向尺寸；$\theta(t)$ 为快时间变化的理想回波方向；β 为阵面实际指向；$\alpha(t) = \beta - \theta(t)$，为回波与天线法

向角度差 (即扫描角); $R(t)$ 代表斜距。图 3.1(b) 中,设定测绘带沿斜距宽度 W_{r}; 近端回波斜距 R_{n}; 远端斜距 R_{f}; R_{e} 为地球半径。由于通道间相位中心的存在空间位置差异,自然造成回波间存在相差,当理想补偿后通道间信号可以同相累计时,进一步提高增益,提高信噪比。如图 3.3 即为仿真下多通道合成所获得的等效天线增益效果,DBF-SCORE 产生了扫描的窄接收波束。

忽略慢时间,只分析距离向时间 t,第 n 个孔径的回波信号为 $s_n(t)$,SCORE 权系数为 $\omega_n(t)$,合成信号为各信号的矢量和:

$$s(t) = \sum_{n=1}^{N} \omega_n(t) \cdot s_n(t) \tag{3.13}$$

在 t 时刻,波束指向为接收波束中心与天线法线的夹角 $\alpha(t) = \theta(t) - \beta$,其中天线阵面指向方向与底视方向的夹角为 β,快时间对应的接收波束方向为理论波达角方向:

$$\theta(t) = \arccos\left(\frac{4\left(H + R_{\mathrm{e}}\right)^2 - 4R_{\mathrm{e}}^2 + (ct)^2}{4\left(H + R_{\mathrm{e}}\right)ct}\right) \tag{3.14}$$

式中表述了在理想地平 (地表无高程起伏) 假设时,回波波达角随时间变化,并且只与平台高程有关。时变波达角示意图为图 3.2,即该波达角随时间有近似线性的变化关系。

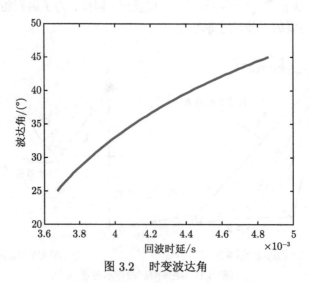

图 3.2　时变波达角

相位差加权系数 $\omega_n(t)$ 为

$$\omega_n(t) = \exp\{-\mathrm{j}2\pi d_n \sin(\alpha(t))/\lambda\} \tag{3.15}$$

天线距离向高度为 d，d_n 为第 n 个接收通道相对天线中心的距离，表示为

$$d_n = \left(n - \frac{N+1}{2}\right) \cdot d, \quad n = 1, \cdots, N \tag{3.16}$$

加权求和就相当于在方向图上形成了四个小阵面综合得到的大阵面，且具有快时间时变特性，重复周期内扫描整个测绘带，跟踪接收地面回波。DBF 过程中，各个独立采样的通道回波信号经过相干累加，而随机噪声期望不变，理论信噪比改善可以达到 $10\lg(N)$。等效波束宽度改善效果如图 3.3 所示。

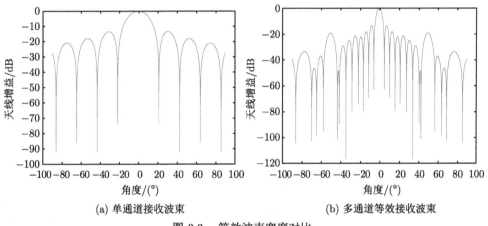

(a) 单通道接收波束   (b) 多通道等效接收波束

图 3.3 等效波束宽度对比

同时在宽测绘带下，跨周期功率进入预设的回波时窗内也会影响系统性能，距离模糊 (range ambiguity，RA) 严重。根据斜距–时间的对应分析回波时序关系，则回波窗时宽 T_r 需要满足

$$T_r \approx T_p + \frac{2W_r}{c} = T_p + \frac{2R_f}{c} - \frac{2R_n}{c} \leqslant \frac{1}{2 \cdot \text{PRF}} \tag{3.17}$$

只有回波采样时窗足够大，才能完整接收测绘带远端的回波。根据前面的合成孔径分辨率分析，条带模式方位向分辨率 ρ_a 满足大于等于天线孔径的一半：

$$\rho_a \geqslant \frac{L_a}{2} \tag{3.18}$$

式中，L_a 为天线方位向长度。方位向采样准则要求为实现方位向频率不混叠，获得全部有效分辨率 [3]，式 (3.19) 对脉冲重复频率进行了约束：

$$\text{PRF} \geqslant \frac{v}{\rho_a} \geqslant \frac{2v}{L_a} \tag{3.19}$$

其中，v 为雷达平台速度，PRF 存在下界。测绘带斜距宽度 $W_{\rm r}$ 最大为

$$W_{\rm r} < c\frac{\rho_{\rm a}}{2v} - c\frac{T_{\rm p}}{2} \tag{3.20}$$

从而得到方位分辨率与测绘带宽、发射时宽的矛盾关系：相同的轨道高度和发射时宽下，平台具有既定的速度，理想的方位分辨率要求距离向测绘带宽有限。雷达方程也显示，牺牲发射时宽会降低回波功率。因此，单发单收系统存在测绘带宽和信噪比、分辨率的固有矛盾，而 DBF-SCORE 体制能够通过增益提升，避免高发射功率、降低系统成本。如图 3.4 所示，多通道接收时能够显著降低距离模糊。

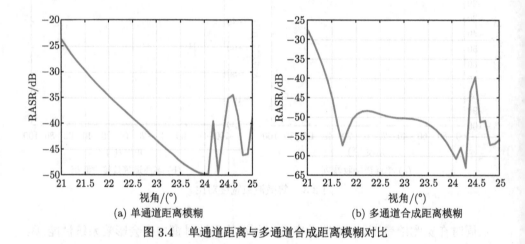

(a) 单通道距离模糊　　　　　　　　　(b) 多通道合成距离模糊

图 3.4　单通道距离与多通道合成距离模糊对比

　　DBF-SCORE 的具体实现流程如图 3.5 所示。即率先进行距离压缩，再进行快时间系数补偿，最后进行时域叠加。

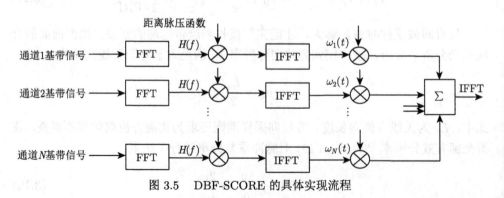

图 3.5　DBF-SCORE 的具体实现流程

在单通道原始回波信噪比为 20dB 下，多通道合成前后脉冲压缩信号信噪比改善情况如图 3.6 所示，信噪比改善值接近 6dB，符合理论计算。

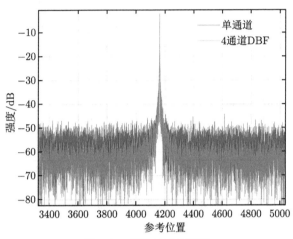

图 3.6 信噪比改善状况

DBF-SCORE 在实际应用时会存在较为严重的增益下降，具体因素有通道幅相误差，以及受到雷达平台运动、地面高程起伏影响的波达角估计误差[4]。实际在地面具有高度起伏时，通过理想平地地球几何获取的波达角估计具有不可忽略的误差，定义 SCORE 法指向的方向为 $\theta_s(t)$，真实具有高程 h 的目标回波方向为 θ_0，则角估计误差为

$$\Delta\theta = \theta_0 - \theta_s(t_0) \tag{3.21}$$

其中，t_0 为回波真实双程延时，造成回波并没有按照理想状态被多通道合成最大增益接收，而是因为地形带来了增益损失。G_0 为接收天线等效方向图，定义损失量为

$$G_1 = \frac{G_0(\theta_s + \Delta\theta)}{G_0(\theta_s)} \tag{3.22}$$

地形对波束合成影响如图 3.7 所示。

根据 SCORE 原理，接收方向图应该与波达角方向保持一致，而该值在传统方法中只有先验设置的固定值，但实际观测场景和雷达平台的复杂因素无法保证波达角稳定，所以有必要应用自适应方法改善波达角参数。一种有潜力的解决方案就是利用实际回波对波达角进行估计。下面应用一种窄带下的谱估计方法，假定回波在方位向上波达角缓变 (在 1/16 及以下比例的合成孔径，相同距离门处认为波达角不变)，距离向具有随快时间变化的属性。设定 SAR 距离向回波模型为

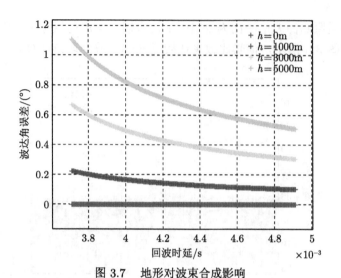

图 3.7　地形对波束合成影响

$$s(t) = \text{rect}\left(\frac{t}{T}\right) \cos\left[\text{j}2\pi\left(f_\text{c}t + \frac{k_\text{r}}{2}t^2\right)\right] \tag{3.23}$$

假定参考通道的双程回波延时为 $\tau_0 = 2R_0/c$，各个通道对应的回波延时为

$$\tau_k = \tau_0 + \frac{dk\sin(\beta - \theta)}{c} \tag{3.24}$$

进而各个通道的回波为

$$r_k(t) = \alpha\,\text{rect}\left(\frac{t - \tau_k}{T}\right) \exp\left\{\text{j}\pi(t - \tau_k)^2\right\} \exp\left\{-\text{j}\pi f_\text{c}\tau_k\right\} \tag{3.25}$$

经过脉冲压缩后得到

$$r_k(t) = \alpha\sin c\{kT(t - \tau_0)\} \exp\left\{-\text{j}2\pi f_\text{c}\tau_k\right\} \tag{3.26}$$

经过化简后将响应包络和固定相位忽略，得到

$$\begin{aligned} \boldsymbol{r} &= \alpha\exp\left\{-\text{j}2\pi\frac{d}{\lambda}\sin(\beta - \theta)k\right\} \\ &= \boldsymbol{r} \cdot \boldsymbol{\alpha}(\theta) + \boldsymbol{v} \end{aligned} \tag{3.27}$$

其中，$\boldsymbol{r}$、$\boldsymbol{\alpha}$、$\boldsymbol{v}$ 是 N 维复矢量。在星载飞行系统中，500 个脉冲重复周期实际经历时间不足半秒，可以认为卫星平台保持较为平稳的状态。假设有效的实际快拍

数为 NL, 则矩阵扩充为 $N \times NL$ 的二维矩阵:

$$r(n) = \alpha \cdot \boldsymbol{\alpha}(\theta, n) + \boldsymbol{v}(n) \tag{3.28}$$

而目标回波由非单一散射后向散射源组成:

$$r(n) = \sum_{i=1}^{N_s} \alpha_i \cdot \boldsymbol{\alpha}(\theta_i, n) + \boldsymbol{v}(n) \tag{3.29}$$

由此开展基于窄带的空间谱分析完成波达角估计。重构上式为

$$r(n) = \sum_{i=1}^{N_s} \sqrt{\tau_i} \cdot \boldsymbol{\alpha}(\theta_i) \otimes \boldsymbol{x}_i(n) + \boldsymbol{v}(n), \quad n = 1, \cdots, NL \tag{3.30}$$

其中, NL 为独立视数; $\boldsymbol{v}$ 为热噪并有零均值功率 σ_V^2; N_s 为叠掩散射源数量; $\boldsymbol{\alpha}(\theta_i)$ 为空间波束指向向量; θ_i 为干涉相位——未知量; $\boldsymbol{x}_i(n)$ 是复包络随机高斯矢量。从而获得多通道数据的协方差矩阵:

$$\boldsymbol{R}_r = E\left[\boldsymbol{r}\boldsymbol{r}^{\mathrm{H}}\right] \tag{3.31}$$

代入得到

$$\begin{aligned}
R_x &= E\left[\left(\sum_{i=1}^{N_s} \sqrt{\tau_i} \cdot \boldsymbol{\alpha}(\theta_i) \otimes \boldsymbol{x}_i(n)\right)\left(\sum_{i=1}^{N_s} \sqrt{\tau_i} \cdot \boldsymbol{\alpha}(\theta_i) \otimes \boldsymbol{x}_i(n)\right)^{\mathrm{H}}\right] \\
&= AE\left[SS^{\mathrm{H}}\right]A^{\mathrm{H}} + E\left[NwNw^{\mathrm{H}}\right] \\
&= AR_s A^{\mathrm{H}} + R_{Nw}
\end{aligned} \tag{3.32}$$

其中, 各项表述为

$$A = [\boldsymbol{\alpha}(\theta_1), \boldsymbol{\alpha}(\theta_2), \cdots, \boldsymbol{\alpha}(\theta_{N_s})]^{\mathrm{T}}$$

$$S = [\sqrt{\tau_1} \cdot \boldsymbol{x}_1(n), \sqrt{\tau_2} \cdot \boldsymbol{x}_2(n), \cdots, \sqrt{\tau_{N_s}} \cdot \boldsymbol{x}_{N_s}(n)]^{\mathrm{T}}$$

$$X = [\boldsymbol{r}_1(1), \boldsymbol{r}_2(2), \cdots, \boldsymbol{r}_N(n)]^{\mathrm{T}}$$

$$Nw = [n_1(1), n_2(2), \cdots, n_N(n)]^{\mathrm{T}} \tag{3.33}$$

并且, 信号相关矩阵 $\boldsymbol{R}_s = E\left[SS^{\mathrm{H}}\right]$, 噪声矩阵 $\boldsymbol{R}_{Nw} = E\left[NwNw^{\mathrm{H}}\right]$。对协方差矩阵进行特征分解, 进而将特征值进行从小到大的排列, 结果有

$$\lambda_1 \geqslant \lambda_2 \geqslant \cdots \geqslant \lambda_N \geqslant 0 \tag{3.34}$$

其中，信号和噪声分别对应大和小特征值 λ_i，则有

$$R_x v_i = \lambda_i v_i \tag{3.35}$$

可以得到

$$AR_s A^H v_i = 0$$

$$R_s^{-1} \left(A^H A\right)^{-1} A^H A R_s A^H v_i = 0 \tag{3.36}$$

定义噪声矩阵 $E_n = [\boldsymbol{v}_{N_s+1}, \boldsymbol{v}_{N_s+2}, \cdots, \boldsymbol{v}_N]$，空间谱为

$$P\left(\theta\right) = \frac{1}{\alpha^H\left(\theta\right) E_n E_n^H E_n} \tag{3.37}$$

在噪声矩阵空间与波达角函数正交时取得最大值，但由于噪声永远存在，则在搜索空间内该谱存在峰值。表 3.1 为仿真实验参数输入。

表 3.1　仿真实验参数设定

项目	参数	备注
轨道高度	550km	地心距恒定
峰值发射功率	13000W	
占空比	7.9%	
回波近端视角	4°	
回波远端视角	12°	
调频脉宽	20μs	
载频带宽	200MHz	
天线距离向尺寸	0.3m	

在设定波达方向 7°，输入实际波达角方向 10.155° 进行试验仿真。谱搜索空间为 4.5°~11.5°。搜索结果为 10.1553°，搜索误差为 0.0003°，图 3.8 为波达角估计图。

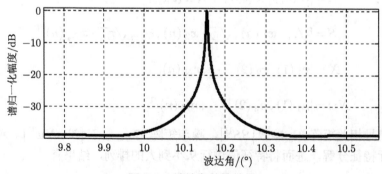

图 3.8　波达角估计结果

分析角估计误差下的合成增益,如图 3.9 所示,能够发现,在既有误差下,通过角度修正能够极大地提高合成信号脉冲压缩后的强度, 增益改善达到 4.5dB。

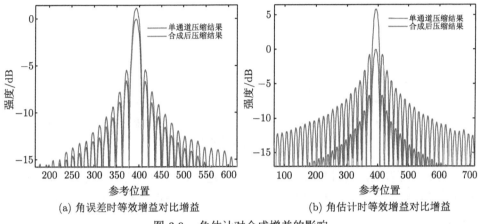

(a) 角误差时等效增益对比增益　　　　　(b) 角估计时等效增益对比增益

图 3.9　角估计对合成增益的影响

3.3　通道均衡 DBF 处理方法

回波时间变量 t 和 $\theta(t)$、$\alpha(t)$ 间的关系是一一对应的。加权求和相当于形成一个时变的高增益窄波束,在一个脉冲重复周期内扫描整个测绘带,跟踪接收地面回波。下面以两个通道为例,验证加权系数补偿的效果。如图 3.10 所示,以一个通道为参考通道,在距离频域观察另一通道所接收信号与参考通道接收数据的干涉相位 (图 3.10(a)),补偿加权系数后再次观察干涉相位 (图 3.10 (b))。为清楚地反映补偿效果,这里沿距离向作剖面图 (图 3.10 (c),图 3.10 (d))。

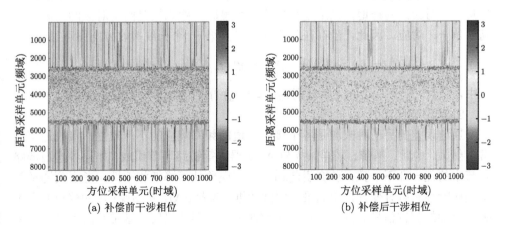

(a) 补偿前干涉相位　　　　　　　　　(b) 补偿后干涉相位

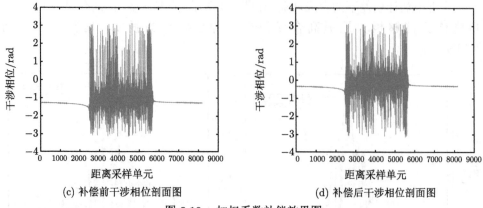

(c) 补偿前干涉相位剖面图　　　　　　　　(d) 补偿后干涉相位剖面图

图 3.10　加权系数补偿效果图

从图中可看到，经过加权系数补偿，所选通道与参考通道原有的相位差已被大致补偿，除却该误差，还有其他影响因素。因此下面还需对非参考通道进行通道均衡处理。

1. 存在通道不均衡的 SAR 图像描述

1) 波束方向图差异

在实际的 SAR 系统中，波束方向图有时会随着雷达移动的位置 (也就是慢时间域) 变化，而且有时由于内部硬件电路受温度和一些自然因素的影响，波束方向图会在不同的发射脉冲间变化。对单通道 SAR 系统来说，波束方向图的失真将会导致点散布函数或者图像点响应空变，而对多通道 SAR-GMTI 来说，我们更关心各个通道的波束方向图的差异性，因为这种差异性会引起配准误差从而降低复图像间的相干性 [5]。天线误差在 (ψ, φ) 平面为乘性误差，这里 ψ 表示方位锥角，φ 表示高低角。当给定载机沿航迹速度时，方位多普勒与天线系统的方位锥角一一对应，同样地，当给定载机飞行高度时，距离快时间所对应的距离门与高低角一一对应。因此，当存在阵列误差时，第 m 个天线接收方向图可建模为

$$\tilde{H}_m^{\mathrm{A}}(\tau, f_{\mathrm{a}}) \approx H_m^{\mathrm{A}}(\tau, f_{\mathrm{a}})(1 + \delta_m^{\mathrm{A}}(\tau, f_{\mathrm{a}})) \exp(\mathrm{j}\phi_m^{\mathrm{A}}(\tau, f_{\mathrm{a}})) \tag{3.38}$$

其中，$\delta_m^{\mathrm{A}}(\tau, f_{\mathrm{a}})$ 和 $\phi_m^{\mathrm{A}}(\tau, f_{\mathrm{a}})$ 分别为在 (τ, f_{a}) 平面的幅度和相位误差。

2) 频率响应误差

通道误差的另一种来源是各个接收通道的频率响应的不一致性。接收通道通常由射频、中频、基带、采样保持和 A/D 器件等链路环节组成，如果各通道链路环节中的任一环不一致，就会引起通道失配现象从而降低相干性。考虑到通道频率响应特性具有时变性，我们采用回波数据 (或者 SAR 复图像) 作为校正源而不采用已知的测试信号。同时，由于接收通道各个环节仅仅起基带回波信号的频率

传递作用, 直接采用回波信号作为校正源可以补偿各个接收通道所有环节中的频率响应不一致性。记第 m 个通道的时变频率传递函数为 $H_m^{\mathrm{T}}(f_{\mathrm{r}}, t)$, 基于一阶零极点误差模型的扰动时变频率传递函数可表示为

$$\tilde{H}_m^{\mathrm{T}}(f_{\mathrm{r}}, t) = H_m^{\mathrm{T}}(f_{\mathrm{r}})(1 + \Delta H_m^{\mathrm{T}}(f_{\mathrm{r}}, t)) \tag{3.39}$$

其中,

$$H_m^{\mathrm{T}}(f_{\mathrm{r}}) = \frac{P(f_{\mathrm{r}})}{Q(f_{\mathrm{r}})} = \frac{(\mathrm{j}2\pi f_{\mathrm{r}} - s_l^p) \cdots (\mathrm{j}2\pi f_{\mathrm{r}} - s_l^p)}{(\mathrm{j}2\pi f_{\mathrm{r}} - s_l^q) \cdots (\mathrm{j}2\pi f_{\mathrm{r}} - s_n^q)} \tag{3.40}$$

$$\Delta H_m^{\mathrm{T}}(f_{\mathrm{r}}, t) = \sum_{k=1}^{n} \frac{\Delta s_k^q(t)}{\mathrm{j}2\pi f_{\mathrm{r}} - s_k^q} - \sum_{k=1}^{l} \frac{\Delta s_k^p(t)}{\mathrm{j}2\pi f_{\mathrm{r}} - s_k^p} \tag{3.41}$$

式中, $s_1^q, s_2^q, \cdots, s_n^q$, $s_1^p, s_2^p, \cdots, s_l^p$ 分别为函数 $Q(f_{\mathrm{r}})$ 和 $P(f_{\mathrm{r}})$ 的拉斯变换根, $\Delta s_k^q(t)$, $\Delta s_k^p(t)$ 分别为根 s_k^q 和 s_k^p 的扰动项。误差扰动项 $\Delta H_m^{\mathrm{T}}(f_{\mathrm{r}}, t)$ 可建模为 $\delta_m^{\mathrm{T}}(f_{\mathrm{r}}, t) \exp(\mathrm{j}\phi_m^{\mathrm{T}}(f_{\mathrm{r}}, t))$, 这里 $\delta_m^{\mathrm{T}}(f_{\mathrm{r}}, t)$ 和 $\phi_m^{\mathrm{T}}(f_{\mathrm{r}}, t)$ 分别为幅度和相位的扰动项。我们可得

$$\begin{aligned}
\tilde{H}_m^{\mathrm{T}}(f_{\mathrm{r}}, t) &\approx H_m^{\mathrm{T}}(f_{\mathrm{r}})(1 + \delta_m^{\mathrm{T}}(f_{\mathrm{r}}, t) + \mathrm{j}\delta_m^{\mathrm{T}}(f_{\mathrm{r}}, t)\phi_m^{\mathrm{T}}(f_{\mathrm{r}}, t) + \mathrm{j}\phi_m^{\mathrm{T}}(f_{\mathrm{r}}, t)) \\
&\approx H_m^{\mathrm{T}}(f_{\mathrm{r}})(1 + \delta_m^{\mathrm{T}}(f_{\mathrm{r}}, t)) \exp(\mathrm{j}\phi_m^{\mathrm{T}}(f_{\mathrm{r}}, t))
\end{aligned} \tag{3.42}$$

从上式可知, 通道频率响应误差在二维 (f_{r}, t) 平面为乘性误差。

2. 二维幅相滤波

SAR 复图像完全相干或者具有很高相干性要满足以下三个条件: ① 对于从不同的两个通道 (如通道 1 和 2) 获得的两幅图像, 其所照射到的地面散射分布必须基本相同, 也就是满足 $a_1(x, y) = a_2(x, y)$; ② 两幅图像的配准精度必须相当高; ③ 两幅图像必须有相同的脉冲响应函数, 也就是 $\tilde{h}_1(x, y) = \tilde{h}_2(x, y)$。第一个条件要求 SAR 图像对有着相同的雷达参数和观察几何, 这点对于单基系统很容易满足。第二个条件要求有好的配准方法或者能得到几何构型的先验知识, 通过运动误差分析和补偿, 两 SAR 图像具有很高的配准精度, 这基本上也满足了第二个条件。第三个条件要求具有相同的天线方向图, 通道频率响应和 SAR 聚焦算法 [6]。由于多通道 SAR 数据的成像算法往往在相同的算法处理器完成, 这里我们忽略算法处理器响应的差异性。若满足第三个条件, 则必须要完成在两个不同 SAR 图像域 (也就是距离时域方位多普勒域和距离频率方位时域) 的幅度和相位校正。

相位误差是乘性误差, 我们可采用干涉相平面滤波技术来校正脉冲响应差异性。最常用的相位滤波器有复均值滤波和回转均值或中值滤波。这些滤波器对局部噪声电平变化没有自适应性。对于噪声功率高的地方, 则必须保证滤除足够多

的噪声才能达到相位校正的平滑作用, 对于噪声功率低的地方, 则只能滤除少量的噪声来保存运动目标信息。SAR 图像的幅度噪声可建模为加性模型而非乘性模型, 在干涉 SAR 图像中强度和噪声可视为两个相关、相干的干扰过程。所以自适应噪声滤波要考虑相干性。本章采用自适应加权回转均值滤波来完成相位校正前的降噪, 该滤波器采用固定的窗并充分考虑了相位的周期性, 是对回转均值滤波器的一种改进。滤波器的权根据干涉图中的相干信息变化而变化, 其滤波器的具体设计如下:

$$\hat{\varphi}(k,l) = \frac{1}{M \times N} \sum_{k=-(M-1)/2}^{(M-1)/2} \sum_{l=-(N-1)/2}^{(N-1)/2} w(k,l) \cdot \arg\left(\frac{S'(k,l)}{S_{\text{sum}}}\right) + \arg(S_{\text{sum}})$$

(3.43)

其中,

$$S_{\text{sum}} = \sum_{k=-(M-1)/2}^{(M-1)/2} \sum_{l=-(N-1)/2}^{(N-1)/2} w(k,l) \cdot S'(k,l)$$

(3.44)

$$S'(k,l) = \frac{S(k,l)}{|S(k,l)|}$$

(3.45)

$$w(k,l) = \frac{\dfrac{1}{\sigma_\varphi^2(k,l)}}{\dfrac{1}{M \times N} \displaystyle\sum_{k=-(M-1)/2}^{(M-1)/2} \sum_{l=-(N-1)/2}^{(N-1)/2} \dfrac{1}{\sigma_\varphi^2(k,l)}}$$

(3.46)

这里, $S(k,l)$ 表示 (τ, f_{a}) 或者 (f_{r}, t) 域的干涉 SAR 复图像; $\sigma_\varphi(k,l)$ 为噪声标准差, 是相关系数的函数。可根据局部平均方差和方差计算出像素 $S(k,l)$ 对应的权值, 也就是 $w(k,l)$。

这里分别在二维频域与距离时域方位频域, 将第 m 通道与参考通道滤掉噪声后进行相干处理得到干涉相位, 再对第 m 通道原始数据进行补偿。这样, 信号的相干性得到提升, 使 DBF 累加效果更好, 而对噪声不做处理。

对于幅度校正可采用实平面上的均值滤波, 其滤波窗口大小与相位校正大小相同, 具体可表示为

$$\text{AMP}(k,l) = \frac{1}{M \times N} \sum_{k=-(M-1)/2}^{(M-1)/2} \sum_{l=-(N-1)/2}^{(N-1)/2} w(k,l) \cdot |S(k,l)|$$

(3.47)

其中, 权系数 $w(k,l)$ 与相位滤波相同。

与上文相同, 下面也选定一通道为参考通道, 用另一通道数据对二维幅相滤波进行验证。如图 3.11 与图 3.12 所示, 补偿加权系数后, 所选通道与参考通道

在幅度和相位上仍有些细节上的差异，而经过二维幅相滤波之后，这些差异大部分得到补偿。

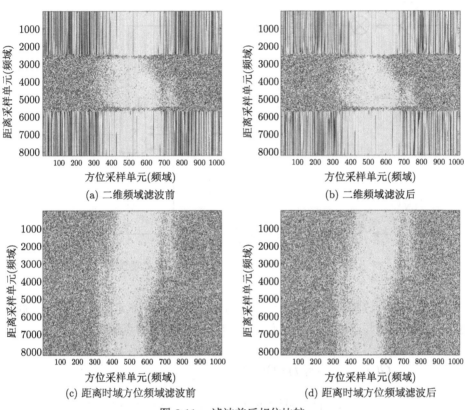

(a) 二维频域滤波前

(b) 二维频域滤波后

(c) 距离时域方位频域滤波前

(d) 距离时域方位频域滤波后

图 3.11　滤波前后相位比较

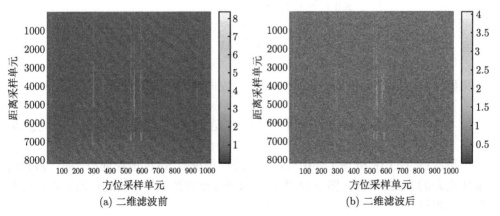

(a) 二维滤波前

(b) 二维滤波后

图 3.12　滤波前后幅度比较

结合通道均衡步骤，则改进的 DBF 处理模型如图 3.13 所示。

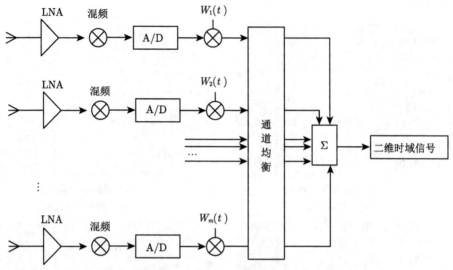

图 3.13　结合通道均衡的距离向 DBF 处理模型

如果要得到该阵列天线法向指向时的方向图，将各阵元的信号直接相加，即将信号包络向量与单位向量 $\mathbf{1}(= [1, \cdots, 1]^{\mathrm{T}})$ 作归一化的点积，得

$$
\begin{aligned}
G(\alpha) &= \frac{1}{N} \left| (\boldsymbol{s}_{\mathrm{r}}(t) \cdot \mathbf{1}) \right| \\
&= \frac{1}{N} \left[1 + \mathrm{e}^{\mathrm{j}\frac{2\pi}{\lambda} d \sin(\alpha(t))} + \cdots + \mathrm{e}^{\mathrm{j}\frac{2\pi}{\lambda}(N-1)d \sin(\alpha(t))} \right] \\
&= \frac{\sin\left[\dfrac{\pi N d}{\lambda} \sin(\alpha(t)) \right]}{N \cdot \sin\left[\dfrac{\pi d}{\lambda} \sin(\alpha(t)) \right]}
\end{aligned}
\tag{3.48}
$$

如果要使波束指向 θ_{d} 的方向，则应将作为权向量的 $\mathbf{1}$ 向量改成

$$
\boldsymbol{a}(\theta_{\mathrm{d}}) = \left[1, \mathrm{e}^{-\mathrm{j}\frac{2\pi}{\lambda} d \sin\theta_{\mathrm{d}}}, \cdots, \mathrm{e}^{-\mathrm{j}\frac{2\pi}{\lambda}(N-1)d \sin\theta_{\mathrm{d}}} \right]^{\mathrm{T}}
\tag{3.49}
$$

至此整个 DBF 处理工作结束，后续进行传统的 SAR 成像处理，即可得到信噪比提升的 SAR 图像。图 3.14 为完整的处理流程图，其中后处理部分不是必要的操作步骤。

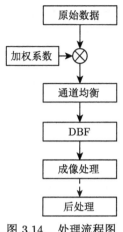

图 3.14 处理流程图

3.4 机载毫米波 DBF SAR 成像

在多通道成像非理想情况下，雷达平台运动状态、地面场景以及信号增益、时频特性是不完全已知的，需要开展具有稳健性、高增益的成像处理方法。

这里所提出的基于回波数据和惯导数据的多通道合成成像流程如图 3.15 所

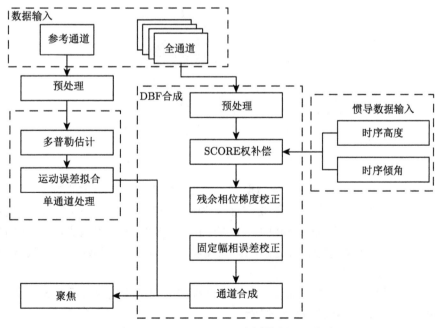

图 3.15 DBF-SCORE 实测数据处理方法

示，从解包后的原始数据开始，数字处理环节包括预处理、DBF 合成、单通道处理三个部分：① 预处理完成 AD 采样后的正交解调、半带滤波、抽取、脉冲压缩；② 单通道处理以参考通道为数据输入，针对机载数据处理的补偿需求，完成包括多普勒中心估计、调频率估计后的运动误差拟合，最终服务于多通道合成数据聚焦的包络、相位补偿；③ DBF 合成应用时序输入的惯导数据更新 DBF-SCORE 权，并对残余的通道间三次以下相位梯度采取补偿。最后依次进行通道间固定幅度校正、通道合成及聚焦处理。

3.4.1　单通道处理

理想的 SAR 载具，其飞行航迹为高度恒定的直线，并且天线相位中心沿直线匀速运动。实际中，天线相位中心的位置变化会引起斜距变化，而波束指向在横滚向的变化主要会引起天线方向图的实际指向变动，进而使有效幅宽在固定接收门下降低，如果同时有较大的俯仰角及三维位置波动，就有可能引起数据 “撕裂”：同一点目标回波窗口在距离门间跃动，致使方位维无法获得有效累计，难以聚焦 [7]。如图 3.16 所示的时域二维压缩图像，能够通过图像散焦情况分析波束指向情况，主要特征有：① 强度沿纵向 (方位向) 不均；② 点目标沿距离门散焦出现多方向撕裂。根据时频对应关系，在距离多普勒域也会有类似的特征。

图 3.16　强波束指向误差时域聚焦结果

“撕裂” 现象在方位频域则会体现在，多普勒中心不具有稳定的聚焦，而是铺散在采样带或者呈现多个峰。图 3.17 所示为整体 65536 帧回波的方位频域特征，可以明显发现，在有效频带 1600Hz 内出现了约为 800Hz 宽的强能量，这时如果按照单一多普勒频率进行成像处理则无法实现宽波束的整体有效校正，只能通过子孔径方法进行处理。

多普勒调频率失调将造成相位误差，直接的影响是匹配滤波后主瓣展宽、增益下降。匹配滤波器相位可以近似为

$$\phi\left(t_{\mathrm{m}}\right)=\pi K_{\mathrm{a}}\left(t_{\mathrm{m}}-t_{\mathrm{c}}\right)^{2} \tag{3.50}$$

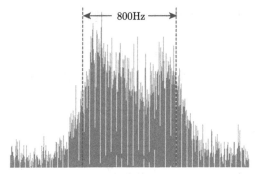

图 3.17 多普勒中心弥散现象

其中，t_c 为波束中心穿越时间，方位调频率表达为

$$K_a = \frac{2v^2 \cos\theta}{\lambda R(t_c)} \tag{3.51}$$

速度失配带来的方位调频率误差主要组成是二次项式：

$$\Delta\phi(t_m) = \frac{4\pi v^2 \cos\theta}{\lambda R(t_c)}(t_m - t_c)^2 \Delta v \tag{3.52}$$

则在合成孔径边缘的二次相位误差量为

$$\Delta\phi\left(t_c + \frac{T_a}{2}\right) = \frac{4\pi v^2 \cos\theta}{\lambda R(t_c)}\Delta v\left(\frac{T_a}{2}\right)^2 = \pi \Delta K_a\left(\frac{T_a}{2}\right)^2 \tag{3.53}$$

通过对毫米波波段四个大气窗口典型值的仿真[8]，在图 3.18 中可以发现，在

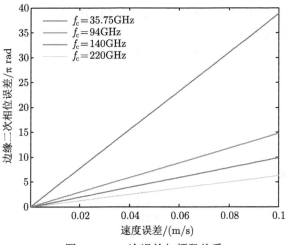

图 3.18 二次误差与频段关系

相同天线长度、相同速度误差情况下，频段越高则合成孔径边缘处二次相位误差越小。

　　综合而言，沿航向速度和加速度分别会引起调频斜率和高次相位的变化；径向速度和加速度分别会引起多普勒中心以及调频斜率变化。处理流程为图 3.19。

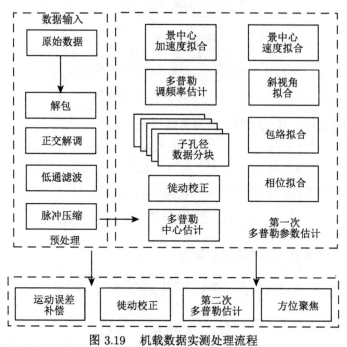

图 3.19　机载数据实测处理流程

3.4.2　二维多级相位梯度 DBF-SCORE 合成

　　本小节通过机载 4 通道实测数据，进行多通道定标数据、回波数据、惯导数据分析。机载系统参数见表 3.2。

表 3.2　机载系统参数

参数项	内容	备注
载频	35.75GHz	
带宽	200MHz	线性调频
飞行高度	3km	
采样频率	550MHz	
PRF	1600Hz	
发射脉宽	6μs	
发射通道数	1	
接收通道数	4	
测绘带宽	2km	
载频	35.75GHz	
带宽	200MHz	
飞行高度	3km	

在定标数据分析中，这里观察了多通道的幅频特性，以及脉冲压缩后的峰值强度差异与峰值点稳定性。在如图 3.20 所示的定标数据性能上可以发现，通道间幅度一致性较好，相对参考通道的幅度差在 0.1dB 以内；相位稳定性较为平稳，通道间相差稳定。

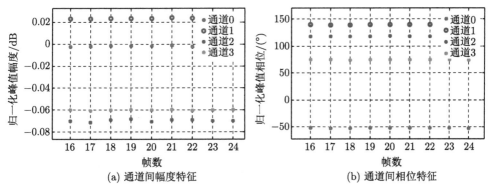

(a) 通道间幅度特征   (b) 通道间相位特征

图 3.20　定标多帧数据幅相特征

观察图 3.21 所示的定标数据压缩剖面，通道间峰值旁瓣比一致，即二次及高次误差项近似，通道较为均衡。

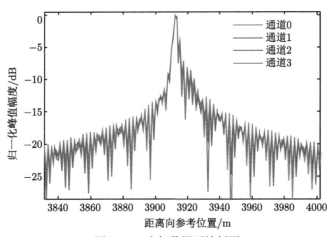

图 3.21　定标数据压缩剖面

受到气流、驾驶影响，机载 SAR 平台无法维持匀速直线运动，进而影响合成孔径过程。机载 SAR 系统配备的惯导子系统能够提供时序下的平台姿态 $\alpha_{\mathrm{imu}}(t_a)$、速度 $v_{\mathrm{imu}}(t_a)$、高度值 $H_{\mathrm{imu}}(t_a)$，服务于 SAR 的成像聚焦。在多通道合成中，由于通道间相差也受到上述的典型参数调制，所以经惯导数据补充的 SCORE 权

$\omega_{\mathrm{imu}}(t, t_a)$ 扩充为方位、距离二维矩阵。

在实测数据分析中，首先利用一维压缩后的场景特显点 (即强点) 分析目标。由于毫米波多通道基线较短，所以相同点目标仍保持在相同距离门内，并且由于不存在顺轨基线，不需要进行配准处理；由实际一维距离像可以验证该分析[9]。

分析特显点的峰值强度和相位值，容易发现在各个通道间存在较大的幅度差距。由图 3.22 可以发现，在未均衡情况下会有 1 个量级的差距。

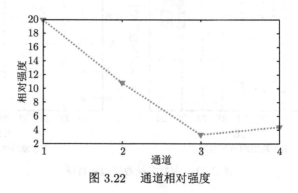

图 3.22　通道相对强度

如图 3.23 所示，相位间存在相差，可以认为是固定相位差。

实际中，对于累计几十万帧的多通道回波数据，信号的复杂性与信息的丰富性会更为独特。应分析二维数据在距离压缩后的干涉相位状态，得到与通道基线挂钩的信号差。

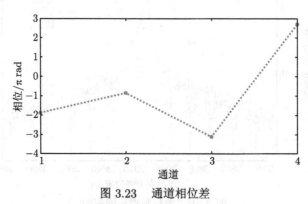

图 3.23　通道相位差

设定发射天线辐射信号形式为宽带调频信号：

$$s_t(t) = W\left(\frac{t}{T_{\mathrm{p}}}\right) \exp\left(\mathrm{j}2\pi f_c t + \mathrm{j}\pi k_{\mathrm{r}} t^2\right) \tag{3.54}$$

式中，W 为发射时窗；T_{p} 是发射时宽；f_c 为载频；k_{r} 为调频率。则根据一发多收设定，经变频、滤波、抽取后具有通道间回波延时差的基带回波 $s_n(t)$ 如下：

$$s_n(t) = A \cdot W\left(\frac{t - t_0 - \Delta t_n}{T}\right) \exp\left[-\mathrm{j}2\pi f_{\mathrm{c}}(t_0 + \Delta t_n) + \mathrm{j}\pi k_{\mathrm{r}}(t - t_0 - \Delta t_n)^2\right]$$

$$(3.55)$$

式中，t_0 为参考通道延时。若架设天线法向视角为 β，则得到延时差 Δt_n：

$$\Delta t_n = \frac{d_n}{c}\sin\left\{\left[\beta - \arccos\left(\frac{4(H + R_{\mathrm{e}})^2 - 4R_{\mathrm{e}}^2 + (ct)^2}{4(H + R_{\mathrm{e}})ct}\right)\right]\right\} \qquad (3.56)$$

回波与天线法向夹角 $\beta - \arccos\left(4(H + R_{\mathrm{e}})^2 - 4R_{\mathrm{e}}^2 + (ct)^2 / 4(H + R_{\mathrm{e}})ct\right)$ 在参考通道对场景中心延时 t_{c} 进行泰勒级数展开，得到角度变量：

$$\theta(t) \approx \beta - \theta(t_{\mathrm{c}}) - \left.\frac{\mathrm{d}\theta(t)}{\mathrm{d}t}\right|_{t=t_0}(t - t_{\mathrm{c}}) = -\left.\frac{\mathrm{d}\theta(t)}{\mathrm{d}t}\right|_{t=t_0}(t - t_{\mathrm{c}}) = k_\theta(t - t_{\mathrm{c}}) \quad (3.57)$$

式中，调角率为

$$k_\theta = -\frac{c\sqrt{(H + R_{\mathrm{e}})^2(1 - \cos^2\beta) + R_{\mathrm{e}}^2}}{2(H + R_{\mathrm{e}})\sin\beta\left[(H + R_{\mathrm{e}})\cos\beta - \sqrt{(H + R_{\mathrm{e}})^2(1 - \cos^2\beta) + R_{\mathrm{e}}^2}\right]}$$

$$(3.58)$$

易知频域角调频率 $K_\theta \approx k_\theta / k_{\mathrm{r}}$。第一项处理为频域的距离压缩，进行回波数据傅里叶变换，得到式 (3.59) 的频域表述：

$$S_n(f_{\mathrm{r}}) = AW_{f_{\mathrm{r}}}\left(\frac{f_{\mathrm{r}}}{B_{\mathrm{r}}}\right)\exp\left(-\mathrm{j}\pi\frac{f_{\mathrm{r}}^2}{k_{\mathrm{r}}}\right)\exp\left(-\mathrm{j}2\pi f_{\mathrm{r}}\frac{d_n\sin\theta}{c}\right)\exp\left(\mathrm{j}2\pi\frac{d_n K_\theta}{\lambda k_{\mathrm{r}}}f_{\mathrm{r}}\right)$$

$$(3.59)$$

在距离频域使用如式 (3.60) 表达的频域脉冲压缩滤波器 $H_{\mathrm{r}}(f_{\mathrm{r}})$ 复乘，去除二次调频项：

$$H_{\mathrm{r}}(f_{\mathrm{r}}) = \exp\left(\mathrm{j}\pi\frac{f_{\mathrm{r}}^2}{k_{\mathrm{r}}}\right) \qquad (3.60)$$

完成距离压缩后，傅里叶逆变换得到时域信号 $c_n(t)$。考虑基于先验飞行参数和惯导数据的 $\omega_{\mathrm{imu}}(t, t_{\mathrm{a}})$ 和方位维多帧采样 $c_n(t, t_{\mathrm{a}})$，多通道复数据间在 SCORE 补偿后的信号仍然因载具运动误差、通道特性、地形地理因素而存在残余相位[10]，在直接合成后造成数据复向量抵消，损失增益。对于实时合成系统，完整的定标及验证模块是必要的，然而更简便的方法是基于数据块的回波参数估计。由于主要误差在方位向缓变，可以采取方位子孔径分块降低估计、补偿次数。根据 SAR 原理，式 (3.61) 中的点目标的脉冲累计数取决于合成孔径、平台速度及脉冲重复频率 (PRF)：

$$N_{\text{sample}} = \text{PRF} \frac{\lambda R_0}{L_a v} \tag{3.61}$$

式中，R_0 为场景中心斜距；L_a 为方位向天线口径。谱分析惯导的三轴角、飞行高度波动量，得到峰值频率为 $f_{\max}$，合成孔径内分块数至少为

$$N_{\text{sub}} \geqslant N_{\text{sample}} \frac{f_{\max}}{PRF} = \frac{\lambda R_0}{L_a v} f_{\max} \tag{3.62}$$

计算得出全场景内数据小块 $s'_{n,i}$ 与参考通道对应采样 $s'_{1,i}$ 间干涉相位 $\phi_{n,i}$ 如下：

$$\phi_{n,i} = \arg \left(s'_{n,i} \cdot s'_{1,i}{*} \right), \quad n = 1, \cdots, N \tag{3.63}$$

式中，$i \in [1, 2, \cdots, I]$ 为数据块编号，这里 I 为总块数；对 $\phi_{n,i}$ 沿距离向进行常量和一次、二次、三次的多项式拟合，综合得到残余相位梯度、固定相位误差校正量：

$$\Phi_{n,i} = \varphi_{n,i} + b_{n,i} t + c_{n,i} t^2 + d_{n,i} t^3 \tag{3.64}$$

其中，$\varphi_{n,i}$ 为固定相位误差；$b_{n,i}$ 为一次相差系数；$c_{n,i}$ 为二次相差系数；$d_{n,i}$ 为三次相差系数。沿方位向合并分块估计量得到全局估计矩阵 Φ_n，完成基于惯导数据和实测数据的 SCORE 权补偿及多通道合成，合成信号如下：

$$S(t) = \sum_{n=1}^{N} \omega_n (t, t_a) \cdot c_n (t, t_a) \cdot \exp(-\Phi_n), \quad n = 1, \cdots, N \tag{3.65}$$

面向 DBF-SCORE 成像方法的数据验证试验，其核心目的是验证多通道成像方法，实现高质量图像的获取。重点聚焦在如何平衡发射功率、入射角、飞行高度、飞行速度、脉冲重复频率、发射时宽、发射带宽、数据率，以获得满意的分辨率、幅宽、接收时窗、距离模糊、方位模糊以及地面回波强度这几方面。

3.5 机载毫米波 DBF SAR 动目标检测方法

3.5.1 多通道运动目标检测方法

本章前几节的内容聚焦在距离多通道技术上，而方位多通道技术能够以通道数的增加而实现杂波抑制，区分静止目标和动目标。基于方位多通道的多通道检测方法可分成两类：第一类则是采用干涉处理的方法来实现对运动目标的检测，最典型的是沿航迹干涉 (ATI) 方法 [11,12]；而第二类是利用目标的空时特性来完成对杂波的抑制，进而检测出运动目标，比较常用的方法有相位中心偏置天线 (DPCA) 方法和 STAP 方法。

1. DPCA

经典的 DPCA 方法利用脉冲对消原理,在同一位置间隔一定的时间对同一区域进行两次观测。由于两次观测中天线相位中心位置不变,所以可以对消掉静止目标信息。而在两次观测的时间间隔内,目标的运动导致运动目标的信息发生变化,从而使得运动目标信息得以保留,因此可以完成对主杂波范围内的慢速运动目标的检测。

要实现不同天线在不同时间获得相同的杂波信息,第一个天线接收的数据与一定脉冲数后另一个天线接收的数据必须有相同的相位中心。所以天线间距 d、载机速度 V_a、脉冲重复频率必须满足以下的条件:

$$d = 2 \cdot m \cdot V_a / \mathrm{PRF} \quad (m \text{为正整数}) \tag{3.66}$$

DPCA 工作原理图如图 3.24 所示,沿雷达平台飞行方向设置两副天线,天线 2 发射信号,两副天线同时接收回波信号。接收第 1 个回波信号时,天线 2 的接收相位中心在 O_2 点,天线 1 的接收相位中心在 O_1 点。

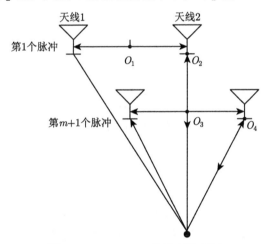

图 3.24 DPCA 工作原理示意图

发射 m 个脉冲后,天线 2 的接收相位中心移到 O_4 处,天线 1 的接收相位中心在 O_3,而 O_2 和 O_3 位于相同的方位位置,因此天线 2 接收的第 1 个脉冲回波与天线 1 接收的第 $m+1$ 个脉冲回波都包含相同的静止目标信息,但是运动目标由于自身的运动而产生了额外的信息,所以二者包含的运动目标信息不同。将两路回波信号相减,就能够消除静止目标信息,保留运动目标信息。

天线间距 d、载机速度 V_a、脉冲重复频率之间满足约束条件是 DPCA 方法获得理想杂波抑制效果的关键,这种严格的时空关系使得 DPCA 方法缺乏自适应性和稳健性。在实际的雷达系统中,由于诸多因素的影响,约束条件很难得到满足，所以很难获得良好的杂波对消性能。如果先对回波信号进行成像，并对得到的两幅复图像进行插值和配准使得两幅图像杂波信息相同，然后使用配准后的两幅图像进行对消，就可以避免该条件的限制，有效地抑制杂波、保留运动目标信息。图 3.25 给出了在复图像域实现 DPCA 的流程图。

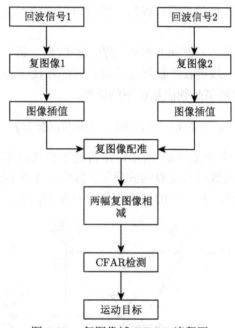

图 3.25   复图像域 DPCA 流程图

2. ATI

与 DPCA 方法相似，ATI 方法也是在沿雷达平台飞行方向设置两路相位中心，并同时接收回波信号。但是与 DPCA 方法不同的是：ATI 不是通过对两个通道的回波信号相减从而对消掉杂波，然后进行检测运动目标，而是通过计算同一场景的两幅图像的干涉相位来实现对运动目标的检测，所以 ATI 方法不需要天线基线、飞机速度和脉冲重复频率之间满足严格的约束条件[13,14]。关于 ATI 的应用案例在第 6 章、第 7 章中都有体现。

在 ATI 方法中，我们将两个天线相位中心之间的距离称为干涉基线。在雷达工作时，两个天线相位中心以近似相同的指向照射目标区域，并同时接收回波信号。两个天线相位中心照射同一个目标时会有个时间差，在两个通道分别得到的回波信号中，由于目标的运动，同一运动目标的相位不同。利用干涉的方法检测出这种相位变化，就可以完成对运动目标的检测。

根据两次成像时的几何关系，可以计算得到两幅图像的干涉相位为

$$\phi_{\text{ATI}} = \phi_2 - \phi_1 = \frac{4\pi}{\lambda}R_1 - \frac{4\pi}{\lambda}R_2 \tag{3.67}$$

可以发现，由于静止目标在每个通道分别成像时与雷达平台的距离之差为固定值，其干涉相位也应为固定值；而两幅图像中的由目标运动导致的干涉相位可以表示为

$$\phi_{\text{ATI}\_m} = \frac{4\pi v_r B}{\lambda V_a} \tag{3.68}$$

其中，B 为沿航迹向干涉相位基线。从上式可以发现，运动目标干涉相位与其径向速度成正比，所以通过设定一个相位阈值，对两幅图像的干涉相位进行检测：如果某个点的干涉相位大于该相位阈值，则认为该点存在运动目标；反之，则认为该点没有运动目标。同时，根据得到的干涉相位，还可以估算得到运动目标的径向速度：

$$v_{r\_\text{est}} = \frac{\phi_{\text{ATI}\_m} \cdot \lambda \cdot V_a}{4\pi \cdot B} \tag{3.69}$$

3. STAP

STAP 是多通道运动目标检测的一种重要方法。通过分析空时二维信号可以发现，杂波的空时二维谱具有很强的耦合性，在空时二维平面表现为杂波脊的形式，杂波脊在空间域和多普勒域的投影使得杂波主瓣展宽，因此单独进行一维处理 (空间滤波或者多普勒滤波) 难以获得良好的运动目标检测性能 (特别是慢速目标)。而 STAP 方法同时利用了空间域和多普勒域的二维信息，可以在杂波脊和干扰方向形成凹槽，从而实现对杂波的有效抑制，提高运动目标检测的性能。图 3.26 给出了空时自适应处理的流程图。

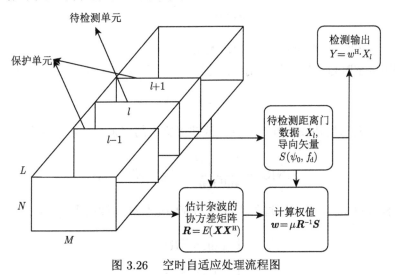

图 3.26 空时自适应处理流程图

假设雷达天线具有 N 个通道,在波束驻留时间内每个通道接收 M 个脉冲,每个脉冲的距离向采样点数为 L。我们将空时采样数据进行排列,得到一个 $MN \times 1$ 的矢量形式:

$$\boldsymbol{X} = [x_{1,1}, \cdots, x_{N,1}, x_{1,2}, \cdots, x_{N,2}, \cdots, x_{1,M}, \cdots, x_{N,M}]^{\mathrm{T}} \tag{3.70}$$

其中,两个下标依次表示通道序列和脉冲序列。在 $\boldsymbol{H}_0$(无目标信号,只有杂波和噪声) 和 $\boldsymbol{H}_1$(既有目标信号,又有杂波和噪声) 的二元假设下,$\boldsymbol{X}$ 可以表示为

$$\boldsymbol{X} = \begin{cases} c+n, & \boldsymbol{H}_0\text{假设} \\ b \cdot \boldsymbol{S} + c + n, & \boldsymbol{H}_1\text{假设} \end{cases} \tag{3.71}$$

其中,b 表示目标回波的复幅度;c, n 分别为杂波和噪声;$\boldsymbol{S} = \boldsymbol{S}_l / \sqrt{\boldsymbol{S}_l^{\mathrm{H}} \boldsymbol{S}_l}$ 为归一化空时导向矢量,$\boldsymbol{S}_l$ 可以表示为

$$\begin{cases} \boldsymbol{S}_l = \boldsymbol{S}_s(\psi_s) \otimes \boldsymbol{S}_t(f_d) \\ \boldsymbol{S}_t(f_d) = \left[1, \mathrm{e}^{\mathrm{j}\varphi_t(f_d)}, \ldots, \mathrm{e}^{\mathrm{j}(M-1)\varphi_t(f_d)}\right]^{\mathrm{T}} \\ \boldsymbol{S}_s(\psi_s) = \left[1, \mathrm{e}^{\mathrm{j}\varphi_s(\psi_s)}, \ldots, \mathrm{e}^{\mathrm{j}(N-1)\varphi_s(\psi_s)}\right]^{\mathrm{T}} \end{cases} \tag{3.72}$$

式中,$\otimes$ 表示克罗内克 (Kronecker) 积;$\varphi_t(f_d)$、$\varphi_s(\psi_s)$ 分别表示脉冲间和阵元间在相应 f_d 和 ψ_s 时的角相移。所以可以得到输入信号与杂波加噪声的功率之比 (即信杂噪比,SINR_i) 为

$$\mathrm{SINR_i} = \frac{|b|^2}{\sigma_n^2 + \sigma_c^2} \tag{3.73}$$

其中,σ_n^2 为输入噪声功率;σ_c^2 为输入杂波功率。

利用全空时自适应滤波器对 $\boldsymbol{X}$ 进行滤波,设其权矢量为 $\boldsymbol{w}$,则滤波结果为

$$y = \boldsymbol{w}^{\mathrm{H}} \cdot \boldsymbol{X} \tag{3.74}$$

其中,$(\cdot)^{\mathrm{H}}$ 表示复共轭转置。所以,滤波器输出的信杂噪比可以表示为

$$\mathrm{SINR_o} = \frac{\left|\boldsymbol{w}^{\mathrm{H}} \boldsymbol{S}\right|^2}{\boldsymbol{w}^{\mathrm{H}} \boldsymbol{R} \boldsymbol{w}} = |b|^2 \cdot \boldsymbol{S}^{\mathrm{H}} \boldsymbol{R}^{-1} \boldsymbol{S} \tag{3.75}$$

而最优权矢量 $\boldsymbol{w}_{\mathrm{opt}}$ 可以通过如下线性约束的最优化问题得到

$$\begin{cases} \min \boldsymbol{w}^{\mathrm{H}} \boldsymbol{R} \boldsymbol{w} \\ \mathrm{s.t.} \boldsymbol{w}^{\mathrm{H}} \boldsymbol{S} = 1 \end{cases} \tag{3.76}$$

则 STAP 处理的最优自适应权矢量可以写为

$$\boldsymbol{w}_{\mathrm{opt}} = \mu \boldsymbol{R}^{-1} \boldsymbol{S} \tag{3.77}$$

其中，$\boldsymbol{R} = E\left(\boldsymbol{X}\boldsymbol{X}^{\mathrm{H}}\right)$ 为杂波加噪声的协方差矩阵；μ 为一复常数。

则系统改善因子 IF，即输出端 $\mathrm{SINR}_{\mathrm{o}}$ 和输入端 $\mathrm{SINR}_{\mathrm{i}}$ 之比，可以表示为

$$\mathrm{IF} = \frac{\mathrm{SINR}_{\mathrm{o}}}{\mathrm{SINR}_{\mathrm{i}}} = \frac{|b|^2 \cdot \boldsymbol{S}^{\mathrm{H}} \boldsymbol{R}^{-1} \boldsymbol{S}}{\dfrac{|b|^2}{\sigma_{\mathrm{ni}}^2 + \sigma_{\mathrm{ci}}^2}} = \boldsymbol{S}^{\mathrm{H}} \boldsymbol{R}^{-1} \boldsymbol{S} \cdot \left(\sigma_{\mathrm{ni}}^2 + \sigma_{\mathrm{ci}}^2\right) = \boldsymbol{S}^{\mathrm{H}} \boldsymbol{R}^{-1} \boldsymbol{S} \cdot (\mathrm{CNR}_{\mathrm{i}} + 1) \cdot \sigma_{\mathrm{ni}}^2 \tag{3.78}$$

其中，σ_{ni}^2 和 σ_{ci}^2 分别表示输入的噪声和杂波的功率；$\mathrm{CNR}_{\mathrm{i}} = \sigma_{\mathrm{ci}}^2 / \sigma_{\mathrm{ni}}^2$，表示输入的杂噪比 CNR(clutter to noise ratio)。

在理论上，如果协方差矩阵 $\boldsymbol{R}$ 是确知的，则全空时自适应滤波可以获得良好的杂波抑制效果。但在实际情况下，杂波的特性是未知的，我们只能从具有独立同分布 (IID) 特性的邻近距离单元样本数据中估计得到协方差矩阵。在高斯杂波加噪声背景下，由最大似然 (ML) 估计可得

$$\hat{\boldsymbol{R}} = \frac{1}{L} \sum_{l=1}^{L} \boldsymbol{x}\left(l\right) \boldsymbol{x}^{\mathrm{H}}\left(l\right) = \frac{1}{L} \boldsymbol{X}\boldsymbol{X}^{\mathrm{H}} \tag{3.79}$$

其中，$\hat{\boldsymbol{R}}$ 表示采样数据的协方差矩阵；L 表示距离门数；$\boldsymbol{X}$ 表示采样数据矩阵。

虽然在理想情况下，全空时自适应处理器能获得良好的杂波抑制性能，但运算量过大和采样数据矢量有限的严重缺点制约了它的实际应用。要想应用到实际工程当中，STAP 必须采用降维处理方案。

STAP 方法的降维处理可以在阵元域、脉冲域中直接进行，同样也可以在其傅里叶变换域 (波束域、多普勒域) 中进行。无论降维处理如何进行，都可以等效为采样数据矢量 $\boldsymbol{X}$ 通过一个 $MN \times K$ 的降维矩阵 B 进行线性变换的过程，其中 MN 和 K 分别表示降维前后的数据的维数。降维前后的数据矢量和信号导向矢量有如下的关系：

$$\begin{cases} \boldsymbol{X}_r = \boldsymbol{B}_r^{\mathrm{H}} \boldsymbol{X} \\ \boldsymbol{S}_r = \boldsymbol{B}_r^{\mathrm{H}} \boldsymbol{S} \end{cases} \tag{3.80}$$

根据线性约束最小方差准则，降维 STAP 处理可以等效为如下的优化问题：

$$\begin{cases} \min \boldsymbol{w}_r^{\mathrm{H}} \boldsymbol{R}_r \boldsymbol{w}_r \\ \mathrm{s.t.} \boldsymbol{w}_r^{\mathrm{H}} \boldsymbol{S}_r = 1 \end{cases} \tag{3.81}$$

　　使用不同的降维结构可以得到不同的滤波性能。即便是使用同一种降维结构，在不同的系统参数和工作条件下，也会表现出不同的性能。所以没有哪一种降维结构在任何情况下都是最优的，降维结构的选择要根据实际情况具体分析。

3.5.2　DBF SAR 动目标检测处理

　　综合考虑处理复杂度和处理效果，本小节利用结合 DPCA 和 ATI 的杂波对消干涉 (clutter suppression interference，CSI) 方法对飞行试验获取的 DBF SAR 数据进行处理分析 [15,16]。处理流程如图 3.27 所示。

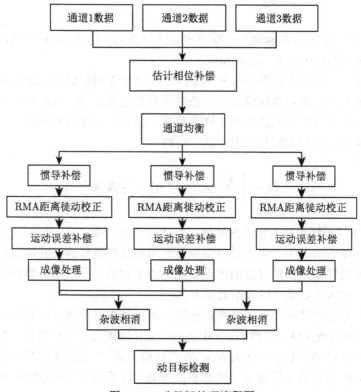

图 3.27　动目标处理流程图

1. 距离单通道处理结果

　　采用距离单通道数据进行处理，选定一通道为参考通道，使用另一通道与参考通道进行差异相位估计。图 3.28 为距离单通道差异相位估计示意图，其中，图 3.28 (a) 为在距离频域该通道与参考通道的干涉相位，图 3.28 (b) 为干涉相位经过截取、平滑与拟合后的曲线。图 3.28 (c) 为补偿 (b) 拟合相位曲线后，两通道数据在二维频域的干涉相位示意图，图 3.28 (d) 为 (c) 平滑后结果。利用

图 3.28 (d) 的结果，进行二维搜索粗估计，如图 3.29 所示，搜索到的最大值表现出两通道在距离和方位向的差异。

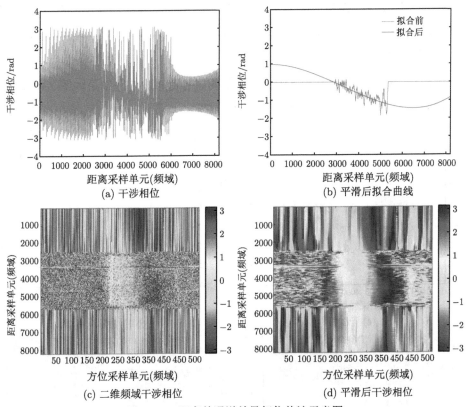

(a) 干涉相位

(b) 平滑后拟合曲线

(c) 二维频域干涉相位

(d) 平滑后干涉相位

图 3.28　距离单通道差异相位估计示意图

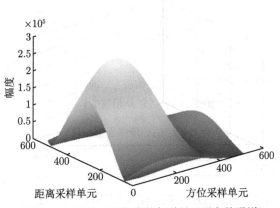

图 3.29　基于二维搜索的粗估计 (距离单通道)

搜索结果如表 3.3 所示。

表 3.3　估计所得通道差异

距离向差异/m	方位向差异/m
0.0508	0.0479

2. DBF 后处理结果

类似地,这里使用进行过 DBF 后的数据进行处理,处理结果如图 3.30 所示。二维搜索粗估计得到的通道差异如表 3.4 所示。

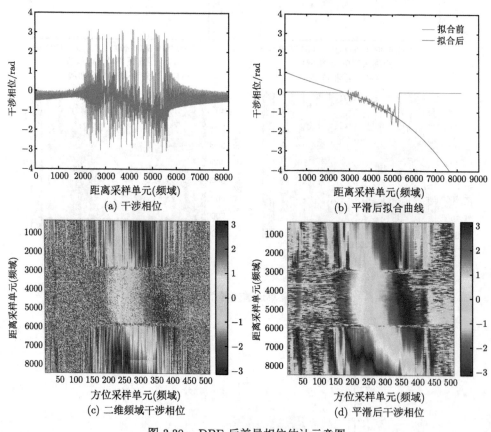

图 3.30　DBF 后差异相位估计示意图

表 3.4　估计所得通道差异

距离向差异/m	方位向差异/m
0.0392	0.0482

基于二维搜索的粗估计 (DBF 后) 模拟图如图 3.31 所示。

估计所得通道差异如表 3.4 所示。

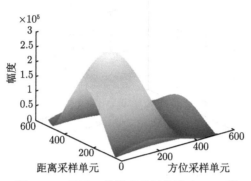

图 3.31 基于二维搜索的粗估计 (DBF 后)

3. 距离单通道方位通道均衡

这里采用距离单通道，对方位两通道数据进行通道均衡，选定一通道为参考通道，将另一通道补偿通道差异，补偿前干涉相位如图 3.32 (a) 所示，补偿后效

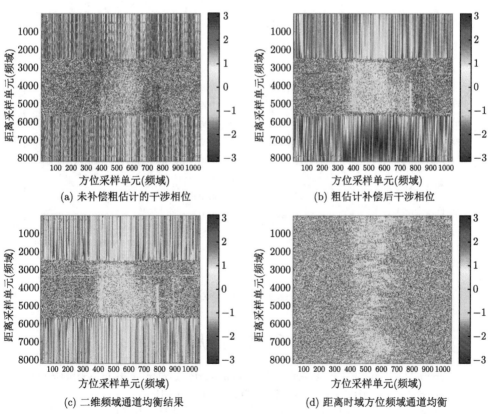

(a) 未补偿粗估计的干涉相位

(b) 粗估计补偿后干涉相位

(c) 二维频域通道均衡结果

(d) 距离时域方位频域通道均衡

图 3.32 距离单通道方位通道均衡干涉相位

果如图 3.32(b) 所示。再在二维频域、距离多普勒域分别进行通道间干涉与通道均衡 [17,18]。在二维频域通道均衡后效果如图 3.32(c) 所示，在距离时域方位频域通道均衡后的干涉相位如图 3.32 (d) 所示，可见通道差异得到显著消除。

4. DBF 后方位通道均衡

DBF 后的数据做相同处理得到的结果如图 3.33 所示，可看到，经过 DBF 处理后的方位通道数据间，通道均衡也可取得很好的效果。

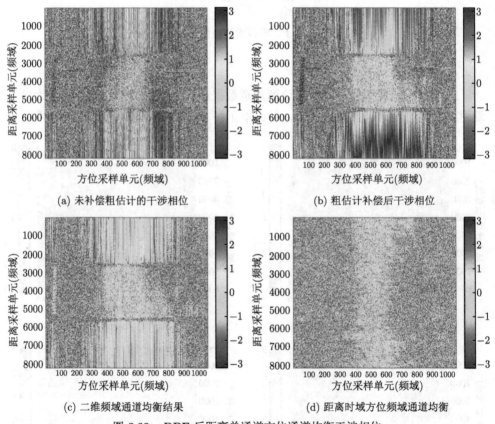

图 3.33　DBF 后距离单通道方位通道均衡干涉相位

参 考 文 献

[1] Sherwin C W, Ruina J P, Rawcliffe R D. Some early developments in synthetic aperture radar system [J]. IRE Trans. on MIL, 1962, 6(2): 111-115.

[2] Cumming I G, Wong F H. 合成孔径雷达成像——算法与实现 [M]. 洪文, 胡东辉, 等译. 北京: 电子工业出版社, 2007：36-68.

[3] Wiley C A. Synthetic aperture radar [J]. IEEE Trans. on AES, 1985, 21(3): 440-443.

[4] Cutrona L J, Vivian W E, Leith E N, et al. A high-resolution radar combat-surveillance systems [J]. IRE Trans. on MIL, 1961, 5(2): 127-131.

[5] Cutrona L J, Hall G O. A comparison of techniques for achieving fine azimuth resolution [J]. IRE Trans. on MIL, 1962, 6(2): 119-121.

[6] Ausherman D A, Kozma A, Walker J L, et al. Developments in radar imaging [J]. IEEE Trans on AES, 1984, 20(4): 363-400.

[7] 保铮, 邢孟道, 王彤. 雷达成像技术 [M]. 北京: 电子工业出版社, 2008: 25-28.

[8] Brown W M, Porcello L J. An introduction to synthetic-aperture radar [J]. IEEE Spectrum, 1969, 6(9): 53-63.

[9] Goldstein R M, Zebker H. Interferometric radar measurement of ocean surface currents [J]. Nature, 1987, 328(6132): 707-709.

[10] Zebker H A, Villasenor J. Decorrelation in interferometric radar echoes[J]. IEEE Transactions on Geo-science Remote sensing, 1992, 30(5): 950-959.

[11] Ferretti A, Prati C, Rocca F. Multibaseline InSAR DEM reconstruction: The wavelet approach[J]. IEEE Transactions on Geoscience Remote Sensing of Environment, 1999, 37(2): 705-715.

[12] Xu W, Cumming I. A region-growing algorithm for InSAR phase unwrapping [J]. IEEE Transactions on Geoscience Remote Sensing, 1999, 37(1): 124-134.

[13] Süß M, Grafmüller B, Zahn R. A novel high resolution, wide swath SAR system[C]// IGARSS 2001: Scanning the Present and Resolving the Future Proceedings IEEE 2001 International Geoscience and Remote Sensing Symposium, 2001: 133-139.

[14] Breit H, Eineder M, Holzner J, et al. Traffic monitoring using SRTM along-track interferometry[C]// IGARSS 2003: 2003 IEEE International Geoscience and Remote Sensing Symposium Proceedings, 2003.

[15] Younis M, Fischer C, Wiesbeck W. Digital beamforming in SAR systems[J]. IEEE Transactions on Geoscience Remote Sensing, 2003, 41(7): 1735-1739.

[16] Ferraiuolo G, Pascazio V, Schirinzi G. Maximum a posteriori estimation of height profiles in InSAR imaging[J]. IEEE Geoscience Remote Sensing Letters, 2004, 1(2): 66-70.

[17] Wright T J, Parsons B E, Lu Z. Toward mapping surface deformation in three dimensions using InSAR[J]. Geophysical Research Letters, 2004, 31(1): L01607.

[18] Lohman R B, Simons M. Some thoughts on the use of InSAR data to constrain models of surface deformation: Noise structure and data downsampling[J]. Geochemistry, Geophysics, Geosystems, 2005, 6(1): 155-158.

第 4 章　地基毫米波逆合成孔径雷达技术

4.1　概　　述

逆合成孔径雷达 (ISAR) 成像技术是当今空间测量雷达的重要发展方向，可用于实现对各种空间目标 (卫星、飞船、航天飞机、运载火箭、空间碎片等) 的探测、捕获、跟踪、测轨、识别，并提供空间目标活动态势和各种目标特征信息。尽管现有 ISAR 能提供较高的距离分辨能力，但空间重要目标所具有的特征通常小于传统处理能得到的距离分辨能力。而且，近些年随着卫星制造技术的不断发展，为节约发射费用及提高隐身性，卫星的小型化发展成为了一种趋势。因此对空间目标监视雷达提出了更高的分辨率要求。

毫米波 W 波段获得的图像分辨率高、电磁散射特性细节信息丰富的特点使得其非常适用于 ISAR 空间监视，与低波段雷达相比，利用 W 波段获取的高分辨率 ISAR 图像进行目标分类、识别，可以大大提高目标分类、识别的准确性。

但是，W 波段 ISAR 成像相比传统波段的 ISAR 成像存在如下的难点需要针对性解决。首先，其成像过程中目标包络变化较大。在对非合作目标的 ISAR 成像处理中，需要首先将目标的平动运动进行补偿，使对目标成像等效于对转台目标成像。运动补偿过程主要是通过利用 ISAR 回波信号的相似性进行目标平移量的估计以及补偿。然而在 W 波段 ISAR 成像中，分辨率较高，会导致成像过程中包络较为明显的变化，为包络对齐处理带来困难。其次，目标转动所产生的徙动严重。由于 W 波段雷达成像系统的分辨率较高，所以在成像过程中，由目标转动引起的越分辨单元徙动要严重得多。传统波段中许多不需要补偿即能成像的目标在 W 波段中可能会越过数十个分辨单元，若不进行精确补偿就会造成成像结果的严重散焦。再者，W 波段 ISAR 回波数据量大。随着分辨率的上升，较高的数据量会为 W 波段的成像处理带来极大的处理负担，如果成像算法的运算复杂度较高，则成像处理的时间会大幅加长。

本章主要针对 W 波段 ISAR 成像技术中所存在的上述问题介绍相应的解决方法。在结合系统参数分析 ISAR 成像的回波模型的基础上，介绍 W 波段 ISAR 的运动补偿技术和成像徙动补偿方法，给出针对转速稳定目标二维补偿的成像方法和针对转速变化目标的改进子孔径成像方法，最后介绍仿真数据处理的情况。

4.2 W 波段 ISAR 回波建模

为了对 W 波段 ISAR 成像算法进行研究, 首先要建立成像的数学模型。本节针对 W 波段, 给出 ISAR 初步的成像系统参数, 并对回波模型以及几何模型进行推导, 给出适用于 W 波段的近似公式, 并对近似误差进行估计。

4.2.1 W 波段 ISAR 建模

1. W 波段 ISAR 雷达系统参数

为了便于开展近似以及误差估计计算, 本节通过简要的分析, 并依据现有的 W 波段 ISAR 成像雷达的相关参数给出初步的 W 波段 ISAR 成像系统及成像目标的参数。

W 波段的波段范围由大气吸收线决定。在 W 波段范围附近最近的两个大气吸收线为位于 71.05GHz 和 118.75GHz 的两根氧气吸收线, 所以 W 波段的系统只要波段范围取在这一大气窗口内即可。中心频率可根据硬件条件进行选取。在 W 波段的回旋管等器件, 其中心频率一般为 94GHz, 因此选取系统的中心频率为 94GHz。系统的脉冲持续时间根据硬件系统的要求选取即可, 参考美国的 WARLOC 雷达系统, 这里选取脉冲持续时间为 100μs。

系统的带宽以及成像积累角度是由要求达到的分辨率确定的, 设定方位向与距离向的分辨率都为 3cm。

则根据 ISAR 成像的距离分辨率公式可以得到系统带宽:

$$B = \frac{c}{2\rho_r} = 5\text{GHz} \tag{4.1}$$

对于复信号系统, 系统采样频率只需大于系统带宽即可, 选取采样频率为 6GHz。

成像积累角度根据 ISAR 成像的方位向分辨率得到

$$\Delta\theta = \frac{\lambda}{2\rho_a} = 0.05\text{rad} \tag{4.2}$$

设定对于飞机目标成像, 目标的转动速度为 0.1rad/s, 则成像积累时间为 0.5s。设定目标最大成像尺寸为 50m, 雷达与目标之间距离为 5km。

表 4.1 给出了整理后系统的参数。

表 4.1　　W 波段 ISAR 系统及目标参数

仿真参数	数值
中心频率	94GHz
信号带宽	5GHz
采样频率	6GHz
脉冲重复频率	4000
脉冲持续时间	100μs
测量持续时间	0.5s
目标距离	5000m
目标最大尺度	50m
目标角速度	0.1rad/s

2. 回波信号模型

设雷达发射的信号为 $s(t)$，经过 τ 时间后接收到信号，接收到的信号为

$$s_{\mathrm{r}}(t) = ks(t - \tau) \tag{4.3}$$

其中，k 为回波的衰减系数，当雷达为单站雷达，目标静止时，回波延时 $\tau = 2R/C$。

如果目标以 v 的速度远离雷达运动，且回波的延迟为 τ 时，那么在 t 时刻收到的回波是在 $t - \tau$ 时刻发出的，照射在目标上的时间为 $t' = t - \tau/2$。如果目标在 0 时刻的位置为 R_0，那么照射到目标时刻，目标与雷达的距离为

$$R(t') = R_0 + vt' \tag{4.4}$$

结合目标反射的时间，即

$$\tau = \frac{2R(t')}{c} \tag{4.5}$$

可以得到

$$\tau = 2\frac{R_0 + vt}{c + v} \tag{4.6}$$

代入 $s_{\mathrm{r}}(t)$ 可以得到

$$s_{\mathrm{r}}(t) = ks\left(t - 2\frac{R_0 + vt}{c + v}\right) = ks\left(\frac{c - v}{c + v}t - \frac{2R_0}{c + v}\right) = ks\frac{c - v}{c + v}\left(t - \frac{2R_0}{c - v}\right) \tag{4.7}$$

由式 (4.7) 可以看出，当目标沿与雷达连线方向有移动时，接收到的回波会有相应的伸缩，当目标远离雷达时，回波在时间轴上拉伸，进而导致频谱压缩。当目标靠近雷达时，回波在时间轴上压缩，而频谱会展宽。

考虑 M 个脉冲相干积累的情况，雷达第 m 个脉冲的发射时刻 $t = mT_{\mathrm{r}}$，T_{r} 是脉冲重复周期，雷达时间可以表示为快时间 (脉内时间)t_{k} 和慢时间 (脉间时间)t_{m}

的组合：

$$t = t_{\mathrm{k}} + t_{\mathrm{m}} \tag{4.8}$$

由此，目标中心点在 $(t_{\mathrm{k}}, t_{\mathrm{m}})$ 时刻与雷达的距离为

$$R_O(t_{\mathrm{k}}, t_{\mathrm{m}}) = R_O(t_{\mathrm{m}}) + v(t_{\mathrm{m}})t_{\mathrm{k}} \tag{4.9}$$

式中，$R(t_{\mathrm{m}})$ 和 $v(t_{\mathrm{m}})$ 为第 m 个脉冲内目标的初始距离和平均速度。由此可以得到线性调频信号回波的精确模型如下：

$$
\begin{aligned}
s(t_{\mathrm{k}}, t_{\mathrm{m}}) = & A\mathrm{rect}\left[\frac{\alpha^2(t_{\mathrm{m}})(t_{\mathrm{k}} - \tau(t_{\mathrm{m}}))}{T_{\mathrm{p}}}\right] \exp[\mathrm{j}\pi\mu\alpha^2(t_{\mathrm{m}})(t_{\mathrm{k}} - \tau(t_{\mathrm{m}}))] \\
& \times \exp[\mathrm{j}2\pi f_0\alpha(t_{\mathrm{m}})t_{\mathrm{k}}] \exp[-\mathrm{j}2\pi f_0\alpha(t_{\mathrm{m}})\tau(t_{\mathrm{m}})]
\end{aligned} \tag{4.10}
$$

式中，$\alpha(t_{\mathrm{m}}) = \dfrac{c - v(t_{\mathrm{m}})}{c + v(t_{\mathrm{m}})}$ 为由目标的移动速度引起的伸缩系数；T_{p} 为脉冲宽度；μ 为调频率，即 $B = \mu T_{\mathrm{p}}$；$\tau'(t_{\mathrm{m}}) = \dfrac{2R_O(t_{\mathrm{m}})}{c - v(t_{\mathrm{m}})}$。

3. 散射点几何关系计算及近似

对于目标上的某散射点 P，设该点与目标中心点的距离为 d_{OP}，设 OP 与 R 轴正方向的夹角为 $\theta(t_{\mathrm{m}}, t_{\mathrm{k}})$。图 4.1 是散射点与雷达的位置关系。

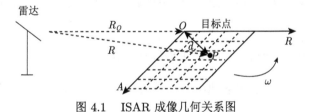

图 4.1 ISAR 成像几何关系图

首先不考虑目标的移动速度，可以得到

$$
\begin{aligned}
R_P(t_{\mathrm{m}}, t_{\mathrm{k}}) &= \sqrt{R_O^2(t_{\mathrm{m}}, t_{\mathrm{k}}) + 2d_{OP}R_O(t_{\mathrm{m}}, t_{\mathrm{k}})\cos\theta(t_{\mathrm{m}}, t_{\mathrm{k}}) + d_{OP}^2} \\
&= R_O(t_{\mathrm{m}}, t_{\mathrm{k}})\sqrt{1 + 2\frac{d_{OP}}{R_O(t_{\mathrm{m}}, t_{\mathrm{k}})}\cos\theta(t_{\mathrm{m}}, t_{\mathrm{k}}) + \frac{d_{OP}^2}{R_O^2(t_{\mathrm{m}}, t_{\mathrm{k}})}} \\
&\approx R_O(t_{\mathrm{m}}, t_{\mathrm{k}}) + \frac{d_{OP}^2}{2R_O(t_{\mathrm{m}}, t_{\mathrm{k}})} + d_{OP}\cos\theta(t_{\mathrm{m}}, t_{\mathrm{k}})
\end{aligned} \tag{4.11}
$$

如果要忽略第二项的影响，需要在成像处理的时间内，第二项所带来的位移小于成像的分辨率，即满足下式：

$$\Delta\left(\frac{d_{OP}^2}{2R_O(t_{\mathrm{m}}, t_{\mathrm{k}})}\right) = \frac{d_{OP}^2}{2R_O^2(t_{\mathrm{m}}, t_{\mathrm{k}})}\Delta R_O(t_{\mathrm{m}}, t_{\mathrm{k}}) \leqslant \rho \tag{4.12}$$

根据之前设置的系统参数：

$$\Delta R_O(t_{\mathrm{m}}, t_{\mathrm{k}}) \leqslant \rho\frac{2R_O^2(t_{\mathrm{m}}, t_{\mathrm{k}})}{\left(\dfrac{D_{\mathrm{a}}}{2}\right)^2 + \left(\dfrac{D_{\mathrm{r}}}{2}\right)^2} \approx \rho\frac{8R_O^2}{D^2} = 2400\mathrm{m} \tag{4.13}$$

即目标在整个成像过程中的最大距离向位移不超过 2400m，由此得到目标的速度：

$$V \leqslant \frac{\Delta R}{T_{\mathrm{measure}}} = 4800\mathrm{m/s} \tag{4.14}$$

可以看出，对于 5km 距离成像的飞机目标，一般都满足这一近似要求。如果是对于卫星目标成像，假设卫星的轨道高度为 500km，可以计算得到

$$V \leqslant \frac{\Delta R}{T_{\mathrm{measure}}} \leqslant \rho\frac{8R_0^2}{D^2 T_{\mathrm{measure}}} = 4.8 \times 10^7\mathrm{m/s} \tag{4.15}$$

卫星目标不能达到这一速度，因此这一项在成像过程中所造成的影响可以忽略。

对于式 (4.11) 第三项，进行进一步计算，并使用泰勒级数展开 sin 以及 cos 可以得到

$$\begin{aligned}
d_{OP}\cos[\theta(t_{\mathrm{m}}, t_{\mathrm{k}})] &= d_{OP}\cos[\theta(t_0) + \theta(t_{\mathrm{m}} + t_{\mathrm{k}})]\\
&= d_{OP}\cos[\theta(t_0)]\cos[\theta(t_{\mathrm{m}} + t_{\mathrm{k}})] - d_{OP}\sin[\theta(t_0)]\sin[\theta(t_{\mathrm{m}} + t_{\mathrm{k}})]\\
&= a\cos[\theta(t_{\mathrm{m}} + t_{\mathrm{k}})] - r\sin[\theta(t_{\mathrm{m}} + t_{\mathrm{k}})]\\
&= r\left[1 - \frac{\theta^2(t_{\mathrm{m}} + t_{\mathrm{k}})}{2!} + \cdots\right] - a\left[\theta(t_{\mathrm{m}} + t_{\mathrm{k}}) - \frac{\theta^3(t_{\mathrm{m}} + t_{\mathrm{k}})}{3!} + \cdots\right]
\end{aligned} \tag{4.16}$$

其中，a, r 分别为初始时刻 P 点所在的坐标，考虑 a 与 r 的最大值分别为 $D_a/2$，$D_r/2$，转动角度最大值为成像所需角度，由此可以计算各阶近似的误差数量级：

第 1 阶：$D\theta = 2.5\mathrm{m} > \rho$

第 2 阶：$\dfrac{D\theta^2}{2} = 0.0625\mathrm{m} > \rho$

第 3 阶：$\dfrac{D\theta^3}{6} = 1.04 \times 10^{-3}\text{m} < \rho$

可以看到，2 阶误差补偿之后就可以满足 W 波段成像的分辨率，因此在 W 波段的 ISAR 成像中使用二阶近似，由此可以得到目标整体没有平移速度时目标上的点与雷达间的距离，可以如下近似：

$$R_P(t_\text{m}, t_\text{k}) = R_O(t_\text{m}, t_\text{k}) + r - a \times \theta(t_\text{m} + t_\text{k}) - r \times \frac{\theta^2(t_\text{m} + t_\text{k})}{2} \qquad (4.17)$$

这里用 $\theta(t_\text{m})$ 近似 $\theta(t_\text{m} + t_\text{k})$，估算由近似造成的误差为

$$T_P\omega\frac{D}{2} = 5 \times 10^{-4}\text{m} < \rho \qquad (4.18)$$

可以忽略，因此可以得到

$$R_P(t_\text{m}, t_\text{k}) = R_0(t_\text{m}) + V(t_\text{m})t_\text{k} + r - a \times \theta(t_\text{m}) - r \times \frac{\theta^2(t_\text{m})}{2} \qquad (4.19)$$

将上式代入回波信号中，得到回波的延时

$$\tau_P(t_\text{m}) = \frac{2R_P(t_\text{m})}{c - v(t_\text{m})} = \frac{2R_O(t_\text{m}) + 2r - 2a\theta(t_\text{m}) - r\theta^2(t_\text{m})}{c} \times \left(1 + \frac{v}{c - v}\right) \qquad (4.20)$$

如果进行近似处理，去除上式中的第二项，对成像过程的影响是所有的成像点都会移动，如果要求近似引起的误差不会越过分辨单元，则要求

$$\frac{v}{c - v}D < \rho \qquad (4.21)$$

即

$$v < \frac{\rho c}{D + \rho} \approx \frac{\rho c}{D} = 90000\text{m/s} \qquad (4.22)$$

可以看出，一般目标的速度很难达到这一速度，因此可以对其进行近似，得到

$$\tau_P(t_\text{m}) = \frac{2R_O(t_\text{m}) + 2r - 2a\theta(t_\text{m}) - r\theta^2(t_\text{m})}{c} \qquad (4.23)$$

4.2.2 回波信号处理

ISAR 成像一般分为距离压缩、运动补偿、成像处理几个部分。图 4.2 给出了成像处理的流程。

图 4.2　ISAR 成像处理流程图

4.3 节将主要介绍运动补偿处理, 4.4 节将主要介绍成像处理中的徙动补偿部分, 因此这里对 ISAR 成像处理过程中较为通用的距离压缩进行介绍, 并从回波模型出发分析距离压缩后的后续信号处理过程的作用。

1. 距离压缩处理

在得到回波信号后, 进行成像处理的第一步是进行距离向的压缩。距离压缩可以通过距离向的匹配滤波来实现。根据式 (4.10), 对于 P 点的回波, 不考虑目标速度所造成的影响, 可以近似为

$$s(t_{\mathrm{k}}, t_{\mathrm{m}}) = A\mathrm{rect}\left[\frac{t_{\mathrm{k}} - \tau_P(t_{\mathrm{m}})}{T_P}\right] \exp[\mathrm{j}\pi\mu(t_{\mathrm{k}} - \tau_P(t_{\mathrm{m}}))^2] \exp[\mathrm{j}2\pi f_0(t_{\mathrm{k}} - \tau_P(t_{\mathrm{m}}))]$$

(4.24)

在 ISAR 成像系统的成像过程中, 会使用窄带波束对目标进行跟踪, 得到目标中心点相对雷达的距离。之后调整回波的接收窗口, 使得目标的反射回波位于接收窗口中。假设在 t_{m} 时刻, 测量得到的目标距离为 $R_{\mathrm{c}}(m)$, 则接收到的回波信号可以表示为

$$s(t_{\mathrm{k}}, t_{\mathrm{m}}) = A\mathrm{rect}\left[\frac{t_{\mathrm{k}} - \tau_P(t_{\mathrm{m}})}{T_P}\right] \exp\left\{\mathrm{j}\pi\mu\left[t_{\mathrm{k}} - \left(\tau_P(t_{\mathrm{m}}) - \frac{2R_{\mathrm{c}}(m)}{c}\right)\right]^2\right\}$$
$$\times \exp\left\{\mathrm{j}2\pi f_0\left[t_{\mathrm{k}} - \left(\tau_P(t_{\mathrm{m}}) - \frac{2R_{\mathrm{c}}(m)}{c}\right)\right]\right\}$$

(4.25)

使用

$$\tau_P'(t_{\mathrm{m}}) = \tau_P(t_{\mathrm{m}}) - \frac{2R_{\mathrm{c}}(m)}{c}$$

(4.26)

进行简化, 得到

$$s(t_{\mathrm{k}}, t_{\mathrm{m}}) = A\mathrm{rect}\left[\frac{t_{\mathrm{k}} - \tau_P(t_{\mathrm{m}})}{T_P}\right] \exp[\mathrm{j}\pi\mu(t_{\mathrm{k}} - \tau_P'(t_{\mathrm{m}}))^2] \exp[\mathrm{j}2\pi f_0(t_{\mathrm{k}} - \tau_P'(t_{\mathrm{m}}))]$$

(4.27)

对回波进行脉冲压缩后, 得到波形

$$s(t_{\mathrm{k}}, t_{\mathrm{m}}) = A'\mathrm{rect}\left[\frac{t_{\mathrm{k}} - \tau_P(t_{\mathrm{m}})}{2T_P}\right] \sin c\left[\mu T_P\left(t_{\mathrm{k}} - \tau_P'(t_{\mathrm{m}})\right)\right] \exp\left[-\mathrm{j}2\pi f_0\tau_P'(t_{\mathrm{m}})\right]$$

(4.28)

从上式中可以看出，某一个脉冲对于散射点 P 的回波，在经过匹配滤波后，峰值出现在

$$
t_k = \tau'_P(t_m) = \frac{2[R_0(t_m) - R_c(t_m)] + 2r - 2a\theta(t_m) - r\theta^2(t_m)}{c}
$$
$$
= \frac{2[R_0(t_m) - R_c(t_m)]}{c} + \frac{2r}{c} - \frac{2a\theta(t_m) + r\theta^2(t_m)}{c} \tag{4.29}
$$

而在不同的回波中，点 P 的回波在峰值处的相位会发生如下变化：

$$
\varphi(t_m) = 2\pi f_0 \tau_P(t_m) = 2\pi f_0 \frac{2[R_0(t_m) - R_c(t_m)] + 2r - 2a\theta(t_m) - r\theta^2(t_m)}{c}
$$
$$
= 2\pi f_0 \left(\frac{2[R_0(t_m) - R_c(t_m)]}{c} + \frac{2r}{c} - \frac{2a\theta(t_m)}{c} - \frac{r\theta^2(t_m)}{c} \right) \tag{4.30}
$$

通过上式得到的方位向相位变化，可以进一步得到目标在方位向的多普勒变化量，进而计算得到 W 波段 ISAR 成像系统中所需要的 PRF。在 ISAR 系统中，系统的 PRF 也即是方位向的采样频率，当 PRF 较低时，会造成方位向的混叠。考虑位于方位向坐标为 a 处的目标，根据上式，计算由转动带来的相位变化，可以得到

$$
\Delta\varphi(t_m) = \frac{4\pi f_0 a\omega \Delta t_m}{c} = \frac{2\pi a\omega \Delta t_m}{\lambda} \tag{4.31}
$$

计算方位向的多普勒频率：

$$
f = \frac{1}{2\pi} \frac{\Delta\varphi(t_m)}{\Delta t_m} = \frac{a\omega}{\lambda} \tag{4.32}
$$

$$
B_a = f_{max} - f_{min} = \frac{(a_{max} - a_{min})\omega}{\lambda} = \frac{D_a\omega}{\lambda} \tag{4.33}
$$

可以看出，方位向的多普勒带宽主要与方位向场景的宽度、目标转动角速度以及所选用的波长有关。根据采样定理，由 $PRF \geqslant 2B$ 可以得到

$$
\mathrm{PRF} > \frac{2D_a\omega}{\lambda} = 3333\mathrm{Hz} \tag{4.34}
$$

从上式可以看出，对于 W 波段的 ISAR 成像来说，由于波长较短，一般需要有着较大的 PRF 才不会导致目标在方位向的混叠。目标的转动角速度越大，成像的场景区域越大，则所要求的 PRF 值越高。

2. 高速目标距离压缩

根据式 (4.10), 当目标有一定的移动速度时, 对比发射信号可以看出, 目标的速度会导致回波的频率由 f_0 变为 $\alpha(t_{\mathrm{m}})f_0$, 调频率由 μ 变为 $\alpha^2(t_{\mathrm{m}})\mu$, 相应的脉冲持续时间由 T_{p} 变为 $\dfrac{T_{\mathrm{p}}}{\alpha^2(t_{\mathrm{m}})}$, 由此对目标的成像造成了影响。

在使用匹配滤波方法进行距离压缩时, 回波信号的频率以及调频率的变化会造成匹配滤波器的失配。按照 stop-go 模型, 匹配滤波器的调频率应为 μ, 而实际上的调频率为 $\alpha^2(t_{\mathrm{m}})\mu$。利用驻相点法可以推出 $u_{\mathrm{c}}(t)$ 的频谱为

$$u_{\mathrm{c}}(f) = \frac{1}{\sqrt{|\mu|}} \exp\left[\mathrm{j}\frac{\pi}{4}\mathrm{sgn}(\mu)\right] \exp\left[-\mathrm{j}\pi\frac{f^2}{\mu}\right], \quad |f| < \frac{B}{2} \tag{4.35}$$

按照一阶近似回波的匹配滤波器, 则输出的信号频谱为

$$U_{\mathrm{c}}'\left(\frac{f}{\alpha(t_{\mathrm{m}})}\right) \approx \frac{1}{|\mu|} \exp\left[\mathrm{j}\pi\frac{f^2}{\mu}\left(\frac{1}{\alpha^2(t_{\mathrm{m}})}-1\right)\right] \tag{4.36}$$

相位失配误差为

$$\Delta\varphi = \left|\pi\frac{f^2}{\mu}\left(\frac{1}{\alpha^2(t_{\mathrm{m}})}-1\right)\right| \approx \left|\pi\frac{f^2}{\mu}\frac{4v}{c}\right| \leqslant \frac{\pi v B T_{\mathrm{p}}}{c} \tag{4.37}$$

当相位失配误差小于 $\pi/2$ 时, 认为失配引起的脉压输出包络可以忽略不计, 由此目标的速度需要满足如下的不等式:

$$v \leqslant \frac{c}{2BT_{\mathrm{p}}} \tag{4.38}$$

对于 W 波段来说, 根据之前设定的系统参数, 带宽 B 为 5GHz, T_{p} 为 100μs, 可以计算得到, 若使得成像的匹配滤波不失配, 则要求目标的移动速度小于 300m/s。由于 W 波段的频率较高, 相对带宽也较大, 所以在 W 波段使用 stop-go 模型所要求的目标速度也相对较为严格。

当目标的移动速度超过了 stop-go 模型所要求的速度时, 就需要用一阶近似模型进行匹配滤波器的构造。在一阶近似模型中, 较为重要的是目标在当前回波内的径向运动速度。该速度可以通过使用雷达的窄波跟踪模式测量得到。在得到该速度后, 构造匹配滤波器如下:

$$s(t) = \mathrm{rect}\left[\frac{\alpha^2 t}{T_{\mathrm{p}}}\right] \exp[\mathrm{j}\pi(2f_0\alpha t + \mu\alpha^2 t^2)] \tag{4.39}$$

式中, $\alpha = \dfrac{c-v}{c+v}$, 利用该匹配滤波器对回波进行匹配滤波, 即可消除由目标径向速度所造成的滤波器失配, 得到较好的处理结果。

3. 后续信号处理

分析式 (4.29) 可以看出，在快时间维度，对回波峰值位置造成影响的因素主要可以分成 3 项，第一项为由目标平动所带来的移动，第二项为 P 点相对于目标坐标系距离方向位置所造成的时移，第三项为由目标转动所带来的徙动的影响。其中第二项为最终成像所需要保留的，其余两项需要将其进行补偿。

对式 (4.30) 分析可以看出，在慢时间维度，对回波相位造成影响的因素可以分为 4 项。第一项也是由目标平动所带来的相位变化。第二项是目标距离向坐标所带来的初相变化，对成像的过程没有实际影响，可以忽略。第三项为目标方位向坐标随着目标自身的转动所带来的相位变化。在这一项中，如果目标的角速度为恒定值，则会产生稳定的相位变化，在对方位向进行傅里叶变换后，就可以把 P 点在方位向的能量集中到相应的频率点上，进行成像。如果目标的角速度不是恒定值，则其中变化的角速度量会造成成像的模糊，需要在成像的过程中进行补偿。第四项则是方位向的徙动，同样需要在成像过程中进行补偿。

$$
\begin{aligned}
\varphi(t_{\mathrm{m}}) &= 2\pi f_0 \tau_P(t_{\mathrm{m}}) \\
&= 2\pi f_0 \frac{2[R_0(t_{\mathrm{m}}) - R_{\mathrm{c}}(t_{\mathrm{m}})] + 2r - 2a\theta(t_{\mathrm{m}}) - r\theta^2(t_{\mathrm{m}})}{c} \\
&= 2\pi f_0 \left(\frac{2[R_0(t_{\mathrm{m}}) - R_{\mathrm{c}}(t_{\mathrm{m}})]}{c} + \frac{2r}{c} - \frac{2a\theta(t_{\mathrm{m}})}{c} - \frac{r\theta^2(t_{\mathrm{m}})}{c} \right)
\end{aligned} \tag{4.40}
$$

在运动补偿的包络对齐与相位校正过程中，会对式 (4.29) 的第一项以及式 (4.30) 的第一项进行补偿。在成像处理的徙动补偿过程中，会对式 (4.29) 第三项所造成的距离向徙动，式 (4.30) 第三项中的角速度变化部分以及第四项所造成的方位向徙动进行补偿。

在经过运动补偿以及成像徙动补偿后，理想的目标回波信号在快时间方向峰值点为

$$
t_{\mathrm{k}} = \frac{2r}{c} \tag{4.41}
$$

在慢时间方向，目标的相位变化为

$$
\varphi(t_{\mathrm{m}}) = 2\pi f_0 \left(\frac{2r}{c} \right) - 2\pi f_0 \frac{2a\omega t_{\mathrm{m}}}{c} = \varphi_0 - \frac{4\pi f_0}{c} a\omega t_{\mathrm{m}} \tag{4.42}
$$

只需对方位向进行 FFT，就可以得到目标的高分辨率二维像。

4.3　W 波段 ISAR 运动补偿技术

在 ISAR 成像过程中，只要目标相对于雷达有转动的趋势，就可以利用目标相对雷达转动所带来的多普勒频率变化进行方位向的成像。而在实际情况中，对目标回波多普勒造成影响的因素除了目标的转动，还会包含目标径向的位移。图 4.3 给出了目标与雷达的几何关系。因此，在对目标进行 ISAR 成像之前，需要对这一速度所造成的影响进行补偿。

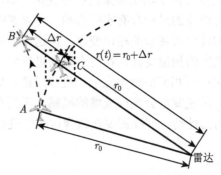

图 4.3　运动补偿原理示意图

根据 4.2 节得到的距离压缩处理结果，目标上某一点的单次回波压缩后的峰值以及相位如下：

$$t_{\mathrm{k}} = \frac{2[R_0(t_{\mathrm{m}}) - R_{\mathrm{c}}(t_{\mathrm{m}})]}{c} + \frac{2r}{c} - \frac{2a\theta(t_{\mathrm{m}}) + r\theta^2(t_{\mathrm{m}})}{c} \tag{4.43}$$

$$\varphi = 2\pi f_0 \left(\frac{2[R_0(t_{\mathrm{m}}) - R_{\mathrm{c}}(t_{\mathrm{m}})]}{c} + \frac{2r}{c} - \frac{2a\theta(t_{\mathrm{m}})}{c} - \frac{r\theta^2(t_{\mathrm{m}})}{c} \right) \tag{4.44}$$

可以看出，由于 ISAR 成像系统的窄带跟踪误差所造成的影响，即 $R_0(t_{\mathrm{m}}) - R_{\mathrm{c}}(t_{\mathrm{m}})$ 项会造成目标点在距离向，也即 t_{k} 方向进行匹配滤波后的峰值点发生偏移。因此若进行成像，则首先需要将同一目标点在距离方向上补偿到一个距离门以内。这一过程主要是通过包络对齐方法来实现的。

当将同一目标的匹配滤波后的峰值补偿到相同的距离单元内后，可以看出，极值点的相位同样会受到跟踪误差所带来的影响，从而造成方位向的成像模糊。因此在进行包络对齐后，需要对信号进行相位校正的处理，以消除跟踪误差对方位向相位变化的影响。

本节将对 ISAR 成像运动补偿处理中的包络对齐以及相位校正算法进行分析，并针对 W 波段在运动补偿过程中所产生的问题进行讨论。对于包络对齐过程中 W 波段回波包络变化较大的问题，通过先进行包络规整的方法来提高成像的质量。

4.3.1　包络对齐

包络对齐是指通过在距离向的平移操作，消除经过距离压缩处理后 ISAR 回波信号间错位的处理方法。图 4.4 给出了包络对齐的示意图。如图所示，左侧即为没有经过处理的各次回波。由于雷达的跟踪误差，会造成同一散射点的回波在距离向发生错位。经过包络对齐处理后，将各次回波中同一散射点的回波对齐到同一距离单元，使得进一步利用回波方位向的相位信息进行方位向成像处理成为可能 [1-4]。本小节将对包络对齐处理方法进行分析，并针对 W 波段的特点进行相应讨论。

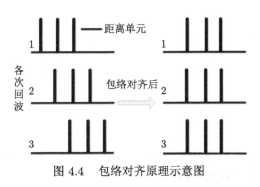

图 4.4　包络对齐原理示意图

1. 相关法

相关法是最早提出的包络对齐方法，它主要是利用相邻回波间较强的相关性来计算回波间的距离向误差并进行补偿。ISAR 成像过程中，相邻两次回波的时间间隔非常短，对于本章所采用的系统参数来说，两次回波间隔为 2.5×10^{-4}s。在这么短的时间内，飞机等惰性目标的平移以及转动都是非常小的。由此，相邻两次回波之间虽然相位会有较大的变化，但包络的变化是非常小的。当相邻的包络在距离向对齐时，其互相关系数会非常接近于 1。相关法就是利用这一原理来进行回波信号的距离向对齐。

信号的包络分为实包络与复包络，而由于相邻回波间相位有着较大的变化，复包络也会有一定的变化，所以相关法主要是对回波信号的实包络进行处理。

对于回波信号，将方位向的坐标变换到距离域，设 $e_{\mathrm{m}}(t_{\mathrm{k}})$ 和 $e_{\mathrm{m}+1}(t_{\mathrm{k}})$ 为两相邻回波的距离像，而 $E_{\mathrm{m}}(t_{\mathrm{k}})$ 与 $E_{\mathrm{m}+1}(t_{\mathrm{k}})$ 分别是它们的 FFT。根据式 (4.34)，可以得到

$$e_{\mathrm{m}}(t_{\mathrm{k}}) = \sum_{P} A' \mathrm{sinc}\left[\mu T_{\mathrm{p}}\left(t_{\mathrm{k}} - \tau'_{P}(t_{\mathrm{m}})\right)\right] \exp\left[-\mathrm{j}2\pi f_{0}\tau'_{P}(t_{\mathrm{m}})\right] \tag{4.45}$$

$$e_{m+1}(t_k) = \sum_P A' \text{sinc} \left[\mu T_p \left(t_k - \tau'_P(t_{m+1}) \right) \right] \exp \left[-j2\pi f_0 \tau'_P(t_{m+1}) \right] \tag{4.46}$$

结合

$$\tau'_P(t_m) = \frac{2[R_0(t_m) - R_c(t_m)]}{c} + \frac{2r}{c} - \frac{2a\theta(t_m) + r\theta^2(t_m)}{c} \tag{4.47}$$

可以看出, $e_{m+1}(t_k)$ 相对于 $e_m(t_k)$ 的变化主要由距离的误差以及相位的变化两部分组成, 分别用 Δt 和 φ_i 对其进行标示, 则可以得到

$$e_{m+1}(t_k) \approx e_m(t_k - \Delta t_{km}) \exp(j\varphi_m) \tag{4.48}$$

$$E_{m+1}(t_k) \approx E_m(f) \exp(-j2\pi f \Delta t_{km}) \exp(j\varphi_m) \tag{4.49}$$

其中,

$$\begin{aligned}
\Delta t_{km} &= \tau'_P(t_{m+1}) - \tau'_P(t_m) \\
&= \frac{2\Delta[R_0(t_m) - R_c(t_m)]}{c} - \frac{2a\Delta\theta(t_m) + r\Delta\theta^2(t_m)}{c} \\
&\approx \frac{2\Delta[R_0(t_m) - R_c(t_m)]}{c}
\end{aligned} \tag{4.50}$$

由于时间较短, 所以在相邻包络中, 由角度变化带来的距离向移动可以忽略不计。由此得到它们的互相关函数为

$$R(s) = \int |e_m(t_k)| \cdot |e_{m+1}(t_k + s)| \, dt_k \approx \int |e_m(t_k)| \cdot |e_m(t_k + s - \Delta t_{km})| \, dt_k \tag{4.51}$$

根据 Schwartz 不等式, 可以得到 $R(s)$ 在 $s = \Delta t_{km}$ 处取到最大值。因此由相关函数最大值所在位置可以得到相邻包络的误差量 Δt_{km}, 再使用该误差量对包络进行平移, 即可以补偿由 $R_0(t_m) - R_c(t_m)$ 项所带来的目标在距离向的平动。

由以上方法计算得到的包络移动量都是距离向采样的整数倍, 可以采用插值的方法来进一步提高补偿的精确度。

2.1 阶距离最小法

距离最小法是 ISAR 成像运动补偿中的另一种包络对齐算法, 它采用了与相关法不同的对齐判定准则。

考虑对两个包络相似的信号 $e_1(t)$ 与 $e_2(t)$, 对其进行平移误差补偿时, 若使用最大似然准则, 则应如下计算:

$$\tau = \arg\min_{\tau} |e_1(t) - e_2(t - \tau)|^2 \tag{4.52}$$

计算得到的 τ 即为所求的误差量，经过平移后即可得到补偿结果。进一步展开上式可以得到

$$\min_{\tau} |e_1(t) - e_2(t - \tau)|^2 = \min_{\tau} [e_1(t) - e_2(t - \tau)] [e_1^*(t) - e_2^*(t - \tau)]$$
$$= \min_{\tau} 2\{1 - \mathrm{Re}[\rho(\tau)]\} \tag{4.53}$$

式中，$\rho(\tau) = e_1(t)e_2(t - \tau)$，即为输入的两个信号的互相关函数。由此可以看出，使用最大似然准则寻找使得 2 阶范数最小的方法，是与相关法寻找相关函数最大值相等价的。对 2 阶范数的最大似然准则可以进一步推广，得到 P 阶范数的表达式。

$$\tau = \arg\min_{\tau} |e_1(t) - e_2(t - \tau)|^P \tag{4.54}$$

考虑以该准则作为包络对齐的标准，可以看出，当 P 增大时，在两组数据中，数值较大的点对对齐误差的计算贡献较大。当 P 为无穷大时，上式可以看作直接将两组信号的最大值进行对齐。考虑到在雷达回波中，时常会出现较强的闪烁点，该点对包络的对齐会造成较大的影响，而 P 的增大会加强这样的闪烁点对对齐的影响。

而当 P 减小时，如果 $P > 1$，则较大的数值对对齐误差的计算贡献减小。当 $P = 1$ 时，所有的数值具有相同的贡献。$P < 1$ 时，较小的数值会有较大的贡献，这显然不是我们所需要的。因此选取 $P = 1$ 是较为理想的。与相关法对比，距离最小法不仅改进了对于闪烁点的处理效果，同时在计算评价函数的过程中是直接使用加法进行相邻单元的相减，运算复杂度更低。

3. 最小熵法

相关法与 1 阶距离最小法都是通过对相邻回波做差，通过得到的差值，以相应的评价方法来进行延时误差的估计。可以想象，当相邻回波的延时误差较小时，做差得到的值主要是由两个波形中不相同的部分组成，也即很大一部分是由随机误差所组成的。这样，当补偿到较高的精度时，对误差估计造成主要影响的因素将不是包络的主要部分而是随机误差，影响进一步估计的准确度。由此，20 世纪 90 年代，有学者提出了包络最小熵法，对于信号 $e_1(t)$ 与 $e_2(t)$，包络最小熵法以包络的锐化程度 $H(\tau)$ 的最小值作为包络的对齐判定标准。

$$H(\tau) = -\sum_{t \in T_{\mathrm{p}}} [e_1(t) + e_2(t - \tau)] \ln [e_1(t) + e_2(t - \tau)] \tag{4.55}$$

最小熵法原理示意图如图 4.5 所示，考虑相邻的两个没有对齐的包络，如图左侧所示，可以看出，经过做和后，得到的包络由于错开而不够锋利，由此计算

得到的熵较大。当这两个包络如右侧对齐后，得到的包络和较为锋利，也即熵较小。由此可以看出最小熵包络对齐法的有效性。包络最小熵法通过加和的处理，充分利用了目标的所有信息，比基于回波相似性的包络对齐方法具有更好的稳健性。

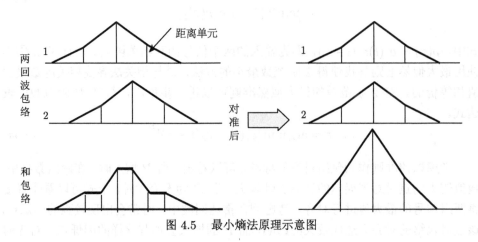

图 4.5　最小熵法原理示意图

4.3.2　包络规整处理

1. W 波段包络变化问题

在进行 ISAR 的回波的包络对齐过程中，由于目标的运动以及转动，时常会在图像的某一次回波中出现闪烁点，造成相邻包络差距较大，影响回波的对齐结果。同时，如果只对相邻的回波进行处理，若产生了细小的误差，则由于没有纠错机制，误差会不断进行积累，造成回波随着慢时间的变化而不断地偏移，因此这时可以采用之前的多次回波的加权平均来作为对齐的标准。而窗长越长，对闪烁点以及累计误差的抑制效果越好，因此一般都选取半边的矩形窗。

在传统波段 ISAR 成像过程中，这样的处理并不会带来任何问题，因为目标在成像时间内目标点一般不会越过分辨单元，造成包络明显的变化。然而在 W 波段的 ISAR 成像过程中，由于分辨率的提高，距离单元缩短，目标的转动会带来目标上的反射点越过多个距离单元，造成较为明显的徙动。如果直接使用较长的矩形窗累积补偿，则会造成较为严重的误差，甚至是对齐结果完全错误的后果。

从 4.2 节的回波模型分析中得到的回波延时如下所示

$$t_k = \frac{2R_0(t_m)}{c} + \frac{2r}{c} - \frac{2a\theta(t_m) + r\theta^2(t_m)}{c} \tag{4.56}$$

假设在目标上存在 P、Q 两点，假设目标以均匀的角速度转动，则可以得到在成像过程中两点的延时如下：

$$\Delta t_{\mathrm{k}} = |t_{kP} - t_{kQ}| = \left| \frac{2 + \omega^2 t_{\mathrm{m}}^2}{c} \Delta r - \frac{2\omega t_{\mathrm{m}}}{c} \Delta a \right| \tag{4.57}$$

假设 P 点与 Q 点处于相同的回波位置即它们具有相同的回波延时，同时在方位向上位于目标的两侧。则根据 4.2 节所给的系统参数估算在成像过程中目标的距离向移动，如下所示：

$$\Delta r_{\mathrm{image}} = \frac{2\omega t_{\mathrm{m}}}{c} D \times c = 2\omega D T_P = 5\mathrm{m} \tag{4.58}$$

可以看出，这一位移远超出 W 波段 ISAR 成像的分辨率，并由此带来距离压缩后回波包络明显的变化。图 4.6 即为 9 个点目标距离压缩后的结果以及直接对其进行包络对齐的结果。

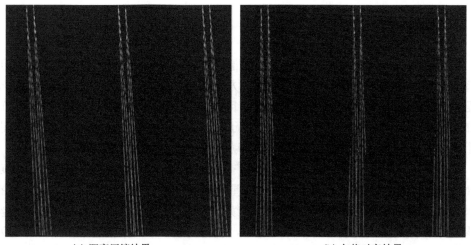

(a) 距离压缩结果   (b) 包络对齐结果

图 4.6   包络变化造成的对齐错误图

从图 4.6(a) 中可以看出，起始时刻目标的包络与结束时刻目标的包络有了非常明显的变化。直接进行最小熵包络对齐后的结果如图 4.6(b) 所示，可以看出，虽然目标的位移有了一定的对齐，但是在包络变化较大的情况下，对齐出现了明显的错误，将完全没有相位联系的回波信号对齐到了相同的距离单元内。最终的成像结果图 4.7 所示，这样的对齐完全无法获得成像结果。因此需要在进行包络对齐前进行包络规整处理，通过补偿使慢时间维度上的回波包络没有显著的变化，使得下一步的包络对齐处理成为可能。

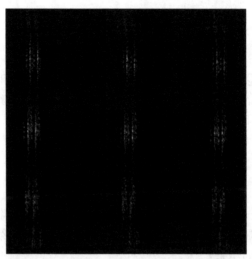

图 4.7　因包络对齐错误而导致的成像散焦

2. 信号相干化处理

针对这一现象，这里采用先对回波信号进行 Keystone 变换补偿距离向的徙动，再进行半边矩形窗包络对齐处理的方法，来处理 W 波段包络变换较大的问题。Keystone 变换可以较为准确地补偿目标回波距离向的徙动，使得不同慢时间的回波包络重新具有较好的相似性。由于 Keystone 变换主要是对回波的徙动进行补偿，所以在 4.4 节 ISAR 成像的徙动补偿算法中再进行详细介绍。

由于 Keystone 处理要求信号是相干的，所以在进行 Keystone 变换前，需要对回波进行相干化处理。对于飞机、卫星等惰性目标，可认为目标相对于雷达的平动运动在去除雷达的跟踪误差后是连续变化的。而目标准确的回波时间是较容易记录得到的。因此若在跟踪的过程中，使用连续移动的回波窗口，则可以认为目标在窗口中的运动是连续变化的。因此这里通过对目标在回波窗口中的运动的轨迹进行拟合，再利用拟合结果对其运动所产生的相位变化进行补偿，来实现回波信号的相干化处理。

由于 W 波段的分辨率较高，同时目标的散射特性较好，所以目标上的散射点分布一般较为均匀。由此可以认为，在某一次回波中，目标回波包络的加权重心即为目标在回波窗口中的重心，通过对目标重心的跟踪，即可得到目标在回波窗口中的运动轨迹。

但在实际的飞机飞行过程中，因发动机以及空气湍流的影响，会发生小幅度的振动，该振动会使得实际的雷达回波相位偏离拟合得到的轨迹。这里可以采用较短窗长的对齐处理，根据拟合的运动轨迹，在附近较小的范围内进行搜索，来获得目标小幅度振动的信息。通过拟合得到的目标重心运动轨迹，结合搜索得到的目标小范围振动信息，就可以计算相邻包络间由目标平移所带来的相位变化量，完成回波信号的相干化。

通过对回波的相干化以及 Keystone 处理，W 波段 ISAR 回波信号的包络相似性得到了极大的提高。在此之后，即可采用半边矩形窗的包络对齐算法，而不会受到回波包络明显变化的影响。

3. 包络规整处理流程

根据以上的分析，这里给出基于包络规整的对齐方法的处理流程。

第 1 步：通过距离压缩的结果估计目标重心位置，并拟合重心移动曲线。

第 2 步：根据重心的移动曲线，在曲线附近进行窗长较短，范围较小的对齐处理，得到目标在距离向小范围振动的幅度。

第 3 步：根据前两步得到的结果，计算需要补偿的相位，叠加进距离压缩结果，使其相干化。

第 4 步：对相干后的数据进行 Keystone 变换，补偿距离向的徙动，完成包络规整处理。

第 5 步：使用较长的窗长，对包络规整处理后的数据进行对齐，得到对齐结果。

图 4.8 为详细的处理流程。

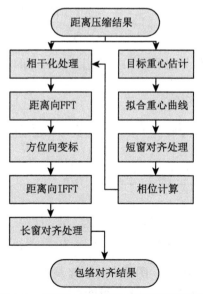

图 4.8　基于包络规整的对齐处理流程图

4.3.3 相位校正技术

在进行包络对齐后，已经将目标回波对齐到了成像的分辨率单元，但这样的对齐结果还不能进行进一步的成像。从 4.2 节的式 (4.36) 可以得到，对于某一散射点来说，在距离压缩后，其在慢时间方向的相位变化如下：

$$\phi(t_{\mathrm{m}}) = 2\pi f_0 \left(\frac{2[R_0(t_{\mathrm{m}}) - R_{\mathrm{c}}(t_{\mathrm{m}})]}{c} + \frac{2r}{c} - \frac{2a\theta(t_{\mathrm{m}})}{c} - \frac{r\theta^2(t_{\mathrm{m}})}{c} \right) \tag{4.59}$$

从中可以看出，跟踪误差 $R_0(t_{\mathrm{m}}) - R_{\mathrm{c}}(t_{\mathrm{m}})$ 会对已对齐的回波信号相位造成影响，导致方位向散焦，无法得到成像结果。因此需要进行进一步的相位校正，补偿跟踪误差项。

1. 特显点法

特显点法是最早提出的相位校正方法。对于式 (4.59)，如果假设某点 P 位于目标的中心点，也即位于 $r = 0, a = 0$ 点，代入式 (4.59)，可以得到

$$\phi_P(t_{\mathrm{m}}) = 2\pi f_0 \left(\frac{2[R_0(t_{\mathrm{m}}) - R_{\mathrm{c}}(t_{\mathrm{m}})]}{c} \right) \tag{4.60}$$

可以看出，该点的多普勒变化将只存在跟踪误差项。由此，可以利用该点进行相位跟踪误差的补偿。取

$$\Delta\phi(t_{\mathrm{m}}) = -\phi_P(t_{\mathrm{m}}) = -2\pi f_0 \left(\frac{2[R_0(t_{\mathrm{m}}) - R_{\mathrm{c}}(t_{\mathrm{m}})]}{c} \right) \tag{4.61}$$

对得到的包络对齐后的信号进行叠加。考虑某散射点的回波信号，可以得到

$$
\begin{aligned}
\varphi'(t_{\mathrm{m}}) &= \varphi(t_{\mathrm{m}}) + \Delta\varphi(t_{\mathrm{m}}) \\
&= 2\pi f_0 \left(\frac{2[R_0(t_{\mathrm{m}}) - R_{\mathrm{c}}(t_{\mathrm{m}})]}{c} + \frac{2r}{c} - \frac{2a\theta(t_{\mathrm{m}})}{c} - \frac{r\theta^2(t_{\mathrm{m}})}{c} \right) \\
&\quad - 2\pi f_0 \left(\frac{2[R_0(t_{\mathrm{m}}) - R_{\mathrm{c}}(t_{\mathrm{m}})]}{c} \right) \\
&= 2\pi f_0 \left(\frac{2r}{c} - \frac{2a\theta(t_{\mathrm{m}})}{c} - \frac{r\theta^2(t_{\mathrm{m}})}{c} \right)
\end{aligned}
\tag{4.62}
$$

可以看出，通过进行相位叠加，图像中的跟踪误差得到了补偿。

然而在实际的回波信号中，基本不可能存在一个正好处于目标中心的散射点。特显点法就是选取图像中某个特显点，认为该点处于目标的中心，利用该点进行

相位校正。考虑利用特显点 $P(r_P, a_P)$ 进行相位校正，根据以上的推导可以得到校正后的某散射点回波信号如下：

$$
\begin{aligned}
\phi'(t_\mathrm{m}) &= \phi(t_\mathrm{m}) + \Delta\phi(t_\mathrm{m}) \\
&= 2\pi f_0\left(\frac{2[R_0(t_\mathrm{m}) - R_\mathrm{c}(t_\mathrm{m})]}{c} + \frac{2r}{c} - \frac{2a\theta(t_\mathrm{m})}{c} - \frac{r\theta^2(t_\mathrm{m})}{c}\right) \\
&\quad - 2\pi f_0\left(\frac{2[R_0(t_\mathrm{m}) - R_\mathrm{c}(t_\mathrm{m})]}{c} + \frac{2r_P}{c} - \frac{2a_P\theta(t_\mathrm{m})}{c} - \frac{r_P\theta^2(t_\mathrm{m})}{c}\right) \\
&= 2\pi f_0\left(\frac{2(r - r_P)}{c} - \frac{2(a - a_P)\theta(t_\mathrm{m})}{c} - \frac{(r - r_P)\theta^2(t_\mathrm{m})}{c}\right)
\end{aligned}
\tag{4.63}
$$

式中第一项是一个定值，对成像结果没有任何影响。式中的第二项会带来附加的多普勒频移，在成像中表现为图像在方位向进行了位移，将 P 点在方位向移动到了图像的中心。式中的第三项为徙动项，需要在进一步的徙动补偿中进行处理。因此这里如果要避免对徙动补偿造成影响，可以将徙动补偿处理前的图像在距离向进行平移，补偿后再反向平移，来避免第三项变化所带来的影响。这里也可在补偿相位的过程中直接叠加由图像中心移动所带来的相位误差。

从以上推导可以看出，特显点法对选出的特显点方位向相位的变化有非常高的要求，因此只有在该距离单元仅有一个散射点的情况下才能得到较高的效果。一般采用计算距离单元内归一化包络振幅方差的方法来进行筛选。计算方法如下：

$$
\sigma^2(u_n) = \overline{(u_n - \overline{u_n})^2}/\overline{u_n^2} = 1 - \overline{u_n}^2/\overline{u_n^2}
\tag{4.64}
$$

如果找不到非常好的单特显点，则可以尝试找到若干较好的特显点，利用多个特显点的加权平均来综合出一个较好的参考点。

2. 多普勒中心跟踪法

对于 W 波段 ISAR 成像来说，由于目标的回波散射效应较好，所以回波中的特显点比传统波段更加难以得到，由此需要不依赖于某个特显点的处理方法。对于某一目标来说，如果转动中心在目标中，则目标的散射点中必然有部分靠近雷达运动，而部分散射点远离雷达运动。则目标上必然存在某一点，当目标绕该点转动时，整体回波的多普勒和为零。多普勒中心跟踪法即是通过迫使包络对齐后的回波每个慢时间单元的回波总多普勒为零，来实现相位的校正的。

对于相邻回波来说，其相互之间的平均相位差可以如下表示

$$e^{j\varphi} = \frac{\int e_m^*(t_k)e_{m+1}(t_k)\mathrm{d}t_k}{\left|\int e_m^*(t_k)e_{m+1}(t_k)\mathrm{d}t_k\right|} \tag{4.65}$$

其中，$e_m(t_k)$ 与 $e_{m+1}(t_k)$ 分别为经过包络对齐后两相邻慢时间单元的回波信号。使用上式计算得到相位差后，将所得到的相位差叠加到各慢时间单元的回波，即可对包络对齐的补偿误差所带来的相位差进行补偿。

但在上述的处理过程中，对回波信号中的每个距离单元都使用了相同的加权系数，即某完全没有散射点的距离单元与某具有较好相位信息的散射点的回波信号，其对于最终的相位差估计具有相同的贡献，这会带来较大的误差。因此可以进一步对各距离单元进行权值计算，使具有较好相位信息的散射点对结果的贡献更大。

对某距离单元回波相位造成影响的因素主要有两类，即同一距离单元内有多个散射点所造成的干涉影响，以及以距离压缩的旁瓣为主的干扰信号所造成的影响。

对于前一种影响，可以采用归一化包络振幅方差的取值对其进行加权，使干涉较为严重的距离单元对计算结果的影响较小。由于方差的取值越小，则相位信息保留得越好，所以可以取如下的权值：

$$W_{1n} = \frac{1}{\left(\overline{\sigma_n}^2 \sum\limits_{i=1}^{N_R} \dfrac{1}{\overline{\sigma_i^2}}\right)} \tag{4.66}$$

其中，$\overline{\sigma_n^2}$ 为第 n 个距离单元的归一化包络振幅方差；N_R 为图像的方位向总点数。

对于后一种影响，可以选取阈值 A，将距离压缩的旁瓣以及其他干扰信号剔除，使其不会对总相位差的估计造成影响。即

$$\begin{cases} W_{2n} = 1, & A_n > A \\ W_{2n} = 0, & A_n \leqslant A \end{cases} \tag{4.67}$$

在经过上述的加权系数的计算后，将其代入相位计算公式，得到

$$e^{j\varphi} = \frac{\int e_m^*(t_k)e_{m+1}(t_k)W_{1n}W_{2n}\mathrm{d}t_k}{\left|\int e_m^*(t_k)e_{m+1}(t_k)W_{1n}W_{2n}\mathrm{d}t_k\right|} \tag{4.68}$$

通过这样的处理，即可进一步提高对相邻慢时间单元间的相位差的估计精度。

3. 相位梯度自聚焦法

多普勒中心跟踪法在对目标的多普勒中心进行跟踪时，只考虑了目标由距离不同而产生的相位变化，其通过对某一回波单元上的点的相位进行加和来获取不同距离单元间所需补偿的相位差。然而在 ISAR 的回波数据中，散射点在方位向的位置差也会引起回波相位的变化。考虑在距离向相对于目标多普勒中心对称的两个散射点 P 和 Q，假设它们的坐标分别为 (r, a_P) 和 $(-r, a_Q)$，则可以得到在某一次回波中，这两个散射点的相位和为

$$
\begin{aligned}
\sum \varphi &= \varphi_P + \varphi_Q \\
&= 2\pi f_0 \left(\frac{2[R_0(t_\mathrm{m}) - R_\mathrm{c}(t_\mathrm{m})]}{c} + \frac{2r}{c} - \frac{2a_P \theta(t_\mathrm{m})}{c} - \frac{r\theta^2(t_\mathrm{m})}{c} \right) \\
&\quad + 2\pi f_0 \left(\frac{2[R_0(t_\mathrm{m}) - R_\mathrm{c}(t_\mathrm{m})]}{c} - \frac{2r}{c} - \frac{2a_Q \theta(t_\mathrm{m})}{c} + \frac{r\theta^2(t_\mathrm{m})}{c} \right) \\
&= 2\varphi_0 + 2\pi f_0 \left(\frac{2(a_P + a_Q)\theta(t_\mathrm{m})}{c} \right)
\end{aligned} \tag{4.69}
$$

按照多普勒中心估计法，相对于多普勒中心对称的两点相位和应为零。由上式可知，散射点的方位向位置会造成对初始相位估计的误差，导致成像质量下降。相位梯度自聚焦 (PGA) 算法即是针对多普勒中心跟踪法的这一不足所提出的 [5-10]。PGA 法通过将某距离单元的特显点的方位向位置产生的相位误差补偿后再进行多普勒中心跟踪，来避免方位向位置所产生的影响。

PGA 法主要分为如下几步：

第 1 步：进行一次多普勒中心跟踪相位校正，并 FFT 成像，得到目标的初像。

第 2 步：寻找各距离单元内的强散射点，并将该强散射点方位向位置所造成的相位进行补偿，并在频域进行加窗处理，隔离强散射点。

第 3 步：将补偿后的数据在方位向进行 IFFT 回到信号域，再次对齐进行多普勒中心跟踪相位校正，并成像，得到下一次迭代处理的初像。

第 4 步：重复执行第 2 步与第 3 步，并不断缩小隔离强散射点所使用的窗长，直到达到所需的迭代次数。

在如上流程的第 2 步中的强散射点寻找可以采用幅值最大、对比度最高等判定标准。对其的相位补偿可以通过频域叠加相位或者直接在时域进行循环移位实现。同时在进行 PGA 处理之前，可以采用与多普勒中心跟踪法中相似的加权方法，来提高相位校正处理的准确度。

4.4 W 波段 ISAR 成像及徙动补偿技术

W 波段由于分辨率高, 分辨单元小, 所以越分辨单元的徙动问题比传统波段要严重得多。徙动补偿的问题在传统波段中并不是非常严重, 许多情况下, 目标只徙动了几个甚至不到一个距离单元, 无须进行补偿即可得到较好的成像结果。但是在 W 波段中, 目标的转动却有可能带来十几个甚至几十个距离单元的徙动, 因此, 为了在 W 波段进行 ISAR 成像, 需要对徙动补偿进行深入研究。

随着成像分辨率的提升, W 波段图像的数据量也比传统波段大了许多。如果成像所使用算法的计算复杂度较高, 则或许会带来计算时间的较大幅度增加。所以需要对成像算法的计算复杂度进行考虑。

4.4.1 传统成像方法

在传统波段的成像中, 有许多比较成熟的方法, 这里主要介绍 RD 算法、Keystone 变换方法、极坐标格式 (PFA) 算法以及时频方法。RD 算法是 ISAR 成像中最基本的方法, 该方法是通过直接对运动补偿后的数据进行傅里叶变换来得到成像结果的。Keystone 变换方法是一种变标算法, 能够较好地补偿回波距离向的徙动。PFA 算法需要目标的准确转动角速度作为运动参数, 在稳定目标成像中应用较广。时频方法通过对回波数据进行时频变换, 可以得到转速变化目标的成像结果。

本节将依次对各方法进行介绍, 并指出其在 W 波段 ISAR 成像中所存在的问题。

1. RD 成像方法

根据 4.2 节得到的结果, 距离压缩后某散射点在取到距离向最大值点, 以及最大值点的回波的相位如下:

$$t_{\mathrm{k}} = \frac{2[R_0(t_{\mathrm{m}}) - R_{\mathrm{c}}(t_{\mathrm{m}})]}{c} + \frac{2r}{c} - \frac{2a\theta(t_{\mathrm{m}}) + r\theta^2(t_{\mathrm{m}})}{c} \tag{4.70}$$

$$\varphi(t_{\mathrm{m}}) = 2\pi f_0 \left(\frac{2[R_0(t_{\mathrm{m}}) - R_{\mathrm{c}}(t_{\mathrm{m}})]}{c} + \frac{2r}{c} - \frac{2a\theta(t_{\mathrm{m}})}{c} - \frac{r\theta^2(t_{\mathrm{m}})}{c} \right) \tag{4.71}$$

在经过 4.3 节的运动补偿处理后, 回波的相位中跟踪误差项得到了补偿, 即

$$t_{\mathrm{k}} = \frac{2r}{c} - \frac{2a\theta(t_{\mathrm{m}}) + r\theta^2(t_{\mathrm{m}})}{c} \tag{4.72}$$

$$\varphi(t_{\mathrm{m}}) = 2\pi f_0 \left(\frac{2r}{c} - \frac{2a\theta(t_{\mathrm{m}})}{c} - \frac{r\theta^2(t_{\mathrm{m}})}{c} \right) \tag{4.73}$$

RD 算法是不进行进一步补偿,直接对其进行方位向 FFT 来成像的方法。

从式 (4.72) 可以看出,由于第二项中目标方位向尺度随转动会带来在距离向的位移,同时距离尺度的随二阶转动也会带来一定距离向的位移,这些位移会使得目标产生距离向的徙动,造成图像距离向的模糊。

从式 (4.73) 中可以看出,其第三项由目标距离向尺度随转动带来的相位会对成像造成影响。这一项影响在 W 波段由于中心频率较高,会造成图像在方位向的严重模糊。

由于存在两个方向由目标转动导致的散射点徙动,所以 RD 方法在 W 波段 ISAR 成像中的成像结果较差。

2. Keystone 变换补偿方法

Keystone 变换是一种变标算法,对于距离压缩后的数据,先对其在距离向做 FFT,使得回波图像变换到 f-t_m 域。接下来在方位向进行变标操作,取

$$\tau_m = \frac{f_c}{f_c + f} t_m \tag{4.74}$$

其中,t_m 与 τ_m 分别为变换前后方位向的坐标;f_c 与 f 分别为系统的中心频率与调频信号产生的附加频率。Keystone 变换变标操作示意图如图 4.9 所示,这种变标操作的楔形和 Keystone 的形状较为相似,因此取名为 Keystone 变换。可以看出,Keystone 变换对 t_m 轴的伸缩幅度与在 f-t_m 域的频率有关,对低频信号进行压缩处理,对高频信号进行拉伸处理。

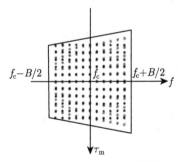

图 4.9　Keystone 变换变标操作示意图

在经过变标操作后,对变换后的结果,在距离向进行 IFFT,使图像重新回到 t_k-t_m 域,完成 Keystone 变标变换。

Keystone 变换能够提高成像分辨率,其原因是:回波数据经过距离方向傅里叶变换,其本质是持续时间为一个脉宽的线性调频信号的 FFT 附加了固定相位,

一部分固定相位由回波的延迟引起，另一部分固定相位由载频引起；Keystone 变换的实质是对根据距离方向经过 FFT 的存储矩阵元素的列号 (即对应的频率) 在方位向的位置进行重排，重新排列的原则是尽量消除由目标运动引起的频谱成分和分布的改变。

回波数据的距离和多普勒之间相互独立，其本质是在假设目标距离没有任何变化 (所有的，$f_c + f$ 压缩或者扩展为 f_c) 的情况下来计算虚拟的方位向时刻 τ。径向运动目标距离 f 和多普勒信息的耦合主要是由目标运动所引起，目标径向运动对回波的主要影响就是距离的变化，因此，在假定目标不运动或者认为目标的运动对相对距离没有影响的情况下来计算虚拟方位时刻是非常有效的。

Keystone 变换把原本位于不同距离单元的回波校正到同一距离单元，补偿了距离徙动。在进行距离向徙动的校正后，图像中各回波的包络间的变化将被大幅度削弱，进而使得包络对齐获得较好的结果。提高了相干积累后图像的聚焦程度。但 Keystone 算法只对目标运动距离向的徙动进行了补偿，并没有补偿目标方位向的徙动。

为了实现 Keystone 变换，最直接的方法是在距离向的傅里叶变换后，根据变标公式，在方位向进行插值，实现方位向的变标。但这样直接计算的计算复杂度较高。在这里可以利用 Chirp-Z 变换进行处理。Chirp-Z 变换可以计算在单位圆上离散傅里叶变换的任意一组等间隔样本。

令 $x[n]$ 表示一个 N 点序列，$X(e^{j\omega})$ 表示其 FFT，取其在单位圆上的的 M 个样本，这些样本处于下式所示的频率处：

$$\omega_k = \omega_0 + k\Delta\omega, \quad k = 0, 1, \cdots, M-1 \tag{4.75}$$

其中，起始频率 ω_0 和频率增量 $\Delta\omega$ 可以任意选取。对于离散傅里叶变换 (DFT) 的特殊情况，$\omega_0 = 0$，$M = N$，$\Delta\omega = 2\pi/N$。

与上式对应的傅里叶变换如下：

$$X(e^{j\omega}) = \sum_{n=0}^{N-1} x[n]e^{-j\omega_k n}, \quad k = 0, 1, \cdots, M-1 \tag{4.76}$$

定义

$$W = e^{-j\Delta\omega} \tag{4.77}$$

则可以得到

$$X(e^{j\omega}) = \sum_{n=0}^{N-1} x[n]e^{-j\omega_0 n}W^{nk}, \quad k = 0, 1, \cdots, M-1 \tag{4.78}$$

为了将上式表示成一个卷积，利用等式

$$nk = \frac{1}{2}[n^2 + k^2 - (k-n)^2] \tag{4.79}$$

可以将式 (4.78) 表示为

$$X(\mathrm{e}^{\mathrm{j}\omega}) = \sum_{n=0}^{N-1} x[n]\mathrm{e}^{-\mathrm{j}\omega_0 n} W^{\frac{n^2}{2}} W^{\frac{k^2}{2}} W^{-\frac{(k-n)^2}{2}}, \quad k = 0, 1, \cdots, M-1 \tag{4.80}$$

令

$$g[n] = x[n]\mathrm{e}^{-\mathrm{j}\omega_0 n} W^{\frac{n^2}{2}} \tag{4.81}$$

可以得到

$$X(\mathrm{e}^{\mathrm{j}\omega}) = W^{\frac{k^2}{2}} \sum_{n=0}^{N-1} g[n]\mathrm{e}^{-\mathrm{j}\omega_0 n} W^{-\frac{(k-n)^2}{2}}, \quad k = 0, 1, \cdots, M-1 \tag{4.82}$$

为了得到较熟悉的形式，互换 n 与 k，得到

$$X(\mathrm{e}^{\mathrm{j}\omega}) = W^{\frac{n^2}{2}} \sum_{n=0}^{N-1} g[k]\mathrm{e}^{-\mathrm{j}\omega_0 k} W^{-\frac{(n-k)^2}{2}}, \quad n = 0, 1, \cdots, M-1 \tag{4.83}$$

由上式可以看出，$X(\mathrm{e}^{\mathrm{j}\omega})$ 相当于序列 $g[n]$ 与序列 $W^{-\frac{n^2}{2}}$ 的卷积乘以序列 $W^{\frac{n^2}{2}}$ 后的结果。

由此，为了实现 Keystone 变换，可以先利用 Chirp-Z 变换，按照计算得到的变标比例，将方位向的信号变换到频率域，再使用 IFFT 进行反变换。通过这样的方法，基于 FFT，可以大幅降低计算的复杂度。

3. PFA 算法

PFA 算法是一种针对旋转目标的成像方法，并被成功地应用于 ISAR 成像中，极大地提高了 ISAR 聚焦成像的范围，并在转台成像中得到了相当广泛的应用。

对于回波信号来说，在二维频域上的支撑域上表现为一个扇形。设经过变换后，距离向的坐标变换为 K_R，方位向的坐标变换为 K_a，则可以得到回波点在二维频域上的分布，如图 4.10 所示。对回波直接进行方位向 FFT 处理即为 RD 处理方法，通过插值使回波的支撑域变为矩形即为 PFA 算法。

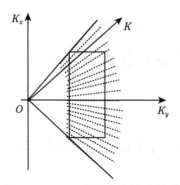

图 4.10　PFA 算法支撑域示意图

　　PFA 算法使用了两次插值, 第一次为 K_R 方向的差值, 使支撑域由扇形变为梯形。第二次进行 K_a 方向的插值, 使梯形变为矩形。虽然 PFA 对于稳定转速的目标能够得到较好的聚焦成像效果, 但在计算插值点位置的计算过程中, 需要目标较为准确的转动速度。同时, 由于 PFA 成像需要在两个方向进行插值处理, 运算复杂度较高, 在 W 波段 ISAR 成像处理中, 将消耗较长的时间。

4. 时频成像方法

　　时频分析主要是针对频谱随时间变化的非平稳信号发展起来的, 它是用时间和频率的联合函数来同时描述信号在不同时间和频率的局部性能[11]。时频成像方法即在 ISAR 成像的过程中, 用联合时频分析代替傅里叶变换对回波信号进行处理, 使原来二维的距离多普勒矩阵变成一个三维的时间--距离多普勒矩阵。在时间维采样, 就可以在每个时间采样点得到一个二维的距离多普勒图像。时频方法的成像示意如图 4.11 所示。

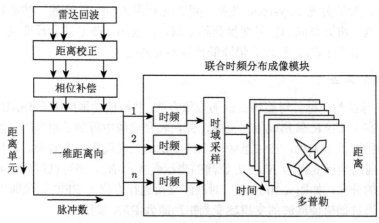

图 4.11　时频方法原理示意图

与传统成像方法相比，时频成像方法通过使用时频分析，对于转速变化的目标能够实现聚焦成像。同时通过生成的随时间变化的成像结果，可以分析目标在成像时间内的运动。但由于时频分析在成像的过程中，相当于只使用了部分的回波进行成像，会带来方位向分辨率的严重下降。

4.4.2　转速稳定目标成像方法

稳定转动目标是较为基本的 ISAR 成像目标。对于稳定转速目标，经过运动补偿后某散射点的幅度最大点以及该点的相位如下所示：

$$t_{\mathrm{k}} = \frac{2r}{c} - \frac{2a\theta(t_{\mathrm{m}}) + r\theta^2(t_{\mathrm{m}})}{c} = \frac{2r}{c} - \frac{2a\omega t_{\mathrm{m}} + r(\omega t_{\mathrm{m}})^2}{c} \tag{4.84}$$

$$\varphi(t_{\mathrm{m}}) = 2\pi f_0 \left(\frac{2r}{c} - \frac{2a\theta(t_{\mathrm{m}})}{c} - \frac{r\theta^2(t_{\mathrm{m}})}{c} \right) = 2\pi f_0 \left(\frac{2r}{c} - \frac{2a\omega t_{\mathrm{m}}}{c} - \frac{r(\omega t_{\mathrm{m}})^2}{c} \right) \tag{4.85}$$

可以看出，目标的距离向徒动在距离向，主要由 $\dfrac{2a\omega t_{\mathrm{m}}}{c}$ 项产生，在方位向，主要由 $2\pi f_0 \left(\dfrac{r(\omega t_{\mathrm{m}})^2}{c} \right)$ 项产生。同时，这两部分的徒动量是相互独立的。因此，本书提出了一种二维徒动补偿的回波成像算法，使用 Keystone 变换代替 PFA 方法中的方位向插值，使用相位补偿的方法代替 PFA 方法中的距离向插值，降低了成像方法的计算复杂度。

1. 二维徒动补偿方法

PFA 方法采用二维插值的方法，将回波的二维支撑域从扇形变换为矩形，补偿了目标的徒动。而 PFA 方法在方位向的插值与 Keystone 变换非常相似，都是在频域对回波的方位向进行变标插值操作，因此可以使用 Keystone 方法进行代替，同时这一方向的处理与目标的转动速度无关。

为了对 PFA 方法距离向插值也即方位向的徒动补偿进行替代，可以进一步展开式 (4.85) 中的第三项，将 $t_{\mathrm{m}} = a/\mathrm{PRF}$，$R = \rho_{\mathrm{r}} r$，$\rho_{\mathrm{r}} = c/2B$ 代入。其中的 a, r, ρ_{r} 分别为图像在 Keystone 变换后的方位向点数，距离向点数以及距离向的分辨率。可以得到

$$2\pi f_0 \frac{r(\omega t_{\mathrm{m}})^2}{c} = \frac{\pi f_{\mathrm{c}}}{B(\mathrm{PRF})^2} \times a^2 r \times \omega^2 \tag{4.86}$$

假设发射信号的相对带宽较小，可以忽略。通过式 (4.86) 可以看出，方位向的徒动带来的相位差在图像的某一点上，是只与目标的转动速度有关的函数，因

此这里如果能够得到目标较为准确的角速度，给图像上的每个点叠加由式 (4.86) 计算得到的相位，即可补偿方位向的越距离单元徙动 (MTRC)。

在实际的成像过程中，许多情况下，目标的实际转动角速度是较难得到的，因此这里可以将不同的转动角速度代入，通过根据得到的成像结果质量进行搜索的方法来估计目标的转动角速度。

如果采用的是 PFA 方法来进行成像，那么每个搜索单元将要对回波信号进行一次二维的插值补偿，计算量较大。而由于 Keystone 变换所进行的距离向徙动补偿是与目标的角速度无关的，如果使用二维补偿的方法，那么只需要对 Keystone 变换后的结果进行补偿以及成像，每次的搜索单元只需要对回波信号的每个点叠加一个由搜索角速度决定的相位即可，极大地降低了运算的复杂度。

在角速度的搜索过程中，可以采用图像的熵值作为成像结果质量的评价标准。对角速度的搜索可以采用分段搜索的方式，先使用较大的搜索步长对较大范围的角速度进行搜索，再逐步缩小角速度搜索的步长及范围，这样可以减少总的搜索次数。

在进行方位向 MTRC 补偿的过程中，可以估计得到目标的转动角速度，因此这一角速度可以用来对目标进行方位向的定标：

$$\rho_{\mathrm{a}} = \frac{\lambda}{2\theta} = \frac{\lambda}{2\omega\tau} \tag{4.87}$$

为了使图像的方位向与距离向每个单元具有相同的尺度，可以对图像的方位向进行伸缩处理。伸缩的比例可以如下计算：

$$\mu = \frac{\rho_{\mathrm{a}}'}{\rho_{\mathrm{a}}} = \frac{c}{2B} \times \frac{2\omega\tau}{\lambda} = \frac{f_{\mathrm{c}}}{B} \times \tau \times \omega \tag{4.88}$$

经过伸缩后，图像的方位向与距离向的分辨率都为 $\rho = c/(2B)$。伸缩可以使用线性调频 Z 变换 (CZT) 方法实现。

2. 算法处理流程

根据上述的分析，二维徙动补偿方法的处理流程可以总结如下。

第 1 步：对运动补偿后的结果进行 Keystone 处理，补偿散射点距离向的徙动。

第 2 步：根据设定的初始搜索范围及搜索补偿，得到当前设定的角速度值。

第 3 步：利用当前的角速度值计算图像中需要补偿的相位，对图像进行补偿后成像。

第 4 步：计算成像结果图像的熵值。

第 5 步：重复第 2~4 步，直到完成当前搜索范围的所有角速度搜索，在当前范围中取熵最小所对应的角速度，将该角速度周围设定为下一次搜索的范围，并相应减少搜索补偿。

第 6 步：重复第 2~5 步，直到完成全部搜索，计算所有角速度中的图像最小熵值及其所对应的角速度。

第 7 步：利用第 6 步得到的角速度值计算需补偿的相位，对原数据进行补偿成像。

图 4.12 给出了详细的处理流程。

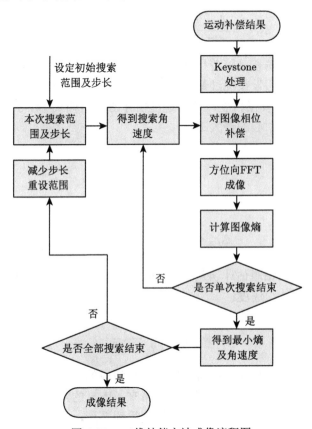

图 4.12　二维补偿方法成像流程图

3. 算法误差分析

假设角速度的估计有 $\Delta\omega$ 的误差，忽略信号相对带宽以及 Keystone 变化对时间维造成的影响，则影响方位向相位，如式 (4.89) 所示，其中 τ 为成像时间。

$$\varphi_{\mathrm{a}}^{*} = \frac{4\pi f_0}{c} A\omega t_{\mathrm{m}} + \frac{2\pi f_0}{c} R[\omega^2 t_{\mathrm{m}}^2 - (\omega + \Delta\omega)^2 t_{\mathrm{m}}^2] \tag{4.89}$$

如果进行了完全补偿，则方位向的成像相位为

$$\varphi_{\mathrm{a}} = \frac{4\pi f_0}{c} A\omega t_{\mathrm{m}} \tag{4.90}$$

由此可得对方位向造成误差的相位，如式 (4.91) 所示。这里假设 $\Delta\omega$ 相对 ω 为小量。

$$\Delta\varphi_{\mathrm{a}} = \frac{2\pi f_0}{c}R[\omega^2 t_{\mathrm{m}}^2 - (\omega + \Delta\omega)^2 t_{\mathrm{m}}^2] \approx \frac{4\pi f_0 R\omega\Delta\omega t_{\mathrm{m}}^2}{c} \tag{4.91}$$

相位误差在成像后造成的目标点偏移如式 (4.92) 所示，其中 N 为成像中方位向的总点数。

$$\Delta N = \frac{\Delta\varphi_{\mathrm{a}}/N}{2\pi/N} = \frac{\Delta\varphi_{\mathrm{a}}}{2\pi} = \frac{2R\omega\Delta\omega t_{\mathrm{m}}^2}{\lambda} \tag{4.92}$$

由此可以看出，这一偏移是随着目标距离向离转动中心距离的增大而增大的，同时是随时间增大的。假设在经过最小熵的搜索过程后，ΔN 对于最大的偏移能够达到最高的 1/2 格数补偿精度，则角速度估计的误差如式 (4.93) 所示，其中 D 为目标距离向与转动中心的最大距离。

$$\Delta\omega = \frac{\lambda}{4D\omega\tau^2} \tag{4.93}$$

同时可以得到定标的精度：

$$\Delta\rho_{\mathrm{a}} = \frac{\lambda\Delta\omega}{2\omega^2\tau} = \frac{\lambda^2}{8D\omega^3\tau^3} \tag{4.94}$$

当假设最大可容忍的相对估计误差为 $k\%$ 时，将 $\Delta\omega = k\omega/100$ 代入式 (4.93) 可以得到最小的可估计角速度：

$$\omega_{\min} = 5\sqrt{\frac{\lambda}{kD\tau^2}} \tag{4.95}$$

从式 (4.94) 和式 (4.95) 可以看出，在 W 波段的成像中，由分辨率提高所造成的较大的方位向徙动，为角速度的估计带来了较高的精度，同时也使利用单幅图像中的方位向徙动进行方位向定标的精度得到提高。

4.4.3　转速变化目标成像方法

4.4.2 节介绍了如何对转速稳定的目标进行角速度的计算以及补偿，然而在实际的应用中，大部分目标的角速度都会发生不同程度的变化。因此需要考虑目标角速度变化对结果带来的影响 [12-19]。因此本书提出了一种改进的子孔径方法来降低目标转速变化带来的方位向徙动。

1. 改进的子孔径成像方法

时频方法是较常用的转速变化目标的成像方法，然而时频方法在对某个时间点进行成像时，并没有利用所有回波的信息，同时，各时间点的成像之间没有联系，并不能生成一幅分辨率较高的图像。因此，这里考虑使用划分子孔径分别成像，并对各子孔径进行相干叠加的方法，来改善转速变化目标的成像结果。

但在 W 波段的成像过程中，目标距离向以及方位向的徒动较大，如果直接进行子孔径划分，则对每个子孔径成像结果中散射点坐标产生影响的因素有 3 项：散射点的距离向徒动，散射点的方位向徒动，以及转动速度变化带来的徒动。如果要将子孔径进行合并，需要对这 3 项分别进行补偿后，才能得到较好的成像结果。这样的补偿是较为困难的，因此本书提出先将信号按稳定转速目标的徒动方法进行补偿，对补偿结果再进行孔径划分的改进子孔径方法。经过徒动补偿处理，子孔径间散射点的坐标变化将主要是由目标转速变化所引起。只对这一个分量进行补偿是较为容易的。下面将对改进的子孔径方法进行推导与分析。

假设角度随时间的函数为 $\omega(t)$，先对变化角速度的目标进行上述的均匀角速度目标的补偿处理。假设估计得到的角速度为 ϖ，可以得到在 (A, R) 点，由角速度变化所造成的相位误差为

$$\Delta\varphi = \varphi[\omega(t)] - \varphi[\varpi] = \frac{4\pi f_0}{c} A[\omega(t)\tau - \varpi\tau] - \frac{2\pi f_0}{c} R \left[\int^2 \omega(t)\mathrm{d}t - (\varpi\tau)^2 \right] \quad (4.96)$$

式 (4.96) 中的前一项代表着目标角速度变化所造成的方位向的偏移，需要进一步的补偿。而如果能够较为准确地估计得到目标的角速度平均值，则式 (4.96) 中后一项可以被之前所进行的相位补偿处理所补偿。

若目标没有角速度的变化，且平均角速度为 ϖ，则目标上的 (A, R) 点在成像图像中的方位向坐标点可以由式 (4.97) 得到。而如果目标的角速度为 $\omega(t)$，则在每个慢时间点，目标的方位向坐标点为

$$N = \frac{\varphi}{2\pi} = \frac{2f_0 A\varpi\tau}{c} = \frac{2A\varpi\tau}{\lambda} \quad (4.97)$$

$$N' = \frac{\varphi'}{2\pi} = \frac{2f_0 A\omega(\tau)\tau}{c} = \frac{2A\omega(\tau)\tau}{\lambda} \quad (4.98)$$

从式 (4.98) 可以看出，目标的成像点会由于角速度的变化，随着时间移动。同时这一偏移是随着方位向的增大而增大的，在图像的中心点，偏移为零。

由于目标的角速度随着时间变化，在整个合成孔径时间内，目标的方位向会不断地进行偏移。这里假设目标的角速度是连续的，则在一小段时间内，目标的角速度变化会较小，也即如果只对一小段孔径进行成像，则目标在方位向由角速度变化所带来的徒动也会较小。由此，可以通过将回波数据分成若干个子孔径分别进行成像再合成的方法，来降低角速度变化带来的方位向徒动。假设第 k 个子孔径的平均角速度为 ϖ_k，可以得到目标上的 (A, R) 点方位向坐标：

$$N_k = \frac{\varphi_k}{2\pi} = \frac{2f_0 A \varpi_k \tau}{c} = \frac{2A \varpi_k \tau}{\lambda} \tag{4.99}$$

对式 (4.99) 左右两边分别乘以 ϖ/ϖ_k 可以得到

$$N_k \frac{\varpi}{\varpi_k} = \frac{2A \varpi_k \tau}{\lambda} \frac{\varpi}{\varpi_k} = \frac{2A \varpi \tau}{\lambda} = N \tag{4.100}$$

从式 (4.100) 可以看出，只需对各子孔径图像进行方位向的伸缩处理就可以得到各目标点坐标完全一致的子图像；得到子图像后只需将各子图像转换回时域，叠加后再重新成像即可得到合成的图像；通过子孔径的处理可以有效地降低角速度变化所带来的影响。

在实际的处理过程中，由于各子孔径的平均角速度的估计误差较大，可以采用选取某个子孔径为基准，对其他子孔径进行对齐的方法进行。为了获得某个子孔径相对基准孔径的伸缩倍数，可以通过设置不同的伸缩倍数，对两个孔径进行合成成像，根据所得图像的熵进行搜索的方法进行。

所选取的基准孔径的平均角速度，也即通过以上方法成像得到图像对应的平均角速度与估计得到的图像平均角速度之间的关系，可以由各子孔径的伸缩系数根据下式计算得到

$$\varpi' = \varpi \frac{\sum T_i}{K} \tag{4.101}$$

其中，T_i 为第 i 个子孔径的伸缩倍数；K 为子孔径的数量。

通过使用子孔径的方法，可以降低目标角速度变化所带来的方位向徙动。这种方法可以适用于一定幅度内任意变化的角速度；并且，这种方法是由成像结果进行参数的选取，具有较强的抗干扰性能；同时，这种方法的运算复杂度也较低，耗时较少。

2. 算法处理流程

通过以上的分析，改进的子孔径算法的处理可以分为如下几步。

第 1 步：对运动补偿结果按照稳定转速目标进行二维补偿处理，补偿距离向徙动以及平均转动角速度带来的方位向徙动。

第 2 步：按照给定的孔径数对第 1 步的处理结果在信号域进行孔径的划分，并将孔径 1 作为已对齐的孔径，将孔径 2 作为待对齐孔径。

第 3 步：按照当前搜索的伸缩倍数对待对齐孔径进行伸缩处理。

第 4 步：将待对齐孔径与已对齐的孔径进行孔径合并及成像。

第 5 步：计算并记录成像结果的熵值。

第 6 步：重复第 3~5 步，直到完成孔径伸缩的搜索范围，根据熵值最小，计算得到待对齐孔径的伸缩倍数。

第 7 步：将待对齐孔径按照伸缩倍数进行伸缩处理，并与已对齐孔径进行合成，作为已对齐的孔径，将后续孔径作为待对齐孔径，重复第 3~7 步，直到所有孔径对齐完成，得到最终成像结果。

图 4.13 给出了两个子孔径进行合并的处理流程。图 4.14 给出了改进子孔径方法的详细处理流程。流程图中显示了 2 个孔径的处理方法，当孔径更多时，后续孔径与第 2 个孔径采用相同的处理方法。

子孔径1
方位向IFFT
子孔径2
方位向IFFT
拼接处理
方位向FFT
合并结果

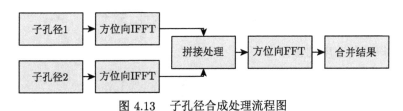

图 4.13 子孔径合成处理流程图

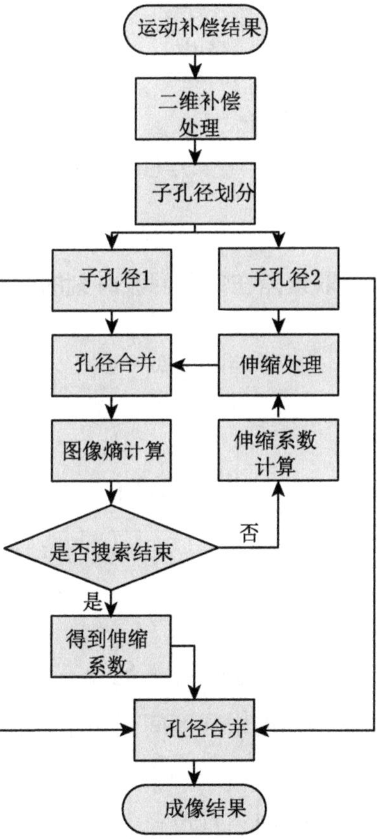

运动补偿结果
二维补偿处理
子孔径划分
子孔径1
子孔径2
孔径合并
伸缩处理
图像熵计算
伸缩系数计算
是否搜索结束
否
是
得到伸缩系数
孔径合并
成像结果

图 4.14 改进子孔径方法成像流程图

3. 算法成像效果分析

子孔径算法是把回波信号划分为若干个小孔径，分别对小孔径进行平均角速度估计并补偿后，进行相干叠加的方法。因此，子孔径算法所带来的成像误差主要是由于平均角速度估计并补偿与目标实际角速度之间所存在的误差。

目标的角速度对时间进行展开后可以得到

$$\omega = \omega_0 + \frac{d\omega}{dt}t + \frac{1}{2}\frac{d^2\omega}{dt^2}t^2 + \frac{1}{3}\frac{d^3\omega}{dt^3}t^3 + \cdots \tag{4.102}$$

由此可以得到角速度的误差为

$$\overline{\omega} - \omega = \frac{\int \left(\omega_0 + \frac{d\omega}{dt}t + \frac{1}{2}\frac{d^2\omega}{dt^2}t^2 + \frac{1}{3}\frac{d^3\omega}{dt^3}t^3 + \cdots\right)dt}{T}$$

$$-\omega_0 + \frac{d\omega}{dt}t + \frac{1}{2}\frac{d^2\omega}{dt^2}t^2 + \frac{1}{3}\frac{d^3\omega}{dt^3}t^3 + \cdots$$

$$= \frac{\int \omega_0 dt}{T} - \omega_0 + \frac{\int \frac{d\omega}{dt}t dt}{T} - \frac{d\omega}{dt}t + \frac{1}{2}\left(\frac{\int \frac{d^2\omega}{dt^2}t^2 dt}{T} - \frac{d^2\omega}{dt^2}t^2\right) + \cdots$$

$$\tag{4.103}$$

为了估计上式得到的结果，取误差在每个回波时刻的累计和 S 对整体的误差进行估计：

$$S = \sum_{t_m} |\overline{\omega} - \omega| \tag{4.104}$$

设

$$S_n = \frac{1}{n}\sum \left|\frac{\int \frac{d^n\omega}{dt^n}t^n dt}{T} - \frac{d^n\omega}{dt^n}t^n\right| \tag{4.105}$$

则可以得到

$$S = S_0 + S_1 + S_2 + \cdots \tag{4.106}$$

子孔径处理相当于将平均值的求和区间变为原先的 $1/K$。考虑如下的积分函数：

$$S(f, x) = \int_0^1 \left|f(x) - \int_0^1 f(x)dx\right|dx \tag{4.107}$$

若子孔径处理后的误差可以表示为

$$S_K(f,x) = \int_0^{\frac{1}{K}} \left| f(x) - K \int_0^{\frac{1}{K}} f(x)\mathrm{d}x \right| \mathrm{d}x + \int_{\frac{1}{K}}^{\frac{2}{K}} \left| f(x) - K \int_{\frac{1}{K}}^{\frac{2}{K}} f(x)\mathrm{d}x \right| \mathrm{d}x + \cdots$$

$$+ \int_{\frac{K-1}{K}}^{1} \left| f(x) - K \int_{\frac{K-1}{K}}^{1} f(x)\mathrm{d}x \right| \mathrm{d}x$$

$$(4.108)$$

为了估计子孔径处理后的误差改善效果，可以对上式进行数值积分，表 4.2 为得到的结果。

表 4.2　积分函数数值计算表

K	x^2	x^3	x^4
1	0.2566	0.2362	0.2140
2	0.1261	0.1235	0.1209
3	0.0837	0.0829	0.0821
4	0.0627	0.0623	0.0620
8	0.0313	0.0312	0.0312
16	0.0156	0.0156	0.0156

从表中可以看出，取 K 个积分区间后，对各次函数，总的误差都大约为原来的 $1/K$，即

$$S_K(f,x) \approx \frac{1}{K} S(f,x) \qquad (4.109)$$

由此可以得到，当使用了 K 个子孔径处理后，总的角速度误差大约为未使用子孔径处理的 $1/K$。

根据式 (4.98)，可以得到由角速度误差引起的成像点数变化：

$$\Delta N = |N_\omega - N_{\overline{\omega}}| = \frac{2A\Delta\omega\tau}{\lambda} \qquad (4.110)$$

子孔径处理后，

$$\Delta N_K = \frac{2A\frac{\Delta\omega}{K}\tau}{\lambda} = \frac{1}{K}\frac{2A\Delta\omega\tau}{\lambda} \qquad (4.111)$$

可以看出，如果使用 K 个子孔径进行成像处理，则可以将由目标角速度变化带来的散焦程度降低为原来的 $1/K$。

进一步展开式 (4.111)，将 $\tau = \dfrac{\Delta\theta}{\omega}$，$\Delta\theta = \dfrac{\lambda}{2\rho_a}$ 代入，可以得到

$$\Delta N_K = \frac{1}{K}\frac{2A\Delta\omega}{\lambda}\frac{1}{\omega}\frac{\lambda}{2\rho_a} = \frac{1}{K}\frac{\Delta\omega}{\omega}\frac{A}{\rho_a} \qquad (4.112)$$

要使图像不散焦，则要求偏移量小于 N。代入即可以得到当目标不散焦时，目标的角速度变化比例的公式：

$$\frac{\Delta\omega}{\omega} \leqslant \frac{\rho_{\mathrm{a}}}{A}KN \tag{4.113}$$

从式 (4.113) 可以看出，子孔径算法使图像不散焦所能允许的目标角速度变化比例提高了 K 倍。

4.5　W 波段 ISAR 实测数据处理

本节分别对 4.3 节提出的相位相干化处理，基于包络规整的包络对齐技术，以及常用的 3 种相位校正技术，4.4 节提出的转速稳定目标成像和转速变化目标成像方法进行仿真实验，并对仿真结果进行分析。

4.5.1　仿真系统及目标参数

表 4.3 为仿真系统所采用的参数。这里对 37 个点组成的模拟飞机目标进行了回波生成及仿真实验，飞机的最大尺度为 $\pm 4\mathrm{m}$。仿真中目标经过跟踪后的残余移动速度为 $4\mathrm{m/s}$，加速度为 $-4\mathrm{m/s}^2$。同时给目标加上了幅度为 $0.1\mathrm{m}$ 的随机振动。

表 4.3　仿真系统参数表

仿真参数	数值
中心频率	94GHz
信号带宽	5GHz
采样频率	6GHz
脉冲重复频率	4000
脉冲持续时间	100μs
测量持续时间	0.5s
目标与雷达距离	5000m
目标角速度	0.1rad/s

4.5.2　相干化处理

图 4.15 是回波中目标重心的估计结果，可以看出，由于散射点之间的干涉作用，回波的重心有着较为剧烈的变化。

图 4.16 为对目标的重心位移进行拟合的结果，可以看出，拟合的结果能够较为准确地反映目标的运动趋势。

通过短窗长的对齐处理，得到目标的振动幅度，叠加进目标重心位移拟合曲线，图 4.17 为得到的目标重心实际偏移值。

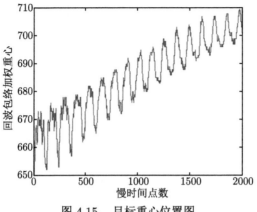

图 4.15　目标重心位置图

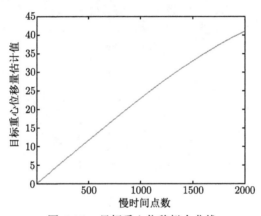

图 4.16　目标重心位移拟合曲线

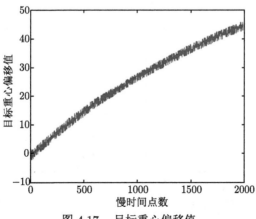

图 4.17　目标重心偏移值

利用图 4.17 所得到的目标偏移值，即可计算补偿所需的相位，实现回波信号的相干化处理。

4.5.3　包络规整处理

本小节分别使用相关法、1 阶距离法和最小熵法，对规整前以及规整后的包络进行处理，得到的结果如下所示。

图 4.18(a) 即为通过仿真获得的回波信号经过距离压缩后的结果,而图 4.18(b) 为对 (a) 进行包络规整后得到的结果，可以看出，在 (a) 中，随着方位向 (竖直方向) 时间的变化，回波包络产生了较为明显的变化，而 (b) 经过规整后的包络基本上没有发生变化。

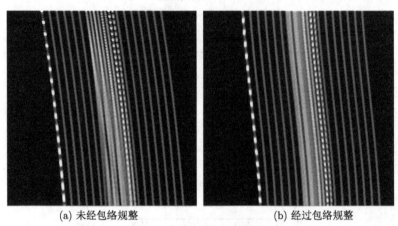

(a) 未经包络规整　　　　　　　　　　　　　(b) 经过包络规整

图 4.18　距离压缩结果

图 4.19 即为三种包络对齐方法对第 12 次回波进行对齐时的搜索曲线，可以看出，三种方法都具有较好的估计精度，能够较准确地得到包络的偏移量。

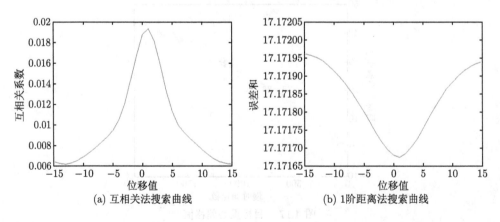

(a) 互相关法搜索曲线　　　　　　　　　　　(b) 1阶距离法搜索曲线

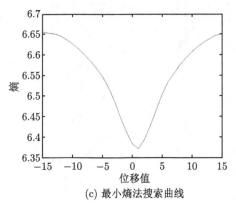

(c) 最小熵法搜索曲线

图 4.19　各包络对齐方法相邻包络搜索曲线

　　图 4.20 ～ 图 4.25 分别为相关法、1 阶距离法以及最小熵法在包络规整前后的对齐结果，以及相应的经过 PGA 方法相位校正后的成像结果。

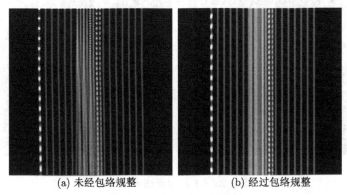

(a) 未经包络规整　　　　　　　　　　　　　(b) 经过包络规整

图 4.20　相关法对齐结果

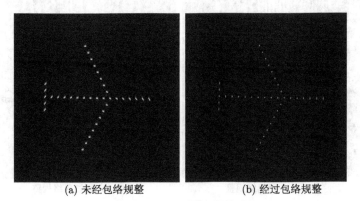

(a) 未经包络规整　　　　　　　　　　　　　(b) 经过包络规整

图 4.21　相关法成像结果

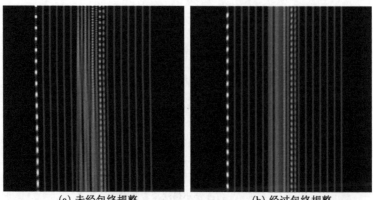

(a) 未经包络规整   (b) 经过包络规整

图 4.22   1 阶距离法对齐结果

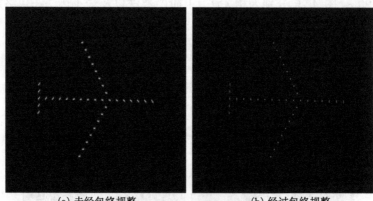

(a) 未经包络规整   (b) 经过包络规整

图 4.23   1 阶距离法成像结果

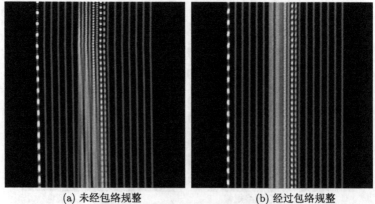

(a) 未经包络规整   (b) 经过包络规整

图 4.24   最小熵法对齐结果

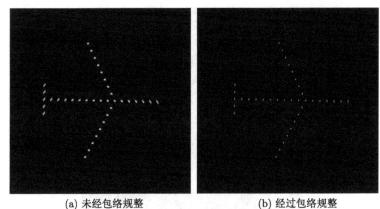

(a) 未经包络规整   (b) 经过包络规整

图 4.25　最小熵法成像结果

从以上各图的对齐结果中可以看出，直接对距离压缩结果进行包络对齐的结果，由于包络的变化，产生了弯曲的现象；而对于包络规整后的图像进行处理的结果，则对齐较为准确。从成像结果中可以看出，未经过包络规整的成像结果，在距离向有明显的散焦，对成像的分辨率造成了较严重的影响；而经过包络规整后的成像结果，则聚焦结果非常理想，可以达到较高的分辨率。

为了对成像的结果进行评估，本书采用图像的极值点强度、图像的熵值、图像的对比度这 3 个参数，对包络规整前后的相关法、1 阶距离法和最小熵法进行了评估，表 4.4 为得到的结果。

表 4.4　包络规整效果对比表

方法	是否规整处理	极值点强度/dB	图像熵	图像对比度
相关法	是	122.5	8.59	16.7
	否	116.0	8.69	13.3
1 阶距离法	是	120.3	8.69	16.3
	否	112.9	9.13	13.0
最小熵法	是	122.6	8.60	16.8
	否	116.2	8.69	13.4

通过对比可以看出，通过包络规整处理，各对齐算法成像结果中的极值点强度都有较大幅度的提升，大约能够达到 6dB。同时整体图像的熵在下降，说明图像成像结果得到了锐化。图像的对比度也有较大程度的提升。

4.5.4　相位校正仿真实验

在包络对齐处理后，需要对结果进行相位校正处理。图 4.26 为不进行相位校正直接进行成像的成像结果，可以看出，由于误差相位的存在，在方位向会产生严重的散焦。

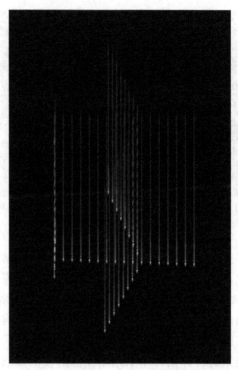

图 4.26　未进行相位校正成像结果

　　在包络对齐后, 图 4.27 为分别使用特显点法、多普勒中心跟踪法以及 PGA 方法相位校正后的成像结果, 可以看出, 各相位校正方法都能较为准确地补偿误差相位, 并取得较好的聚焦结果。

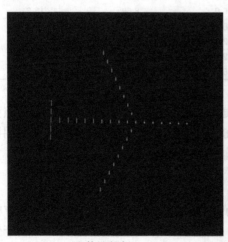

(a) 特显点法

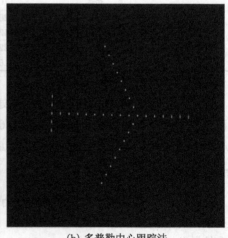

(b) 多普勒中心跟踪法

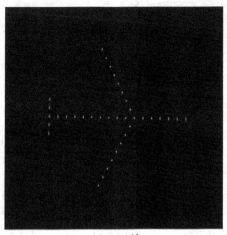

(c) PGA法

图 4.27   各相位校正方法补偿后成像结果

这里使用极值点强度、图像熵以及图像对比度对以上三种方法的成像结果进行评价，表 4.5 是评价对比结果，可以看出，三种方法的极值点强度都有了较为明显的上升，大约为 9dB，同时图像熵、图像对比度参数都有较为明显的改善。

表 4.5   相位校正方法成像结果对比表

方法	极值点强度/dB	图像熵	图像对比度
原图像	113.10	9.52	8.18
特显点法	122.67	8.77	15.84
多普勒中心跟踪	122.68	8.61	16.52
PGA 法	122.64	8.60	16.76

4.5.5   转速稳定目标成像

本节的仿真系统所采用的系统参数与表 4.3 中相同。目标采用 4×9 的点阵，相邻两点间的距离为 1m，目标的最大位置为 ± 12m。

使用 RD 成像算法得到的结果如图 4.28(a) 所示。在 W 波段下分辨率较高，目标的方位向和距离向的模糊都非常明显，需要进一步的图像处理算法进行处理。距离压缩后，使用 Keystone 方法进行距离向补偿得到的结果如图 4.28(b) 所示，可以看到，通过 Keystone 算法将左侧目标在距离向的徙动进行了修正，但是方位向还是存在较大的徙动。

接下来进行方位向的补偿。角速度估计的搜索曲线如图 4.29 所示，可以看出，经过多次搜索，在搜索的过程中，随着搜索步长以及搜索范围的不断减小，图像的熵也在不断降低。

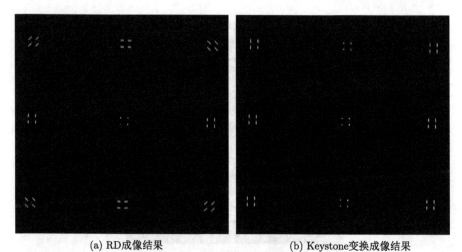

(a) RD成像结果　　　　　　　　　　　(b) Keystone变换成像结果

图 4.28　Keystone 方法补偿效果图

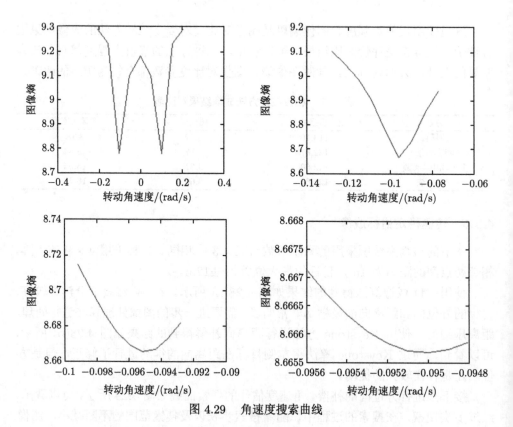

图 4.29　角速度搜索曲线

图 4.30 为经过二维补偿后的成像结果, 可以看出, 通过二维补偿处理, 图像质量得到了明显的提高。

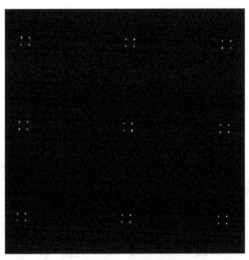

图 4.30 二维补偿效果图

表 4.6 为对以上三种方法成像结果的数值评价, 可以看出, 经过 Keystone 变换成像以及二维补偿成像, 图像总体的熵有了明显的下降, 同时图像对比度也有较大幅度的提升。图像极值点强度变化不大是因为目标中心点的徙动较少, 由此造成的散焦也较轻, 因此这两种成像方法对齐的改进也较小。

表 4.6 各方法成像结果对比表

方法	极值点强度/dB	图像熵	图像对比度
RD 成像	120.39	9.71	12.43
Keystone 变换成像	120.90	9.18	21.44
二维补偿成像	120.97	8.66	27.66

4.5.6 转速变化目标成像

当目标的角速度发生变化时, 会造成多普勒频率变化, 继而引起方位向的成像位置移动, 引起成像的方位向模糊。本小节设置目标的角速度具有二阶以及三阶的角加速度, 并对其使用改进的子孔径方法进行成像。图 4.31 为目标的角速度随时间的变化。

图 4.32(a) 为使用转速稳定成像算法得到的结果, 分别对其进行 2 个、4 个以及 8 个子孔径的处理。表 4.7 是各孔径处理时的伸缩系数。从表中可以看出, 孔径数越多, 各子孔径的伸缩系数越接近目标的真实转动角速度曲线。

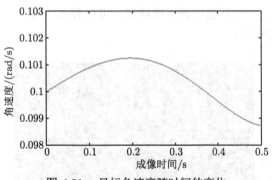

图 4.31　目标角速度随时间的变化

(a) 补偿前　　　　　　　　　　　　　　　(b) 2个子孔径

(c) 4个子孔径　　　　　　　　　　　　　(d) 8个子孔径

图 4.32　子孔径补偿效果图

表 4.7   改进子孔径方法孔径伸缩系数表

孔径数	1	2	3	4	5	6	7	8
2 个子孔径	1.000	0.980						
4 个子孔径	1.000	1.000	0.980	0.960				
8 个子孔径	1.000	1.010	1.005	1.010	0.985	0.970	0.960	0.950

使用改进的子孔径方法，图 4.32 是得到的结果。从图中可以看出，改进的子孔径方法成像质量虽然比没有角加速度时有一定的下降，但与图 4.32(a) 相比，降低了角加速度所带来的方位向模糊，得到了较好的成像结果。

表 4.8 是对各孔径数的成像方法得到的结果进行数值分析的结果。从表中可以看出，改进的子孔径方法对于图像熵以及对比度指标有着较为明显的改善，同时，孔径数越多，成像的质量越好。图像极值点强度有小幅度的下降，这主要是由子孔径伸缩以及合成过程中存在的误差造成的。

表 4.8   改进子孔径方法成像效果对比表

方法	极值点强度/dB	图像熵	图像对比度
二维补偿成像	120.21	9.15	19.63
2 个子孔径	119.20	8.99	22.02
4 个子孔径	119.08	8.92	23.27
8 个子孔径	119.05	8.78	24.02

参 考 文 献

[1] Zhu D Y, Wang L, Yu Y S, et al. Robust ISAR range alignment via minimizing the entroy of the average range profile[J]. IEEE Geoscience and Remote Sensing Letters, 2009, 6(2): 204-208.

[2] Wang J F, Kasilingam D. Global range alignment for ISAR[J]. IEEE Trans. on AES, 2003, 39(1): 351-357.

[3] Wang L, Zhu D Y, Zhu Z D. Range alignment for ISAR using genetic algorithms[C]// IGARSS'05, 2005: 4666-4669.

[4] Berger T, Tollisen S, Hamran S E. Comparison of two methods for automatic range alignment in ISAR imaging[C]// IEEE Radar Conference 2011, 2011: 6-11.

[5] 杨剑, 许人灿, 鲍庆龙, 等. 基于熵最小准则的 ISAR 成像高速运动补偿实现方法 [J]. 信号处理, 2009, 25(12): 1861-1866.

[6] 邱晓晖, 赵阳, Cheng A H W, 等. ISAR 成像最小熵自聚焦与相位补偿的一致性分析 [J]. 电子与信息学报, 2007, 29(8): 1799-1801.

[7] Berger T, Hamran S E. An efficient scaled maximum likelihood algorithm for translational motion estimation in ISAR imaging[C]// IEEE Radar Conference 2010, 2010: 75-80.

[8] Munoz-Ferreras J M, Perez-Martinez F, Datcu M. Generalisation of inverse synthetic aperture radar autofocusing methods based on the minimisation of the Renyi entropy[J]. IET Radar Sonar Navig., 2010, 4(4): 586-594.

[9] Cao P, Xing M D, Sun G C, et al. Minimum entropy via subspace for ISAR autofocus[J]. IEEE Trans. Geosci. Remote Sens. Lett., 2010, 7(1): 205-209.

[10] Peng S B, Xu J, Peng Y N, et al. Parametric inverse synthetic aperture radar manoeuvring target motion compensation based on particle swarm optimiser[J]. IET Radar Sonar Navig., 2011, 5(3): 305-314.

[11] Xing M, Wu R, Li Y, et al. New ISAR imaging algorithm based on modified Wigner-Ville distribution[J]. IET Radar, Sonar and Navig., 2009, 3(1): 70-80.

[12] 彭石宝, 许稼, 向家彬, 等. 基于相位线性度的 ISAR 非平稳目标成像时间选择新算法 [J]. 电子与信息学报, 2010, 32(12): 2795-2801.

[13] Martorella M, Acito N, Berizzi F. Statistical CLEAN technique for ISAR imaging[J]. IEEE Transactions on Geoscience and Remote Sensing, 2007, 45(11): 3552-3560.

[14] Wang Y, Jiang Y C. Inverse synthetic aperture radar imaging of maneuvering target based on the product generalized cubic phase function[J]. IEEE Geoscience and Remote Sensing Letters, 2011, 8(5): 958-962.

[15] 包敏, 周鹏, 李亚超, 等. 基于乘积型高阶相位函数的复杂运动目标 ISAR 成像 [J]. 系统工程与电子技术, 2011, 33(5): 1018-1022.

[16] Bucciarelli M, Pastina D. Multi-grazing ISAR for side-view imaging with improved cross-range resolution[J]. IEEE Radar Conference, Kansas, 2011: 939-944.

[17] Zhang L, Xing M D, Qiu C W, et al. Achieving higher resolution ISAR imaging with limited pulses via compressed sampling[J]. IEEE GRS Lett., 2009, 6(3): 567-571.

[18] Zhang L, Xing M D, Qiu C W, et al. Resolution enhancement for inversed synthetic aperture radar imaging under low SNR via improved compressive sensing[J]. IEEE Trans. on GRS, 2010, 48(10): 3824-3838.

[19] Ender J H G. On compressive sensing applied to radar[J]. Signal Processing, 2010, 90(5): 1402-1414.

第 5 章　连续波体制星载 Ka 波段合成孔径雷达技术

5.1　概　　述

多星组网观测是星载 SAR 技术的重要发展方向，其通过多颗 SAR 卫星的协同工作，在功能上相互融合、补充，可以满足国民经济建设应用在不同方面的需求。星载 SAR 系统向小型化发展，是克服传统对地观测卫星系统研制周期长、卫星平台及发射工具设计复杂且昂贵等问题的必经之路。

如第 2 章所述，连续波 SAR 近 100% 的发射占空比，可大幅降低功放组件数量，应用于星载系统时，其降低成本的优势尤为突出。同时 FMCW SAR 系统采用去调频的处理方式，可以有效减小回波信号的带宽，降低数字接收系统的硬件需求，也可以有效降低回波信号的数据量，对于缓解高分辨率 SAR 巨大的星地数据传输压力具有很高的应用价值。进一步地，星载 FMCW SAR 系统采用收发分置于不同平台的工作方式，接收星能源需求小、架构简化。结合 Ka 波段图像类光学、天线尺寸小的特点，可在获取高可判读性 SAR 图像的同时有效控制组网系统代价。

但是收发分置的连续波工作方式也带来了新的问题，一方面，收发分置 FMCW SAR 正常成像的前提是保证双星之间空时频相的同步，连续波体制收发无间隙的工作方式使得传统的双星相位同步方法不再适用，Ka 波段较窄的方位向波束宽度也给空间同步带来了更大的挑战；另一方面，双星模式下雷达收发天线分置，导致同一目标距离雷达收、发平台的距离完全不同，空间几何关系更加复杂。而且，由于 FMCW SAR 长脉冲时间内系统收发平台的移动不能忽略，这些因素要求对双星 FMCW SAR 的成像处理进行针对性算法的开发。

本章首先结合 Ka 波段双星 FMCW SAR 的工作特点，介绍空时频相的同步方法，并在此基础上开展双星 FMCW SAR 的回波建模分析，以及针对性地介绍面向条带和滑动聚束模式的双星 FMCW SAR 成像方法。

5.2　Ka 波段调频连续波 SAR 双星同步

连续波体制雷达信号的收发是同时的，因此，收发端之间的隔离度是困扰连续波系统上星的主要问题，置于不同的卫星上，利用电磁波的空间传播衰减解决收发端的隔离度问题。为保证成像的有效幅宽，双星 FMCW SAR 系统的发射端和接收端要有统一的波束覆盖，这需要在发射和接收端实现空间同步。为使整个系统各单元协调工作，双星 FMCW SAR 的发射端和接收端要有统一的时间标准，这需要在发射和接收两站实现时间的同步。对于调频连续波雷达，接收站必须调整本振使其与发射信号相干，才能实现与回波信号的差拍去耦合，这些都是建立在发射和接收双星时间、频率和相位同步的基础上，故此，实现空时频相同步是 Ka 波段连续波 SAR 系统工作于星载平台的必要条件。

5.2.1　Ka 波段 SAR 远距离空间同步方法

Ka 波段 FMCW SAR 载荷由于连续波体制需同时进行收发工作的约束，而采用双星分置收发的工作模式，且 Ka 波段具有波长短、波束宽度小等特点，故此，卫星在轨工作时，收发星轨道前后存在 0.1° 左右的相位差，导致在采用传统全零姿态侧视和导引控制的情况下，收发天线无法在同一时刻完全覆盖地面同一区域，接收天线无法获得全部的目标散射信号，造成类似图 5.1 的有效观测幅宽损失，甚至完全无法有效工作。

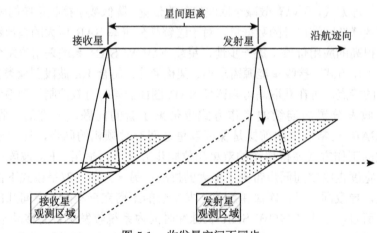

图 5.1　收发星空间不同步

为满足 Ka 波段调频连续波 SAR 载荷工作需要，需采取合适的发射星、接收星姿态协同控制方案，如图 5.2 所示，为保证主辅星载荷地面波束重合，通过接收星的波束指向的变化，使得发射星和接收星的观测区域一致，完成 Ka 波段连续波载荷的空间同步。

然而 Ka 波段连续波空间同步存在以下技术难点：

(1) 传统的导引规律不可同时适用于双星，由于 Ka 波段波束窄，双星间距较大，双星波束完全无重叠，需要采用新的导引规律或在原导引规律上进行改进

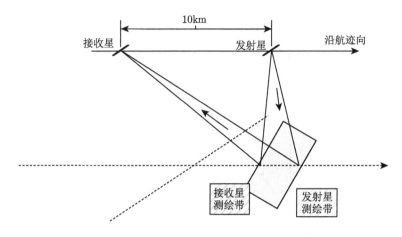

图 5.2 收发星空间同步

才可使地面波束指向重合。

(2) 对轻小型卫星的姿态控制的精度要求较高，当姿态控制误差较大时，双星波束指向会出现较大偏差，影响波束接收效果，这部分工作对卫星的姿态控制方案提出较高要求，本章节不展开讨论。

1. 发射星全零多普勒导引技术

设卫星相对地心的位置和速度分别为 $\boldsymbol{R}_{\mathrm{s}}$ 和 v_{s}，地面目标相对地心的位置和速度分别是 $\boldsymbol{R}_{\mathrm{t}}$ 和 v_{t}，地球自转的角速度为 $\boldsymbol{\omega}_{\mathrm{e}}$，则可得卫星的多普勒中心频率：

$$
\begin{aligned}
f &= \frac{-2}{\lambda} \cdot \frac{\boldsymbol{R} \cdot \dot{\boldsymbol{R}}}{R} = \frac{-2}{\lambda} \frac{\boldsymbol{R}}{R}(v_{\mathrm{s}} - v_{\mathrm{t}}) \\
&= \frac{-2}{\lambda} \frac{\boldsymbol{R}}{R}[v_{\mathrm{s}} - \boldsymbol{\omega}_{\mathrm{e}} \times (\boldsymbol{R}_{\mathrm{s}} - \boldsymbol{R})] = \frac{-2}{\lambda} \frac{\boldsymbol{R}}{R}(v_{\mathrm{s}} + \boldsymbol{R}_{\mathrm{s}} \times \boldsymbol{\omega}_{\mathrm{e}})
\end{aligned}
\tag{5.1}
$$

为计算姿态导引角，定义卫星本体坐标系，设初始时刻卫星本体坐标系与轨道坐标系重合：原点在卫星质心；Z 轴由卫星质心指向地心；X 轴在轨道平面内，垂直于 Z 轴，指向卫星速度方向为正 (因为存在航迹角，X 轴向与卫星速度方向并不完全一致)；Y 轴由右手定则确定。另外设置 i_x、i_y、i_z 分别为 X、Y、Z 轴的单位矢量；X、Y、Z 三轴分别称为滚动轴、俯仰轴和偏航轴 [1]。

卫星未进行姿态导引，在体坐标系中有

$$
\boldsymbol{R}_{\mathrm{s}} = R_{\mathrm{s}} i_z = -\frac{a(1 - \mathrm{e}^2)}{1 + \mathrm{e}\cos f} i_z
\tag{5.2}
$$

$$
v_{\mathrm{s}} = v_x i_x + v_z i_z = \sqrt{\frac{\mu}{a(1 - \mathrm{e}^2)}}(1 + \mathrm{e}\cos f) i_x - \sqrt{\frac{\mu}{a(1 - \mathrm{e}^2)}} \mathrm{e} i_z \sin f
\tag{5.3}
$$

$$\omega_e = \omega_e(i_x \cos u \sin i - i_y \cos i - i_z \sin u \sin i) \tag{5.4}$$

式中，u 为纬度幅角。此时，有

$$v_s + R_s \times \omega_e$$

$$= \begin{bmatrix} \cos\theta & 0 & -\sin\theta \\ 0 & 1 & 0 \\ \sin\theta & 0 & \cos\theta \end{bmatrix} \times \begin{bmatrix} \cos\psi & \sin\psi & 0 \\ -\sin\psi & \cos\psi & 0 \\ 0 & 0 & 1 \end{bmatrix} \times \begin{bmatrix} v_x + R_s\omega_e\cos i \\ R_s\omega_e\cos u\sin i \\ v_z \end{bmatrix} \tag{5.5}$$

$$= \begin{bmatrix} a_1 & a_2 & a_3 \end{bmatrix}^T$$

式中，

$$a_1 = \cos\theta\cos\psi(v_x + R_s\omega_e\cos_i) + \cos\theta \times \sin\psi R_s\omega_e\cos u\sin i - v_z\sin\theta$$
$$a_2 = -\sin\psi(v_x + R_s\omega_e\cos_i) + \cos\psi R_s\omega_e\cos u\sin i$$
$$a_3 = \sin\theta \times \cos\psi(v_x + v_x) + \sin\theta\sin\psi R_s\omega_e\cos u\sin i + v_z\cos\theta$$

　　SAR 天线中心响度与目标点的位置矢量 $\boldsymbol{R}$ 在卫星本体系中表示时，仅与 SAR 天线的安装方式有关。假设 SAR 天线安装在本体系的 YOZ 平面上，方位与 X 轴垂直，下视角为 α (即天线中心与 Z 轴的夹角为 α)。此时，进行偏航和俯仰导引后，有

$$\boldsymbol{R}/R = \begin{bmatrix} 0 & \sin\alpha & \cos\alpha \end{bmatrix}^T \tag{5.6}$$

则式 (5.6) 中所有变量均在进行二维导引后的卫星本体系中表示，有

$$f = -\frac{2}{\lambda}\begin{bmatrix} 0 \\ \sin\alpha \\ \cos\alpha \end{bmatrix} \cdot \begin{bmatrix} a_1 \\ a_2 \\ a_3 \end{bmatrix} = a_4 + a_5 \tag{5.7}$$

式中，$a_4 = -\dfrac{2}{\lambda}\sin\alpha[-\sin\psi(v_x + R_s\omega_e\cos i) + R_s w_e\cos\psi\cos u\sin i]$；$a_5 = -\dfrac{2}{\lambda}\cos\alpha[\sin\theta\cos\psi(v_x + R_s\omega_e\cos i) + R_s w_e\sin\theta\sin\psi\cos u\sin i + v_z\cos\theta]$。

　　分析式 (5.7)，为使全零多普勒导引与下视角无关，以及 SAR 天线距离向的天线中心始终指向零多普勒线，只需满足

$$-\sin\psi(v_x + R_s w_e\cos i) + R_s w_e\cos\psi\cos u\sin i = 0 \tag{5.8}$$

$$\sin\theta\cos\psi(v_x + R_s w_e\cos i) + R_s w_e\sin\theta \times \sin\psi\cos u\sin i + v_z\cos\theta = 0 \tag{5.9}$$

求解式 (5.8)、式 (5.9)，可得偏航导引角：

$$\psi = \arctan \frac{R_{\mathrm{s}} \omega_{\mathrm{e}} \cos u \sin i}{v_x + R_{\mathrm{s}} \omega_{\mathrm{e}} \cos i} \tag{5.10}$$

俯仰导引角：

$$\theta = \arctan \left(-\frac{v_z}{\cos \psi \, (v_x + R_{\mathrm{s}} \omega_{\mathrm{e}} \cos i)} + R_{\mathrm{s}} \omega_{\mathrm{e}} \sin \psi \cos u \sin i \right) \tag{5.11}$$

式中，

$$R_{\mathrm{s}} = -\frac{a(1 - \mathrm{e}^2)}{1 + \mathrm{e} \cos f} \tag{5.12}$$

$$v_x = \sqrt{\frac{u}{a(1 - \mathrm{e}^2)}} (1 + \mathrm{e} \cos f) \tag{5.13}$$

$$v_z = -\sqrt{\frac{u}{a(1 - \mathrm{e}^2)}} \mathrm{e} \sin f \tag{5.14}$$

由上述分析可知：按以上分发对发射星的偏航角和俯仰角进行二维导引，则在方位向上 SAR 天线中心始终指向零多普勒线，无多普勒残余，可实现零多普勒姿态导引。

若需简化导引运算，可取 $e = 0$，椭圆轨道变为圆轨道，式 (5.10) 可简化为

$$\psi = -\arctan \frac{\cos u \sin i}{\omega_{\mathrm{s}}/\omega_{\mathrm{e}} - \cos i} \tag{5.15}$$

式中，ω_{s} 为卫星实时的角速率，且 $\omega_{\mathrm{s}} = \sqrt{\mu/a^3}$。

2. 远距离接收星跟瞄导引技术

接收星跟瞄导引如图 5.3 所示，发射星采用全零多普勒导引技术实现方位向零多普勒，消除地球自转对 SAR 成像的影响。接收星采用滚转和俯仰姿态机动指向主星地面目标点。

首先根据主星姿态计算出其在地面的遥感点位置，再根据辅星与主星地面遥感点的相对位置关系可计算辅星的三轴姿态，其中滚动角和俯仰角确定了辅星载荷的指向，偏航角则为载荷在敏感轴方向的转动。这里以轨道高度 500km，发射星和接收星的相位偏差为 0.1° 进行仿真，接收星所需机动的滚动和俯仰角分别如图 5.4 和图 5.5 所示。

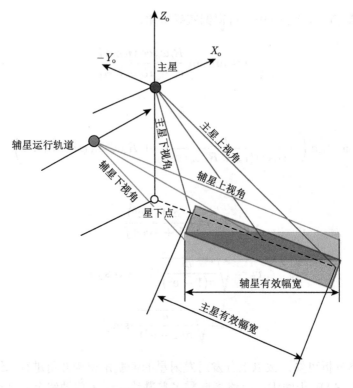

图 5.3　跟瞄方案原理

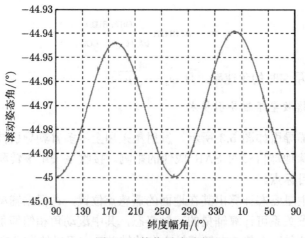

图 5.4　接收星滚动角

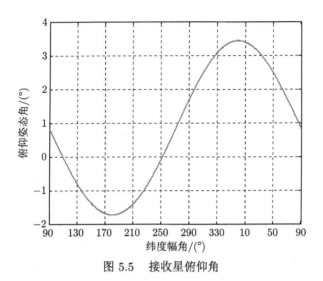

图 5.5 接收星俯仰角

解算两星在地面的瞄准点距离偏差，以及连续系统发射星、接收星的多普勒中心频率，分别如图 5.6 和图 5.7 所示。

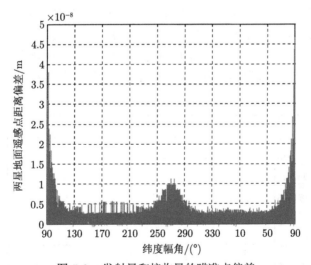

图 5.6 发射星和接收星的瞄准点偏差

由图 5.6 可以看出，接收星跟瞄技术能够消除遥感点距离向和方位向的偏差，但 Ka 波段双星系统的多普勒中心频率仍较大，双星综合或单接收星的多普勒中心频率均为 10^4Hz 量级。

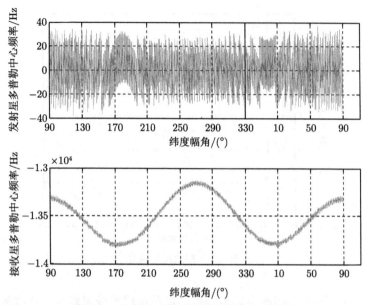

图 5.7　发射星和接收星的多普勒中心频率

考虑到工程实际,连续波 SAR 系统收发端所处的发射星和接收星均会存在一定的姿态控制误差,取卫星平台的控制精度为 0.01°。仿真时考虑实际情况,将主星三轴分别加入 0.01° 的姿态误差,辅星三轴分别加入 −0.01° 的姿态误差,图 5.8 和图 5.9 分别为加入控制误差后的两星地面遥感点距离偏差和多普勒中心频率。

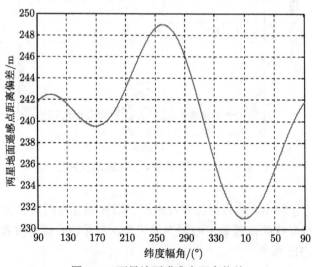

图 5.8　两星地面瞄准点距离偏差

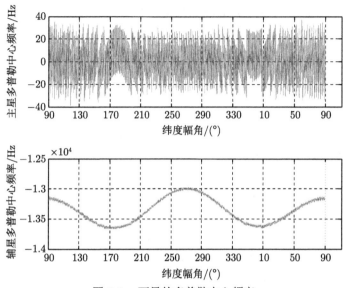

图 5.9 两星的多普勒中心频率

将图 5.9 和图 5.7 做对比，即得到，考虑控制误差与不考虑控制误差的导引方式的多普勒中心频率存在一定偏差，偏差值如图 5.10 所示。

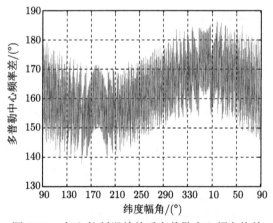

图 5.10 加入控制误差前后多普勒中心频率偏差

由图 5.10 可以看出，在远距离接收星跟瞄导引中加入控制误差，两星地面遥感点距离偏差在 230~250m。加入控制误差前后的多普勒中心频率变化平均值在 150~170Hz。考虑到天线的方位向波束宽幅约为 0.09°，对应的可接收的最大多普勒偏差约为 1360Hz，平台控制精度可以保证回波接收。

考虑到实际卫星系统的波束指向精度不仅受限于平台的能力，还受到天线波束指向精度的约束，当前星载天线波束指向精度可优于 0.01°(本节下文均取 0.006° 进行分析)，引入的多普勒偏差量约为 220Hz，结合平台机动和天线波束指向引入的多普勒偏差，将引入方位向天线等效方向图增益的降低，故这里采用基于回波的远距离接收星跟瞄方法。

基于回波的远距离接收星跟瞄方法主要分为以下两步骤：

(1) 从回波中估计多普勒偏差 f_{dc} 值，并求出其与理想 f_{dc} 的差；

(2) 利用天线方位向波束扫描对多求出的 f_{dc} 进行补偿。

基于上述两个步骤，可以得出，最终的方位向多普勒偏差分为回波估计误差 $f_{dc估计}$ 和天线的方位向波束指向误差 $f_{dc天线}$ 两部分。

考虑到在轨实时处理，难以取较多的点数，以 PRF=4000Hz 时，取 4096 个点为例，分 64 个子块，$f_{dc估计}$ 估计为取多普勒谱幅值最大处，考虑到计算的精度，误差上限约为一个子块，即 64 个点，约为 62.5Hz。$f_{dc天线}$ 主要来自于方位向天线波束指向误差，其值约为 94.8Hz，综合多普勒偏差约为 157.3Hz。故此，通过综合多普勒偏差解算接收星所需要调整的角度，并通过接收星天线方向图波束扫描完成角度调整，综合多普勒偏差约为 5%。考虑到当前轻小型卫星平台的控制精度和相控阵天线的波束指向精度，采用基于回波的远距离接收星跟瞄方法，其可以实现的指标更优。

5.2.2　基于信号对传的时频同步方法

1. 时间同步

高精度时间同步方案通常采用驯服本地时钟、双向应答校时等时间同步方法，上述两种时间同步方法都可以满足高精度时间同步的应用需求。但考虑到时间同步精度、抗干扰性能等方面的因素，则可以通过采用微波双向应答校时的方法实现时间同步，该方法的精度可达到 10ns，甚至 5ns 以内。

利用双向应答校时实现星间同步，是利用两个发射星和接收星上两终端基于双向数据链往返计时 (RTT) 消息同步方式来实现的。其相较于全球定位系统 (GPS)/北斗共视星授时的方式，RTT 同步方式具有稳定性好、精度高、抗干扰能力强的特点，其基本原理如图 5.11 所示。其中，TOA_I 是由应答站 (主站) 确定的询问消息到达响应端的时间；TOA_R 是由询问站 (从站) 确定的 RTT 应答消息到达时间；t_d 为询问消息持续时间；t_p 为 RTT 消息的传播时间；ε 为两个站之间的初始钟差。在两站之间相对运动速度较小，往返传输距离一致的情况下，$t_p = \text{TOA}_I - \varepsilon = \text{TOA}_R + \varepsilon - t_d$，则询问站相对于主站的钟差：

$$\varepsilon = \frac{\text{TOA}_I - \text{TOA}_R + t_d}{2} \tag{5.16}$$

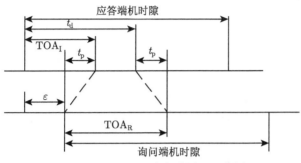

图 5.11 RTT 同步方式原理示意图

询问站根据 ε 调整自己的时钟，以实现精确的时间同步。RTT 同步方式实现高精度时间同步的关键，在于精确地测量 $\mathrm{TOA_I}$ 和 $\mathrm{TOA_R}$。为了快速实现高精度授时，采用将询问消息和应答消息加载到伪随机序列上，接收机利用伪码相位测量技术可以精确地测得询问或应答消息的到达时刻。理论上，在不考虑站点间存在相对运动的情况下，该方式的时间分辨率测量精度可以达到码片宽度的百分之一。但校时精度会受到往返路径不对称、晶振稳定度、温度、相对运动导致伪码的多普勒等因素的影响。

1) 往返链路不对称的影响

影响测量精度的一个主要因素是站间相对运动导致的上下行链路传输延时的不对称。在 RTT 同步原理中，上下行传输延时 t_p 是被假设为相等的。实际上，由于询问消息和应答消息的到达存在时间差，在双星间存在相对运动的情况下，上下行传输延时存在一个时间差 t_ε，它的大小取决于相对运动的速度，以及询问和应答消息的发送时间间隔。此时，钟差的计算式修正为 $\varepsilon = (\mathrm{TOA_I} - \mathrm{TOA_R} + t_\varepsilon + t_\mathrm{d})/2$。主站收到询问消息和发送应答消息的时间间隔 $(t_\mathrm{d} - \mathrm{TOA_I})$ 在 3ms 左右，按照整个授时周期持续时间 10ms 计算，假设相对运动速度为 1m/s，则相对运动在上下链路中引入的不对称误差为 $t_\varepsilon/2 = (10\mathrm{ms} \times 1\mathrm{m/s}) / (2 \cdot c) = 0.02\mathrm{ns}$。此误差为固定误差，如果能从差分定位模块获取相对运动的信息，可以进行误差补偿。

2) 多普勒频偏的影响

影响测量精度的另一个主要因素是多普勒频移引起的伪码周期变化，所以当存在多普勒频移时，从站提取主站发送序列到达时间会受到影响。假设相对速度为 1m/s，码片速率为 10.23MHz，在码片频率产生的多普勒频移为

$$f = v \cdot \frac{10.23 \times 10^6 \mathrm{Hz}}{3 \times 10^8 \mathrm{m/s}} = 0.08\mathrm{Hz} \tag{5.17}$$

由相对运动导致的伪码多普勒频移很小，一个伪码周期时间范围内的时间测

量误差为

$$T_\varepsilon = \left(\frac{1}{10.23\text{MHz}} - \frac{1}{10.23\text{MHz} + 1.36\text{Hz}} \right) \times 1023 = 0.22\text{ns} \tag{5.18}$$

每秒都会进行一次 RTT 同步，其误差不会积累，决定误差的主要因素是应答消息的持续时间。此误差也是一个固定误差，如果可以获取相对运动速度，同样可以进行补偿。

3) 时间同步总误差估计

综合以上因素，存在 1m/s 的相对运动时，则时间同步系统的精度优于 5ns 左右，在修正的情况下可以进一步提升时间同步精度。为进一步满足高精度时间同步的要求，需减小双向校时的时间，频域并行码相关是时频同步实现的关键。捕获过程要求输入的信号和本地产生的伪码进行相关运算，时域中的相关运算通过 FFT 转换为频域中的相乘运算，然后通过 IFFT 求时域内的各个码相位的相关值，这样在某一本地振荡频率下，频域并行码相位搜索同时计算出了所有码相位的相关值。

频域并行码相位捕获算法计算过程是：将接收到的中频信号进行 FFT 处理并共轭。对本地伪噪声 (PN) 码与载波进行调制，对调制后的信号做 FFT 处理并取共轭。将上述两个 FFT 所得到的结果进行复数相乘，并对得到的同相和正交两路信号进行 IFFT。对 IFFT 的结果求模，模是输入的中频信号和本地产生信号的相关值，找出相关值中的最大值，并与预先设定的阈值比较，若大于阈值，则表明信号已经被捕获到，同时通过峰值的位置可以计算出信号的到达时间，进而计算同步误差。

不同码速下的时间同步精度仿真如图 5.12 所示。

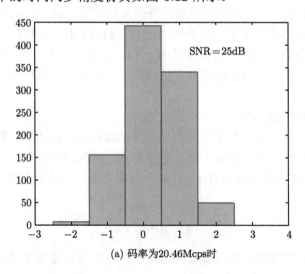

(a) 码率为20.46Mcps时

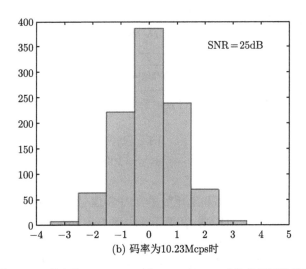

(b) 码率为10.23Mcps时

图 5.12 码率为 20.46Mcps 和 10.23Mcps 时的时间同步精度

通过仿真，在码率为 20.46Mcps 时，不同信噪比下的峰值位置捕获仿真结果如图 5.12(a) 所示，25dB、20dB、15dB 情况下，同步精度标准差分别为 0.8ns、1.35ns、2.38ns。在码率为 10.23Mcps 条件下的仿真结果如 5.12(b) 所示，25dB、20dB、15dB 情况下，同步精度标准差分别为 1.1ns、1.89ns、3.0ns。由于伪码和数传在同一通道内传输，校时采用扩频的方式传输，可以保证较高的信噪比，满足发射星和接收星上 SAR 系统工作的时间精度要求。

2. 频率同步

频率同步的最终目标是为 Ka FMCW SAR 发射端和接收端提供频率和相位相参的基准信号。发射星与接收星的基准频率源采用驯服晶振/铷钟，由于卫星上采用的高稳晶振/铷钟其准确度在 10^{-11} 量级以上，所以驯服后发射星与接收星雷达载波频率差足够小。

驯服晶振将石英晶体振荡器优良的短期稳定特性和信号良好的长期稳定特性结合起来，驯服晶振的原理如图 5.13 所示。驯服电路实际上是一个锁相环，被驯晶振的输出经过分频整形后产生秒脉冲 (PPS) 信号，将其与接收机输出的 PPS 脉冲比相得到相位差，对该相位差进行数字滤波，并经数/模 (D/A) 转换后得到误差电压，控制被驯晶振的压控端而实现频率调整。

采用比时法可以更好地进行频率误差测量，具体方法是，从站测量多次本地时统 1PPS 信号间隔内的时钟周期数 N，则根据计算式

$$\frac{\Delta T}{\tau} = \frac{\Delta f}{f_0} \tag{5.19}$$

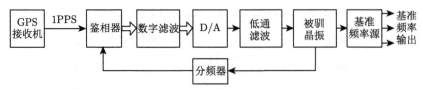

图 5.13　基于全球定位系统的晶振驯服原理图

可以得到从站相对于主站的频率误差。由于主站在这段时间内经历的时钟周期数为整数 10^9，所以 $\Delta T = (N \cdot 10^{-8} - \tau)$s，$\tau = 100$s，$f_0 = 100$MHz。可见，$N$ 的准确度决定了频率误差的估计精度。

N 的精度取决于计时开始和结尾处的 1PPS 信号的时间准确度，根据时间同步小节所采用的时统技术，1PPS 精度可以达到 1ns(1σ)，在计时间隔 $\tau = 100$s 的情况下，频率误差估计精度可以达到 3×10^{-11}。

频率源的校正可以通过调整恒温晶振的频率控制管脚上加载的电压值来实现。具体做法是，将估计的频率误差 Δf 进行换算后，输入数模转换器 (DAC)，进而控制数字电位计的电阻值，从而达到改变频率控制管脚上加载的电压值的目的。

频域同步设计时，确保发射和接收信号在 1s 内的相位旋转小于 2π。在时钟频率 100MHz 下，Ka 波段频域的同步精度可以达到 3×10^{-11}，使得最终频综产生的主振信号的频率差异优于 1Hz，满足连续波发射端和接收端载荷的工作需求。图 5.14 为经过驯服后雷达载波频率差。

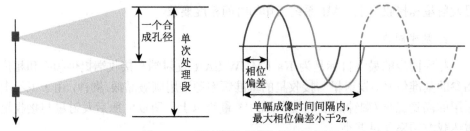

图 5.14　经过驯服后雷达载波频率差

对频率同步精度的分析，如下所述。

(1) 晶体特性决定其准确度随着时间会有较大的漂移，参考时钟采用"高精度原子钟 + 时钟驯服"方式，可通过高精度同步脉冲完成频率调整，并最终维持在较为恒定的频率状态。这通过利用高精度同步脉冲获取主站与从站的基准频率源的方式实现，使得驯服后主、从站的频率差足够小。

(2) 驯服时钟可以将石英晶体振荡器优良的短期稳定特性和原子钟信号良好的长期稳定特性结合起来，驯服电路实际上是一个锁相环，被驯服的晶振输出经过分频整形后送给锁相环，被驯服的晶振输出经过分频整形后产生 PPS 信号，将其与数据链输出的 PPS 脉冲比相得到相位差, 对该相位差进行数字滤波, 并经 D/A 转换后得到误差电压, 控制被驯服晶振的电压控制端口, 实现频率调整。

基于上述的高精度同步脉冲和驯服电路, 保证了最终的频率同步精度优于 3×10^{-11}。

5.2.3 连续波 SAR 异频相位同步方法

双星体制下, 双星的基准频率差、相位噪声、收发通道的相位抖动、接收机噪声引起的相位误差, 以及双星相对运动的多普勒效应引起的相位变化都会引起相位出现偏差, 从而影响成像质量。传统利用双向数据链传递载波方法在测量相位同步误差的过程中, 采样频率远小于两颗卫星的雷达载波频率差, 造成相位误差提取过程中出现模糊, 增加了相位误差提取和补偿的难度, 精度较低。传统脉冲体制 SAR 系统利用周期内的非发射、非接收的时隙实现相位同步信号的对传, 并基于同步信号提取同步相位以实现发射星和接收星间同步。但连续波系统由于其信号时宽较大, 没有收发时隙, 仅可采用单独相位同步信道以实现同步信号的收发, 为避免相位同步信号与回波信号的电磁干扰, 需采用与主振信号存在一定频率差异的异频信号 [2,3]。

造成相位变化的因素包括: 发射和接收端的基准频率差 Δf_i, 相位噪声 n_{φ_i}, 发射通道和接收通道的相位抖动 $\varphi_{\mathrm{sys}T_i}$ 与 $\varphi_{\mathrm{sys}R_i}$, 同步喇叭天线相位方向图引入的相位变化 φ_{ant_i}, 接收机噪声引起的相位误差 φ_{SRN_i}, 发射星与接收星相对运动的多普勒效应引起的相位变化 $2\pi\Delta d/\lambda$ 等, 其中 $i=1$ 或 2, 分别代表发射星或接收星。若令发射星与接收星的雷达载波频率为 $f_i = f_0 + \Delta f_i$, 其中 f_0 为标称频率, Δf_i 为卫星 i 的频率偏差, 则 t 时刻卫星 i 的雷达载波相位为

$$\varphi_i(t) = 2\pi \int_0^t (f_0 + \Delta f_i)\mathrm{d}t + \varphi_{0i} + n_{\varphi_i}(t) \tag{5.20}$$

其中, φ_{0i} 为卫星 i 的雷达载波初相; n_{φ_i} 为载波相位噪声。

以 φ_{ji} 表示卫星 i 发射卫星 j 接收得到的解调相位, 则 t 时刻发射星发射同步脉冲, $t + \tau_{12}$ 时刻被接收星接收得到的解调相位为 $\varphi_{21}(t + \tau_{12})$, 补偿相位为

$$\varphi_0(t) = \frac{1}{2}\left[\varphi_{21}(t + \tau_{12}) + \varphi_{12}(t + \tau_{\mathrm{sys}} + \tau_{21})\right] \tag{5.21}$$

提取补偿相位的目的是获取发射星与接收星频率偏差和相位噪声引起的相位同步误差, 在此过程中引入的其他相位将成为影响相位同步性能的干扰相位。

双星之间引起相位差的可以归纳为如下几项:

(1) 频率偏差形成的相位差;

(2) 相位噪声形成的相位差；

(3) 接收机噪声引入的相位误差；

(4) 雷达收发通道相位抖动引入的相位误差；

(5) 一次相位同步脉冲对传过程中，发射星与接收星相对位置发生变化而又由同步喇叭天线方向图引入的相位误差；

(6) 卫星相对运动的多普勒效应引入的相位误差。

第 (1)、(2) 项是补偿接收星回波相位，实现相位同步需要的成分。其他项均是在双向同步脉冲传输过程中引入的额外相位误差，将形成相位同步后的剩余相位误差。根据工程经验，雷达收发通道的相位抖动一般可以控制在 1° 以内，对相位同步性能影响也较小；当卫星相对运动的速度稳定或变化不大时，多普勒效应引入的相位近似为常数，对相位同步性能影响较小，因此影响相位同步性能的主要因素将是接收机噪声，通过对传载波方式可以提取收发双星的相位信息，通过滑窗积累可实现高精度的相位同步。

相位同步因子提取流程如下：

(1) 发射频综在时频单元提供高稳时钟激励下产生 Ka 波段同步信号，通过环形器切换至同步发射天线辐射；

(2) 同步接收天线接收对方辐射信号，由射频接收组件进行变频、增益调节，输出至数字接收机；

(3) 数字接收机经过采样、处理，获取相位因子，用于成像采集数据补偿。

实时处理组件利用相位差分法进行瞬时频率测量，在正交化处理之后，采用反正切算法对正交化基带信号进行瞬时相位提取，然后对固定间隔点数的相位差进行滑窗积累，最后采用低通滤波器对相位差积累结果进行低通滤波，其工作流程如图 5.15 所示。

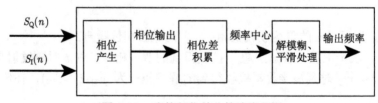

图 5.15　直接相位差分算法流程图

$s_Q(n)$，$s_I(n)$ 分别表示信号 $s(n)$ 的同相分量和正交分量。则信号 $s(n)$ 在 n 时刻的相位 $\theta(n)$ 可以通过取 $s_Q(n)/s_I(n)$ 的反正切进行估计，即

$$\hat{\theta}(n) = \arctan \frac{s_Q(n)}{s_I(n)} = 2\pi f_d n t_s + \phi \tag{5.22}$$

则信号在取样间隔为 k 的两个不同时刻的相位差 $\Delta\theta(k)$ 估计为

$$\Delta\hat{\theta}(k) = \hat{\theta}(n + k) - \hat{\theta}(n) = 2\pi f_\mathrm{d} k t_\mathrm{s} \tag{5.23}$$

因此，f_d 可由下式进行估计：

$$\hat{f}_\mathrm{d} = \frac{\Delta\hat{\theta}(k)}{2\pi k t_\mathrm{s}} = \frac{\Delta\hat{\theta}(k)}{2\pi k} f_\mathrm{s} \tag{5.24}$$

信号相位在 $[-\pi, \pi)$ 范围内线性变化，因此每个周期内都有相位突变点 (由 π 突变到 $-\pi$)。突变的相位会引起相位的模糊，这里，解模糊的方式为在相位突变点处，根据相位突变方向，加 $-2\pi/2\pi$ 的偏移，使突变后相位保持一段时间的线性变化，同时设置选择器，使之在突变点出现前使用正常的相位输出，在突变点出现后 $k(k$ 为取样间隔) 点内采用偏移后的相位输出。

算法仿真可以实现在优于 20dB 信噪比情况下，满足优于 $10°$ 的相位同步精度，从而保证成像质量。

5.3 双星调频连续波 SAR 条带成像

本节主要介绍星载双基地 FMCW SAR 成像算法。星载双基地 FMCW SAR 中发射、接收天线分置在两个独立的相距较远的卫星平台上，可以有效克服收发之间的信号耦合度过大问题，避免信号泄露，提高作用距离，同时也可以增加系统设计的灵活性、机动性和可靠性，并提高 FMCW SAR 的应用潜力和扩展空间。双基地模式工作同时也可以实现 SAR 卫星更高的机动性、隐蔽性，更好的抗干扰和抗截获性能 [5]。

这里首先详细分析星载双基地 SAR 运行的几何构型。对星载 FMCW SAR 发射和接收过程中电磁波所走过的斜距历程进行了细致的分析后发现，在双基模式下雷达天线分支，导致同一目标单距离雷达收、发平台的距离完全不同，空间几何关系的复杂性导致星载双基地雷达的斜距历程包含双根号项 (double square root, DSR)，表现为一条平顶双曲线 (flat top hyperbola, FTH)，这为星载双基地成像算法的开发带来难度 [6,7]。在详细分析斜距历程的基础上，这里构建了在一定近似条件下的星载双基地 FMCW SAR 去调频回波信号模型，推导点目标回波的数学公式，准确表示扫频周期内瞬时斜距的变化对回波信号的影响；由于接收端和发射端位于不同的卫星平台上，且双星间距过大，不能简单地将其等效于单基地 FMCW SAR 系统和使用传统的星载单基地 FMCW SAR 成像算法进行成像 [8]。下文在传统的频率变标 (FS) 算法的基础上结合星载双基地几何构型的的特点进行详细推导，提出两种星载双基地 FMCW SAR 成像算法；通过 MATLAB 仿真验证上述回波信号模型及成像算法的有效性，并给出相应结论。

5.3.1　双星调频连续波 SAR 回波建模

　　解释星载双基地 FMCW SAR 成像原理，首先需要构建双星运行体系，根据双星运行体系，计算收发卫星雷达平台相对于测绘带内场景目标的斜距变化，建立基于去调频接收体制的星载双基地 FMCW SAR 回波模型，然后通过成像算法完成成像流程。如图 5.16 所示，收发卫星雷达平台采用目前广泛应用的同轨跟飞构型，即发射卫星和接收卫星运行于同一轨道且保持相对固定的距离。其中灰色阴影区域代表目标成像测绘带，发射卫星相对于目标成像测绘带保持后斜视，斜视角为 θ_{t0}，接收卫星相对于目标成像测绘带保持前斜视，斜视角为 θ_{r0}，二者波束中心线相交于场景中心点。

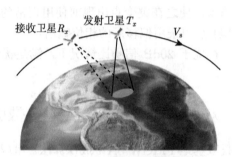

图 5.16　双星运行体系

　　这里通过图 5.16 的双星运行体系，构建星载双基地 FMCW SAR 成像几何模型，如图 5.17 所示。

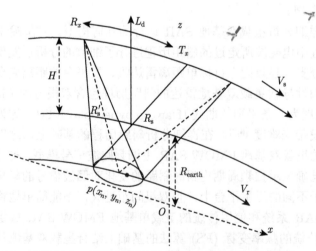

图 5.17　星载双基地 FMCW SAR 成像几何模型

若 SAR 发射理想线性调频连续波信号，则对场景中一点目标 P 的回波进行分析，设此点目标到发射卫星 T_x 轨道的最近距离 (或称垂直距离) 为 R_{t0}，到发射卫星 R_x 轨道的最近距离 (或称垂直距离) 为 R_{r0}。传统脉冲体制 SAR 由于发射脉冲信号的占空比远小于 1，脉冲持续时间非常短，一般处于微秒级，故在处理上可以用 "停–走–停" 假设进行处理。而 FMCW SAR 由于占空比等于 1，当在信号调制周期内，距离向快时间引起的目标与天线相位中心的相对位移不可忽略时，瞬时斜距与快时间 t_r 和慢时间 t_a 有关。在任一时刻 $t_r + t_a$ 收发卫星雷达天线相位中心至 P 的斜距之和为 $R(t_r, t_a)$，设雷达发射信号的复包络为 $s_r(t_r) = a_r(t_r) \exp(\mathrm{j}\pi\gamma t_r^2)$，$\gamma$ 是发射的线性调频 (LFM) 信号的调频率，其接收的上述点目标回波的基频信号在距离快时间–方位慢时间域 (t_r - t_a 域) 可写为

$$
\begin{aligned}
s(t_r, t_a) =& w_a(t_a) w_r\left(t_r - \frac{2R(t_r, t_a)}{c}\right) \cdot \exp\left[\mathrm{j}\pi\gamma\left(t_r - \frac{2R(t_r, t_a)}{c}\right)^2\right] \\
& \times \exp\left[-\mathrm{j}\frac{4\pi}{\lambda}R(t_r, t_a)\right]
\end{aligned}
\tag{5.25}
$$

式中，$w_r(\cdot)$ 和 $w_a(\cdot)$ 分别为雷达线性调频信号的窗函数和方位窗函数，前者在未加权时为矩形窗，后者除滤波加权外，还与天线波束形状有关；$\lambda = c/f_c$ 为载频频率对应的波长。

接收到的点目标回波经解线频调处理后的差拍输出可以表示为

$$
\begin{aligned}
s(t_r, t_a) =& w_a(t_a) \cdot w_r\left(t_r - \frac{2R(t_r, t_a)}{c}\right) \\
& \times \exp\left\{-\mathrm{j}\frac{4\pi}{c}\gamma\left[R(t_r, t_a) - R_{\mathrm{ref}}\right]t - \frac{2R_{\mathrm{ref}}}{c}\right\} \\
& \times \exp\left[-\mathrm{j}\frac{4\pi}{\lambda}R(t_r, t_a) - R_{\mathrm{ref}}\right] \cdot \exp\left\{-\mathrm{j}\frac{4\pi\gamma}{c^2}\left[R(t_r, t_a) - R_{\mathrm{ref}}\right]^2\right\}
\end{aligned}
\tag{5.26}
$$

其中，γ 为距离向调频率；R_{ref} 为解线频调处理的参考距离。式 (5.26) 中第一个指数项为距离向的相位历程，第二个指数项为方位向信号，第三个指数项为 RVP(残余视频相位)，若不去除，会对方位向的能量聚焦造成影响。

5.3.2 RD 成像方法

RD 算法自 SAR 成像开始发展以来一直被应用，因为 RD 算法是众多雷达成像算法中最简单、最容易理解的。它很容易应用于实时图像，不需要太多的系统计算能力。RD 算法的主要思想是将二维的接收信号分解成两个方位向和距离

向级联的一维信号，再分别对两个一维信号进行信号处理。由于接收信号已经预先进行了去调频处理，在距离向只需做距离向 FFT 即完成距离向压缩；在方位向的处理中，由于距离徙动的存在，距离向和方位向信号会发生耦合，不能通过 FFT 直接压缩，所以必须在方位向脉冲压缩之前进行距离徙动校正处理 [9]。在 RD 算法中，距离徙动校正通常通过插值进行，然后进行相应的匹配滤波，最后完成脉冲的方位向脉冲压缩处理。由于脉冲 SAR RD 算法研究过程中采用的是 "停–走–停" 模型，在 FMCW SAR 的 RD 算法中，距离徙动量会发生相应的改变，并且在接收信号去调频处理过程会产生 RVP 项，所以需要对该项进行消除之后再进行仿真。

1. 距离多普勒算法的基本原理

将快时间考虑在内后，发射机与点目标之间的瞬时斜距如式 (5.27) 所示，我们将瞬时斜距在快时间处进行泰勒级数展开并且忽略三次项以后的影响，可以得到

$$
\begin{aligned}
R_t\left(t_r, t_a\right) &= \sqrt{V_r^2\left(t_r + t_a\right)^2 + R_{t0}^2 - 2R_{t0}V_r\left(t_r + t_a\right)\sin\theta_{t0}} \\
&\approx \sqrt{V_r^2 t_a^2 + R_{t0}^2 - 2R_{t0}V_r t_a \sin\theta_{t0}} + \frac{V_r^2 t_a - R_{t0}V_r \sin\theta_{t0}}{\sqrt{V_r^2 t_a^2 + R_{t0}^2 - 2R_{t0}V_r t_a \sin\theta_{t0}}} t_r
\end{aligned}
$$
(5.27)

令 $R_t\left(t_a\right) = \sqrt{V_r^2 t_a^2 + R_{t0}^2 - 2R_{t0}V_r t_a \sin\theta_{t0}}$，将 $R_t\left(t_a\right)$ 在 $t_a = 0$ 处进行泰勒级数展开，并省略四次及更高次项后得到

$$
\begin{aligned}
R_t\left(t_a\right) &= \sqrt{V_r t_a^2 + R_{t0}^2 - 2R_{t0}V_r t_a \sin\theta_{t0}} \\
&\approx R_{t0} - V_r t_a \sin\theta_{t0} + \frac{V_r^2 \cos^2\theta_{t0}}{2R_{t0}} t_a^2 + \frac{V_r^3 \sin\theta_{t0} \cos^2\theta_{t0}}{2R_{t0}^2} t_a^3
\end{aligned}
$$
(5.28)

其中，$-V_r t_a \sin\theta_{t0}$ 称为线性走动分量，用 $\Delta R_t\left(t_a\right)$ 表示，该项能够造成雷达多普勒中心的偏移。在成像处理的过程中要对该项单独使用校正因子进行校正，以消除由发射机和接收机的线性走动分量带来的影响，相应的校正因子在式 (5.34) 中给出，校正该项后我们忽略三次项的影响，进行近似可表示为

$$
\begin{aligned}
R_t\left(t_a\right) = R_t\left(t_a\right) - \Delta R_t\left(t_a\right) &= R_{t0} + \frac{V_r^2 \cos^2\theta_{t0}}{2R_{t0}} t_a^2 \\
&\approx \sqrt{R_{t0}^2 + V_r^2 t_a^2 \cos^2\theta_{t0}}
\end{aligned}
$$
(5.29)

将式 (5.29) 代入式 (5.28)，得到雷达发射机与点目标之间的瞬时斜距为

$$R_t\left(t_r, t_a\right) \approx R_t\left(t_a\right) + \frac{V_r^2 t_a - R_{t0} V_r \sin\theta_{t0}}{R_t\left(t_a\right)} t_r \tag{5.30}$$

同理，可得出雷达接收机与点目标之间的瞬时斜距为

$$R_r\left(t_r, t_a\right) \approx R_r\left(t_a\right) + \frac{V_r^2 t_a - R_{r0} V_r \sin\theta_{r0}}{R_r\left(t_a\right)} t_r \tag{5.31}$$

其中，$R_r\left(t_r\right) = \sqrt{R_{r0}^2 + V_r^2 t_a^2 \cos^2\theta_{r0}}$，收发平台到点目标的总瞬时斜距表达式为

$$R\left(t_r, t_a\right) = R_t\left(t_a\right) + R_r\left(t_a\right) + \left[\frac{V_r^2 t_a - R_{t0}\sin\theta_{t0}}{R_t\left(t_a\right)} + \frac{V_r^2 t_a - R_{r0}\sin\theta_{r0}}{R_r\left(t_a\right)}\right] t_r \tag{5.32}$$

将式 (5.32) 代入式 (5.26)，则回波信号可以改写成

$$
\begin{aligned}
&s\left(t_r, t_a\right) \\
={}&\exp\left\{-\mathrm{j}\frac{4\pi}{\lambda}\left[\frac{V_r^2 t_a - R_{t0}\sin\theta_{t0}}{R_t\left(t_a\right)} + \frac{V_r^2 t_a - R_{r0}\sin\theta_{r0}}{R_r\left(t_a\right)}\right] t_r\right\} \\
&\times \exp\left\{-\mathrm{j}\frac{4\pi}{\lambda}\left[R_t\left(t_a\right) + R_r\left(t_a\right)\right]\right\} \\
&\times \exp\left\{-\mathrm{j}\frac{4\pi}{\lambda}\gamma\left\{R_r\left(t_a\right) + R_r\left(t_a\right) + \left[\frac{V_r^2 t_a - R_{t0}\sin\theta_{t0}}{R_t\left(t_a\right)} + \frac{V_r^2 t_a - R_{r0}\sin\theta_{r0}}{R_r\left(t_a\right)}\right]\right\}\right. \\
&\times \left.\left(t_r - \frac{2R_{\mathrm{ref}}}{c}\right)\right\}
\end{aligned} \tag{5.33}
$$

上面提到的线性走动分量需要在做方位向 FFT 之前消除，考虑到接收机和发射机的线性走动分量，由原始

$$\Delta R\left(t_a\right) = \Delta R_t\left(t_a\right) + \Delta R_r\left(t_a\right) = -\left(V_r t_a \sin\theta_{t0} + V_r t_a \sin\theta_{r0}\right)$$

则相应的校正函数为

$$H_f = \exp\left\{\mathrm{j}\frac{4\pi}{c}\gamma\Delta R\left(t_a\right)\left(t - \frac{2R_{\mathrm{ref}}}{c}\right) + \mathrm{j}\frac{4\pi}{\lambda}\Delta R\left(t_a\right)\right\} \tag{5.34}$$

将式 (5.33) 根据驻定相位原理做方位向 FFT 到距离多普勒域 (距离向时域，方位向频域)，系统的总相位表达式如下：

$$\theta\left(t_a\right) = \theta_t\left(t_a\right) + \theta_r\left(t_a\right) + 2\pi f_a t_a \tag{5.35}$$

将上式分解成发射机和接收机的驻定相位之和, 其中发射机的驻定相位原理如下:

$$
\begin{aligned}
\theta_t\left(t_{\mathrm{a}}\right)= & -\frac{4\pi}{\lambda}\sqrt{R_{\mathrm{t}0}^2+V_{\mathrm{r}}^2\cos^2\theta_{\mathrm{t}0}t_{\mathrm{a}}^2} \\
& -\mathrm{j}\frac{4\pi}{c}\gamma\sqrt{R_{\mathrm{t}0}^2+V_{\mathrm{r}}^2\cos^2\theta_{\mathrm{t}0}t_{\mathrm{a}}^2}\left(t_{\mathrm{r}}-\frac{2R_{\mathrm{ref}}}{c}\right)+\pi f_{\mathrm{a}}t_{\mathrm{a}} \\
= & -\frac{4\pi}{\lambda}\sqrt{R_{\mathrm{t}0}^2+V_{\mathrm{r}}^2\cos^2\theta_{\mathrm{t}0}t_{\mathrm{a}}^2}\left[1+\frac{\gamma}{f_0}\left(t_{\mathrm{r}}-\frac{2R_{\mathrm{ref}}}{c}\right)\right]+\pi f_{\mathrm{a}}t_{\mathrm{a}}
\end{aligned}
\tag{5.36}
$$

取微分得到

$$
t_{\mathrm{ta}}=\frac{\lambda f_{\mathrm{a}}R_{\mathrm{t}0}}{2V_{\mathrm{r}}^2\cos^2\theta_{\mathrm{t}0}\sqrt{\left[1+\dfrac{\gamma}{f_0}\left(t-\dfrac{2R_{\mathrm{ref}}}{c}\right)\right]^2-\dfrac{\lambda^2 f_{\mathrm{a}}^2}{4V_{\mathrm{r}}^2\cos^2\theta_{\mathrm{t}0}}}}
\tag{5.37}
$$

将式 (5.37) 代入式 (5.36) 得到

$$
\begin{aligned}
\theta_{\mathrm{t}}\left(f_{\mathrm{a}}\right)= & -\frac{4\pi}{\lambda}\left[1+\frac{\gamma}{f_0}\left(t-\frac{2R_{\mathrm{ref}}}{c}\right)\right]\frac{R_{\mathrm{t}0}\left[1+\dfrac{\gamma}{f_0}\left(t_{\mathrm{r}}-\dfrac{2R_0}{c}\right)\right]}{\sqrt{\left[1+\dfrac{\gamma}{f_0}\left(t-\dfrac{2R_{\mathrm{ref}}}{c}\right)\right]^2-\left(\dfrac{\lambda f_{\mathrm{a}}}{2V_{\mathrm{r}}\cos\theta_{\mathrm{t}0}}\right)^2}} \\
& +2\pi f_{\mathrm{a}}\frac{\lambda f_{\mathrm{a}}R_{\mathrm{t}0}}{2V_{\mathrm{r}}^2\cos^2\theta_{\mathrm{r}0}\sqrt{\left[1+\dfrac{K}{f_0}\left(t-\dfrac{2R_{\mathrm{ref}}}{c}\right)\right]^2-\left(\dfrac{\lambda f_{\mathrm{a}}}{2v\cos\theta_{\mathrm{t}0}}\right)^2}} \\
= & -\frac{4\pi R_0}{\lambda}\sqrt{\left[1+\frac{K}{f_0}\left(t-\frac{2R_{\mathrm{ref}}}{c}\right)\right]^2-\left(\frac{\lambda f_{\mathrm{a}}}{2v\cos\theta_{\mathrm{t}0}}\right)^2}
\end{aligned}
\tag{5.38}
$$

将 $\theta_{\mathrm{t}}\left(f_{\mathrm{a}}\right)$ 在 $t=\dfrac{2R_{\mathrm{ref}}}{c}$ 处进行泰勒级数展开得到

$$
\begin{aligned}
& \theta_{\mathrm{t}}\left(f_{\mathrm{a}}\right) \\
& =-\frac{4\pi R_{\mathrm{t}0}}{\lambda}\left\{\sqrt{1-\left(\frac{\lambda f_{\mathrm{a}}}{2V_{\mathrm{r}}\cos\theta_{\mathrm{t}0}}\right)^2}+\frac{\gamma}{f_0\sqrt{1-\left(\dfrac{\lambda f_{\mathrm{a}}}{2V_{\mathrm{r}}\cos\theta_{\mathrm{t}0}}\right)^2}}\left(t-\frac{2R_{\mathrm{ref}}}{c}\right)\right\}
\end{aligned}
$$

$$-\frac{4\pi R_{t0}}{\lambda}\left\{\frac{\left(\frac{\gamma}{f_0}\right)^2\left[1-\left(1-\left(\frac{\lambda f_a}{2V_r\cos\theta_{t0}}\right)^2-1\right)\right]}{\left[1-\left(\frac{\lambda f_a}{2V_r\cos\theta_{t0}}\right)^2\right]^{\frac{3}{2}}}\left(t-\frac{2R_{ref}}{c}\right)^2\right\} \quad (5.39)$$

令 $\beta_t(f_a)=\sqrt{1-\left(\dfrac{\lambda f_a}{2V_r\cos\theta_{t0}}\right)^2}$，则有

$$\theta_t(f_a)=-\frac{4\pi R_{t0}}{\lambda}\beta_t(f_a)-\frac{\gamma}{f_c\beta_t(f_a)}\frac{4\pi R_{t0}}{\lambda}\left(t_t-\frac{2R_{ref}}{c}\right)$$
$$-\frac{4\pi R_{t0}\lambda\gamma^2}{c^2}\frac{\beta_t^2(f_a)-1}{\beta_t^3(f_a)}\left(t_r-\frac{2R_{ref}}{c}\right)^2 \quad (5.40)$$

同理可以得到接收机的相位，可表示为

$$\theta_r(f_a)=-\frac{4\pi R_{r0}}{\lambda}\beta_r(f_a)-\frac{\gamma}{f_c\beta_r(f_a)}\frac{4\pi R_{r0}}{\lambda}\left(t_r-\frac{2R_{ref}}{c}\right)$$
$$-\frac{4\pi R_{r0}\lambda\gamma^2}{c^2}\frac{\beta_r^2(f_a)-1}{\beta_r^3(f_a)}\left(t_r-\frac{2R_{ref}}{c}\right)^2 \quad (5.41)$$

其中，$\beta_t(f_a)=\sqrt{1-\left(\dfrac{\lambda f_a}{2V_r\cos\theta_{r0}}\right)^2}$，则同轨双基 FMCW SAR 的总相位表达式为

$$\theta(f_a)=\theta_t(f_a)+\theta_r(f_a)$$
$$=-\frac{4\pi R_{t0}}{\lambda}[\beta_t(f_a)+\beta_r(f_a)]$$
$$-\left[\frac{R_{t0}}{\beta_t(f_a)}+\frac{R_{r0}}{\beta_r(f_a)}\right]\frac{4\pi\gamma}{f_c\lambda}\left(t_r-\frac{2R_{ref}}{c}\right)$$
$$-\left[\frac{4\pi R_{t0}\lambda\gamma^2}{c^2}\frac{\beta_t^2(f_a)-1}{\beta_t^3(f_a)}+\frac{4\pi R_{r0}\lambda\gamma^2}{c^2}\frac{\beta_r^2(f_a)-1}{\beta_r^3(f_a)}\right]\left(t_r-\frac{2R_{ref}}{c}\right)^2 \quad (5.42)$$

则回波信号的距离多普勒谱可以表示成

$$s\left(f_{\mathrm{a}}, t_{\mathrm{r}}\right)$$

$$
= \exp\left\{-\mathrm{j}\left[\frac{4\pi R_{\mathrm{t}0}\beta_{\mathrm{t}}\left(f_{\mathrm{a}}\right)}{\lambda} + \frac{4\pi R_{\mathrm{r}0}\beta_{\mathrm{r}}\left(f_{\mathrm{a}}\right)}{\lambda}\right]\right\}
$$

$$
\times \exp\left\{-\mathrm{j}\frac{4\pi\gamma}{c}\left[\frac{R_{\mathrm{t}0}}{\beta_{\mathrm{t}}\left(f_{\mathrm{a}}\right)} + \frac{R_{\mathrm{r}0}}{\beta_{\mathrm{r}}\left(f_{\mathrm{a}}\right)} - R_{\mathrm{ref}}\right]\left(t_{\mathrm{r}} - \frac{2R_{\mathrm{ref}}}{c}\right)\right\}
$$

$$
\times \exp\left\{-\mathrm{j}\left[\frac{4\pi R_{\mathrm{t}0}\lambda\gamma^2}{c^2}\frac{\beta_{\mathrm{t}}^2\left(f_{\mathrm{a}}\right)-1}{\beta_{\mathrm{t}}^3\left(f_{\mathrm{a}}\right)} + \frac{4\pi R_{\mathrm{r}0}\lambda\gamma^2}{c^2}\frac{\beta_{\mathrm{r}}^2\left(f_{\mathrm{a}}\right)-1}{\beta_{\mathrm{r}}^3\left(f_{\mathrm{a}}\right)}\right]\left(t_{\mathrm{r}} - \frac{2R_{\mathrm{ref}}}{c}\right)^2\right\}
$$

$$(5.43)$$

式 (5.43) 中第二个指数项中的 $\dfrac{R_{\mathrm{t}0}}{\beta_{\mathrm{t}}\left(f_{\mathrm{a}}\right)} + \dfrac{R_{\mathrm{r}0}}{\beta_{\mathrm{r}}\left(f_{\mathrm{a}}\right)}$，如果忽略距离徙动的空变性，可以近似为

$$
\frac{R_{\mathrm{t}0}}{\beta_{\mathrm{t}}\left(f_{\mathrm{a}}\right)} + \frac{R_{\mathrm{r}0}}{\beta_{\mathrm{r}}\left(f_{\mathrm{a}}\right)} \approx R_{\mathrm{t}0} + R_{\mathrm{r}0} + \left(\frac{R_{\mathrm{t}0}\lambda^2 f_{\mathrm{a}}^2}{8V_{\mathrm{r}}^2\cos^2\theta_{\mathrm{t}0}} + \frac{R_{\mathrm{r}0}\lambda^2 f_{\mathrm{a}}^2}{8V_{\mathrm{r}}^2\cos^2\theta_{\mathrm{r}0}}\right)
$$

$$(5.44)$$

从式 (5.44) 可以看出，双基 FMCW SAR 的 RD 算法中距离徙动量的表达式为

$$
\Delta R_{\mathrm{RCM}} = \frac{R_{\mathrm{t}0}\lambda^2 f_{\mathrm{a}}^2}{8V_{\mathrm{r}}^2\cos^2\theta_{\mathrm{t}0}} + \frac{R_{\mathrm{r}0}\lambda^2 f_{\mathrm{a}}^2}{8V_{\mathrm{r}}^2\cos^2\theta_{\mathrm{r}0}}
$$

$$(5.45)$$

RD 算法中通常是运用 sinc 插值处理距离徙动量，RCM 校正后的信号表达式为

$$s\left(f_{\mathrm{a}}, t_{\mathrm{r}}\right)$$

$$
= \exp\left\{-\mathrm{j}\frac{4\pi\left(R_{\mathrm{t}0} + R_{\mathrm{r}0}\right)}{\lambda}\left[\beta_{\mathrm{t}}\left(f_{\mathrm{a}}\right) + \beta_{\mathrm{r}}\left(f_{\mathrm{a}}\right)\right]\right\}
$$

$$
\times \exp\left\{-\mathrm{j}\frac{4\pi\gamma}{c}\left[R_{\mathrm{t}0} + R_{\mathrm{r}0} - R_{\mathrm{ref}}\right]\left(t_{\mathrm{r}} - \frac{2R_{\mathrm{ref}}}{c}\right)\right\}
$$

$$
\times \exp\left\{-\mathrm{j}\frac{4\pi\left(R_{\mathrm{t}0} + R_{\mathrm{r}0}\right)\lambda\gamma^2}{c^2}\left[\frac{\beta_{\mathrm{t}}^2\left(f_{\mathrm{a}}\right)-1}{\beta_{\mathrm{t}}^3\left(f_{\mathrm{a}}\right)} + \frac{\beta_{\mathrm{r}}^2\left(f_{\mathrm{a}}\right)-1}{\beta_{\mathrm{r}}^3\left(f_{\mathrm{a}}\right)}\right]\left(t_{\mathrm{r}} - \frac{2R_{\mathrm{ref}}}{c}\right)^2\right\}
$$

$$(5.46)$$

式 (5.46) 中的第三个指数项是关于距离向快时间的二次函数，需要二次距离压缩参考函数来校正：

$$
H_{\mathrm{src}} = \exp\left\{\mathrm{j}\frac{4\pi\left(R_{\mathrm{t}0} + R_{\mathrm{r}0}\right)\lambda\gamma^2}{c^2}\left[\frac{\beta_{\mathrm{t}}^2\left(f_{\mathrm{a}}\right)-1}{\beta_{\mathrm{t}}^3\left(f_{\mathrm{a}}\right)} + \frac{\beta_{\mathrm{r}}^2\left(f_{\mathrm{a}}\right)-1}{\beta_{\mathrm{r}}^3\left(f_{\mathrm{a}}\right)}\right]\left(t_{\mathrm{r}} - \frac{2R_{\mathrm{ref}}}{c}\right)^2\right\}
$$

$$(5.47)$$

方位向脉冲压缩通过匹配滤波的方式进行, 相应的匹配滤波函数为

$$H_{\mathrm{ac}} = \exp\left\{ \mathrm{j}\frac{4\pi\left(R_{\mathrm{t}0} + R_{\mathrm{r}0}\right)}{\lambda}\left[\beta_{\mathrm{t}}\left(f_{\mathrm{a}}\right) + \beta_{\mathrm{r}}\left(f_{\mathrm{a}}\right)\right]\right\} \tag{5.48}$$

至此, 该算法对方位向的处理已经结束, 将信号在方位向做 IFFT, 信号变换到二维时域, 则回波函数变为

$$s\left(t_{\mathrm{r}}, t_{\mathrm{a}}\right) = \exp\left\{ -\mathrm{j}\frac{4\pi\gamma}{c}\left[R_{\mathrm{t}0} + R_{\mathrm{r}0} - R_{\mathrm{ref}}\right]\left(t_{\mathrm{r}} - \frac{2R_{\mathrm{ref}}}{c}\right)\right\} \tag{5.49}$$

对回波信号做距离向压缩, 由前文可知, 只需对处理后的回波信号做距离向 FFT 即可。经过距离向压缩后的信号表达如下:

$$s\left(f_{\mathrm{r}}, t_{\mathrm{a}}\right) = \operatorname{sinc}\left\{ \pi T_{\mathrm{p}}\left[f_{\mathrm{r}} + \frac{2\gamma}{c}\left(R_{\mathrm{t}0} + R_{\mathrm{r}0} - R_{\mathrm{ref}}\right)\right]\right\} \cdot \exp\left(-\mathrm{j}\frac{4\pi R_{\mathrm{ref}}}{c}f_{\mathrm{r}}\right) \tag{5.50}$$

式 (5.50) 的第二个指数项是由 FMCW SAR 在接收信号时进行去调频处理, 引入了参考距离所带来的, 对该项的补偿函数为

$$H_{\mathrm{rvp}} = \exp\left(\mathrm{j}\frac{4\pi R_{\mathrm{ref}}}{c}f_{\mathrm{r}}\right) \tag{5.51}$$

双星 FMCW SAR 的 RD 成像算法至此已完成聚焦, 可以进行成像。RD 算法流程图如图 5.18 所示。

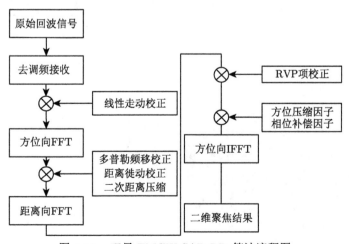

图 5.18　双星 FMCW SAR RD 算法流程图

2. 仿真结果及分析

下面仿真星载双基地 FMCW SAR 单个点目标的情况，具体仿真参数如下：信号带宽 150MHz，载频 35GHz，扫频周期 25ms，距离向采样频率 25MHz，卫星轨道高度 500km，双星间距 1km。

在场景中心线上慢时间为零的时刻放置一个静止的点目标，采用本节介绍方法进行成像处理，其结果如图 5.19 所示。图 5.19(a)，(b) 为经过距离脉冲压缩而未做方位向脉冲压缩的空间响应曲线，纵坐标为距离频率，横坐标为方位时间，其中图 5.19(a) 为多普勒频移未补偿后的情况，图 5.19(b) 为多普勒频移补偿后的情况，两幅图均经过距离徙动校正，可以发现，如果不补偿多普勒频移，则会造成回波的越距离单元徙动，影响图像的聚焦。为了使离散处理的数据点连续化，采用 16 倍插值后结果如图 5.19(c) 所示，图 5.19(d) 为其等值线图，图 5.19(e) 为其距离向剖面图，图 5.19(f) 为其方位向剖面图。表 5.1 给出了成像结果的性能指标，可以发现，无论是 PSLR 还是 ISLR 均接近理论值，证明本节讨论的成像方法是行之有效的。

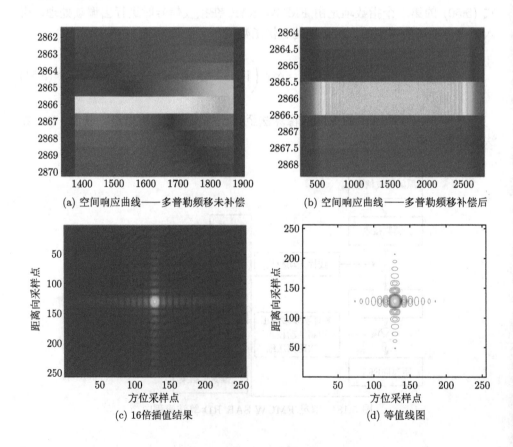

(a) 空间响应曲线——多普勒频移未补偿

(b) 空间响应曲线——多普勒频移补偿后

(c) 16倍插值结果

(d) 等值线图

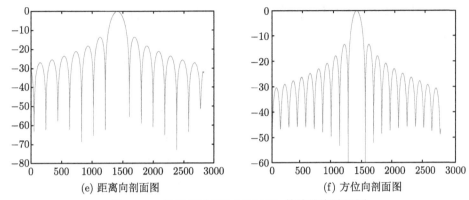

(e) 距离向剖面图 (f) 方位向剖面图

图 5.19 双星 FMCW SAR RD 算法仿真结果图

表 5.1 性能指标分析

性能指标	PSLR/dB		ISLR/dB	
	距离	方位	距离	方位
指标值	−13.3768	−13.2621	−9.6932	−9.7218

5.3.3 频率变标成像方法

最基本的 SAR 成像算法——RD 算法, 其通过插值法对距离徙动项进行校正, 通过插值极大地增加了系统的运算量, 硬件系统的巨大负担和实践中的许多限制使得实时获取图像变得困难。

线性变标 (chirp scaling, CS) 算法则是通过非插值的方法进行距离徙动校正, 根据线性调频信号的性质可知, 两个线性调频信号相乘仍为线性调频信号, 该算法被广泛应用在脉冲 SAR 成像处理中。但对于 FMCW SAR 而言, 对接收到的信号要先进行去调频处理, 去调频处理后的信号在距离向是单一频率信号, 因此对于 FMCW SAR 的成像不能直接使用 CS 算法。Mittermayer 等提出了适用于 FMCW SAR 成像的频率变标 (frequency scaling, FS) 算法。本节将详细分析 FS 算法实现非插值距离徙动校正原理, 推导 FS 算法过程所需的调频函数, 根据原理进行仿真来验证适用于双星 FMCW SAR 系统的 FS 算法[10]。

1. FS 算法的基本原理

接收端接收到的经过去调频处理后的回波信号, 其省略常数项后重新改写为

$$s\left(t_{\mathrm{r}}, t_{\mathrm{a}}\right) = \exp\left[-\frac{\mathrm{j}4\pi f_{\mathrm{c}}}{c} R\left(t_{\mathrm{r}}, t_{\mathrm{a}}\right)\right] \exp\left\{-\frac{\mathrm{j}4\pi\gamma}{c}\left[R\left(t_{\mathrm{r}}, t_{\mathrm{a}}\right) - R_{\mathrm{ref}}\right]\left(t_{\mathrm{r}} - \frac{2R_{\mathrm{ref}}}{c}\right)\right\}$$
$$\times \exp\left\{\frac{\mathrm{j}4\pi\gamma}{c^2}\left[R\left(t_{\mathrm{r}}, t_{\mathrm{a}}\right) - R_{\mathrm{ref}}\right]^2\right\}$$

$$(5.52)$$

将收发平台与待测目标之间的瞬时斜距的表达式在快时间 $t_{\mathrm{r}} = 0$ 处进行泰勒级数展开，有

$$R(t_{\mathrm{r}}, t_{\mathrm{a}}) = R(t_{\mathrm{a}}) + \frac{\mathrm{d}R(t_{\mathrm{r}}, t_{\mathrm{a}})}{\mathrm{d}t} = R(t_{\mathrm{a}}) - \frac{\lambda}{2} f_{\mathrm{d}} t_{\mathrm{r}} \tag{5.53}$$

$$R_{\mathrm{t}}(t_{\mathrm{r}}, t_{\mathrm{a}}) = R_{\mathrm{t}}(t_{\mathrm{a}}) + \frac{V_{\mathrm{r}}^2 t_{\mathrm{a}} - R_{\mathrm{t}0} V_{\mathrm{r}} \sin\theta_{\mathrm{t}0}}{R_{\mathrm{t}}(t_{\mathrm{a}})} t_{\mathrm{r}} \tag{5.54}$$

$$R_{\mathrm{r}}(t_{\mathrm{r}}, t_{\mathrm{a}}) = R_{\mathrm{r}}(t_{\mathrm{a}}) + \frac{V_{\mathrm{r}}^2 t_{\mathrm{a}} - R_{\mathrm{r}0} V_{\mathrm{r}} \sin\theta_{\mathrm{r}0}}{R_{\mathrm{r}}(t_{\mathrm{a}})} t_{\mathrm{r}} \tag{5.55}$$

$$R(t_{\mathrm{a}}) = R_{\mathrm{t}}(t_{\mathrm{a}}) + R_{\mathrm{r}}(t_{\mathrm{a}}) \tag{5.56}$$

$$R(t_{\mathrm{r}}, t_{\mathrm{a}}) = R(t_{\mathrm{a}}) + \frac{\mathrm{d}R(t_{\mathrm{r}}, t_{\mathrm{a}})}{\mathrm{d}t_{\mathrm{a}}} t_{\mathrm{r}} = R(t_{\mathrm{a}}) - \frac{\lambda}{2} f_{\mathrm{d}} t_{\mathrm{r}}$$

$$= R_{\mathrm{t}}(t_{\mathrm{a}}) + R_{\mathrm{r}}(t_{\mathrm{a}}) + \left[\frac{V_{\mathrm{r}}^2 t_{\mathrm{a}} - R_{\mathrm{t}0} V_{\mathrm{r}} \sin\theta_{\mathrm{t}0}}{R_{\mathrm{t}}(t_{\mathrm{a}})} + \frac{V_{\mathrm{r}}^2 t_{\mathrm{a}} - R_{\mathrm{r}0} V_{\mathrm{r}} \sin\theta_{\mathrm{r}0}}{R_{\mathrm{r}}(t_{\mathrm{a}})} \right] t_{\mathrm{r}} \tag{5.57}$$

式中，f_{d} 被称为多普勒频移项，它是由载机平台在发射和接收电磁波信号时的持续运动引起的，在脉冲 SAR 中该项可以无须考虑。可以得到

$$f_{\mathrm{d}} = -\frac{2}{\lambda} \left[\frac{V_{\mathrm{r}}^2 t_{\mathrm{a}} - R_{\mathrm{t}0} V_{\mathrm{r}} \sin\theta_{\mathrm{t}0}}{R_{\mathrm{t}}(t_{\mathrm{a}})} + \frac{V_{\mathrm{r}}^2 t_{\mathrm{a}} - R_{\mathrm{r}0} V_{\mathrm{r}} \sin\theta_{\mathrm{r}0}}{R_{\mathrm{r}}(t_{\mathrm{a}})} \right] \tag{5.58}$$

$$s_{\mathrm{IF}}(t_{\mathrm{r}}, t_{\mathrm{a}}) = \exp\left[-\frac{\mathrm{j}4\pi f_{\mathrm{c}}}{c} R(t_{\mathrm{a}}) \right] \exp\left[-\frac{\mathrm{j}4\pi\gamma}{c} (R(t_{\mathrm{a}}) - R_{\mathrm{ref}}) \left(t_{\mathrm{r}} - \frac{2R_{\mathrm{ref}}}{c} \right) \right]$$

$$\times \exp\left[\frac{\mathrm{j}4\pi\gamma}{c^2} (R(t_{\mathrm{a}}) - R_{\mathrm{ref}})^2 \right] \cdot \exp\left(-\mathrm{j}2\pi f_{\mathrm{d}} t_{\mathrm{r}} \right) \tag{5.59}$$

由于 RCM 项的校正需要在距离多普勒域进行，所以频率变标过程我们也在距离多普勒域完成，FS 成像算法的第一步是对去调频后的接收信号进行方位向 FFT，使其从二维时域变换到距离多普勒域，变换后的回波信号可表示为

$$S(f_{\mathrm{a}}, t_{\mathrm{r}}) = \exp\left\{ -\mathrm{j}\frac{4\pi R_{\mathrm{t}0}}{\lambda} \sqrt{\left[1 + \frac{\gamma}{f_0} \left(t_{\mathrm{r}} - \frac{2R_{\mathrm{ref}}}{c} \right) \right] - \frac{\lambda^2 f_{\mathrm{a}}^2}{4V_{\mathrm{r}}^2 \cos^2\theta_{\mathrm{t}0}}} \right\}$$

$$\times \exp\left\{ -\mathrm{j}\frac{4\pi R_{\mathrm{r}0}}{\lambda} \sqrt{\left[1 + \frac{\gamma}{f_0} \left(t_{\mathrm{r}} - \frac{2R_{\mathrm{ref}}}{c} \right) \right] - \frac{\lambda^2 f_{\mathrm{a}}^2}{4V_{\mathrm{r}}^2 \cos^2\theta_{\mathrm{r}0}}} \right\}$$

$$\times \exp\left(-\mathrm{j}2\pi f_{\mathrm{d}}t_{\mathrm{r}}\right) \cdot \exp\left[-\mathrm{j}\frac{4\pi\gamma}{c}R_{\mathrm{ref}}\left(t_{\mathrm{r}} - \frac{2R_{\mathrm{ref}}}{c}\right)\right]$$

$$\times \exp\left[-\mathrm{j}\frac{4\pi\gamma}{c^2}R_{\mathrm{ref}}\left(R\left(t_{\mathrm{r}}, t_{\mathrm{a}}\right) - \frac{2R_{\mathrm{ref}}}{c}\right)\right] \tag{5.60}$$

令 $\beta_{\mathrm{t}}\left(f_{\mathrm{a}}\right) = \sqrt{1 - \left(\dfrac{f_{\mathrm{a}}\lambda}{2V_{\mathrm{r}}\cos\theta_{\mathrm{t}0}}\right)^2}$, $\beta_{\mathrm{r}}\left(f_{\mathrm{a}}\right) = \sqrt{1 - \left(\dfrac{f_{\mathrm{a}}\lambda}{2V_{\mathrm{r}}\cos\theta_{\mathrm{r}0}}\right)^2}$ 可得

$$\sqrt{\left[1 + \frac{K}{f_{\mathrm{a}}}\left(t - \frac{2R_{\mathrm{ref}}}{c}\right)\right]^2 - \frac{\lambda^2 f_{\mathrm{a}}^2}{4V_{\mathrm{r}}^2}}$$

$$= \beta_{\mathrm{t}} + \frac{\gamma}{f_0\beta_{\mathrm{t}}}\left(t_{\mathrm{r}} - \frac{2R_{\mathrm{ref}}}{c}\right) - \frac{\gamma^2\left(1 - \beta_{\mathrm{t}}^2\right)}{2f_0^2\beta_{\mathrm{t}}^3}\left(t_{\mathrm{r}} - \frac{2R_{\mathrm{ref}}}{c}\right)^2 \tag{5.61}$$

$$+ \frac{\gamma^3\left(1 - \beta_{\mathrm{t}}^2\right)\left(t_{\mathrm{r}} - \dfrac{2R_{\mathrm{ref}}}{c}\right)^3}{2f_0^3\beta_{\mathrm{t}}^5}$$

$$\sqrt{\left[1 + \frac{\gamma}{f_{\mathrm{a}}}\left(t_{\mathrm{r}} - \frac{2R_{\mathrm{ref}}}{c}\right)\right]^2 - \frac{\lambda^2 f_{\mathrm{a}}^2}{4V_{\mathrm{r}}^2\cos^2\theta_{\mathrm{r}0}}}$$

$$= \beta_{\mathrm{r}} + \frac{\gamma}{f_0\beta_{\mathrm{r}}}\left(t_{\mathrm{r}} - \frac{2R_{\mathrm{ref}}}{c}\right) - \frac{\gamma^2\left(1 - \beta_{\mathrm{r}}^2\right)}{2f_0^2\beta_{\mathrm{r}}^3}\left(t_{\mathrm{r}} - \frac{2R_{\mathrm{ref}}}{c}\right)^2 \tag{5.62}$$

$$+ \frac{\gamma^3\left(1 - \beta_{\mathrm{r}}^2\right)}{2f_0^3\beta_{\mathrm{r}}^5}\left(t_{\mathrm{r}} - \frac{2R_{\mathrm{ref}}}{c}\right)^3$$

则变换后的信号可写成

$$S\left(f_{\mathrm{a}}, t_{\mathrm{r}}\right) = \exp\left\{-\mathrm{j}\left[\frac{4\pi R_{\mathrm{t}0}\beta_{\mathrm{t}}\left(f_{\mathrm{a}}\right)}{\lambda} + \frac{4\pi R_{\mathrm{r}0}\beta_{\mathrm{r}}\left(f_{\mathrm{a}}\right)}{\lambda}\right]\right\}$$

$$\times \exp\left(-\mathrm{j}2\pi f_{\mathrm{d}}t_{\mathrm{r}}\right) \cdot \mathrm{SRC}\left(f_{\mathrm{a}}, t_{\mathrm{r}}\right) \cdot \exp\left\{\mathrm{j}\frac{4\pi\gamma}{c^2}\left[R\left(t_{\mathrm{r}}, t_{\mathrm{a}}\right) - R_{\mathrm{ref}}\right]^2\right\}$$

$$\times \exp\left[-\mathrm{j}\frac{4\pi\gamma}{c}\left(\frac{R_{\mathrm{t}0}}{\beta_{\mathrm{t}}\left(f_{\mathrm{a}}\right)} + \frac{R_{\mathrm{r}0}}{\beta_{\mathrm{r}}\left(f_{\mathrm{a}}\right)} - R_{\mathrm{ref}}\right)\left(t_{\mathrm{r}} - \frac{2R_{\mathrm{ref}}}{c}\right)\right] \tag{5.63}$$

$$\mathrm{SRC}\,(f_\mathrm{a}, t_\mathrm{r})$$

$$= \exp\left\{-\mathrm{j}\left[\frac{2\pi R_{\mathrm{t}0}\gamma^2\lambda}{c^2}\frac{(\beta_\mathrm{t}^2-1)}{\beta_\mathrm{t}^3} + \frac{4\pi R_{\mathrm{r}0}\gamma^2\lambda}{c^2}\frac{(\beta_\mathrm{r}^2-1)}{\beta_\mathrm{r}^3}\right]\left(t_\mathrm{r} - \frac{2R_\mathrm{ref}}{c}\right)^2\right\}$$

$$\times \exp\left\{-\mathrm{j}\left[\frac{2\pi R_{\mathrm{t}0}\gamma^3\lambda^2}{c^3}\frac{(1-\beta_\mathrm{t}^2)}{\beta_\mathrm{t}^5} + \frac{2\pi R_{\mathrm{r}0}\gamma^3\lambda^2}{c^3}\frac{(1-\beta_\mathrm{r}^2)}{\beta_\mathrm{r}^5}\right]\left(t_\mathrm{r} - \frac{2R_\mathrm{ref}}{c}\right)^3\right\} \tag{5.64}$$

对上式做距离向 FFT，并忽略高次项影响得到

$$S\,(f_\mathrm{a}, f_\mathrm{r}) = \mathrm{sinc}\left\{\pi T_\mathrm{p}\left[f_\mathrm{r} + \frac{2\gamma}{c}\left(\frac{R_{\mathrm{t}0}}{\beta_\mathrm{t}\,(f_\mathrm{a})} + \frac{R_{\mathrm{r}0}}{\beta_\mathrm{r}\,(f_\mathrm{a})} - R_\mathrm{ref}\right)\right]\right\}$$

$$\times \exp\left\{-\mathrm{j}\left[\frac{4\pi R_{\mathrm{t}0}\beta_\mathrm{t}\,(f_\mathrm{a})}{\lambda} + \frac{4\pi R_{\mathrm{r}0}\beta_\mathrm{r}\,(f_\mathrm{a})}{\lambda}\right]\right\} \tag{5.65}$$

$$\times \exp\left\{\mathrm{j}\frac{4\pi\gamma}{c^2}\left[R\,(t_\mathrm{r}, t_\mathrm{a}) - R_\mathrm{ref}\right]\right\}\exp\left[-\mathrm{j}2\pi\,(f_\mathrm{r} - f_\mathrm{d})\right]$$

此时可以得到距离徙动方程为

$$\mathrm{RCM} = \frac{2\gamma}{c}\left[\frac{R_{\mathrm{t}0}}{\beta_\mathrm{t}\,(f_\mathrm{a})} + \frac{R_{\mathrm{r}0}}{\beta_\mathrm{r}\,(f_\mathrm{a})} - R_\mathrm{ref}\right] - f_\mathrm{d} \tag{5.66}$$

先对上式第二项进行补偿，补偿后上式变为

$$\mathrm{RCM}' = \frac{2\gamma}{c}\left[\frac{R_{\mathrm{t}0}}{\beta_\mathrm{t}\,(f_\mathrm{a})} + \frac{R_{\mathrm{r}0}}{\beta_\mathrm{r}\,(f_\mathrm{a})} - R_\mathrm{ref}\right] \tag{5.67}$$

据上式可知，距离徙动校正不仅与 $R_{\mathrm{t}0}$ 和 $R_{\mathrm{r}0}$ 有关，还与 β_r 和 β_t 有关，那么就需要对距离频率进行变标，将尺度因子归一化：

$$\mathrm{RCM}'' = \mathrm{RCM1} + \mathrm{RCM2} + \Delta\mathrm{RCM}$$

$$= \frac{2\gamma}{c}\left[\frac{R_{\mathrm{t}0}}{\beta_\mathrm{t}\,(f_\mathrm{a})} - R_\mathrm{ref}\right] + \frac{2\gamma}{c}\left[\frac{R_{\mathrm{r}0}}{\beta_\mathrm{r}\,(f_\mathrm{a})} - R_\mathrm{ref}\right] + \frac{2\gamma R_\mathrm{ref}}{c} \tag{5.68}$$

$$= \frac{1}{\beta_\mathrm{t}}\left[\frac{2\gamma}{c}\,(R_{\mathrm{t}0} - \beta_\mathrm{t}R_\mathrm{ref})\right] + \frac{1}{\beta_\mathrm{r}}\left[\frac{2\gamma}{c}\,(R_{\mathrm{r}0} - \beta_\mathrm{r}R_\mathrm{ref})\right] + \frac{2\gamma R_\mathrm{ref}}{c}$$

对上式最后一项 $\Delta\mathrm{RCM}$ 进行补偿，补偿后的距离徙动项变为

$$\mathrm{RCM}''' = \frac{1}{\beta_\mathrm{t}}\left[\frac{2\gamma}{c}\,(R_{\mathrm{t}0} - \beta_\mathrm{t}R_\mathrm{ref})\right] + \frac{1}{\beta_\mathrm{r}}\left[\frac{2\gamma}{c}\,(R_{\mathrm{r}0} - \beta_\mathrm{r}R_\mathrm{ref})\right] \tag{5.69}$$

在信号中引入两个相位项：

$$S\left(t_{\mathrm{a}}, f_{\mathrm{r}}\right)=\operatorname{sinc}\left\{\pi T_{\mathrm{p}}\left(f_{\mathrm{r}}+\frac{2\gamma}{c}\left[\frac{R_{\mathrm{t}0}}{\beta_{\mathrm{t}}\left(f_{\mathrm{a}}\right)}+\frac{R_{\mathrm{r}0}}{\beta_{\mathrm{r}}\left(f_{\mathrm{a}}\right)}-R_{\mathrm{ref}}\right]\right)\right\}$$

$$\times \exp\left\{-\mathrm{j}\left[\frac{4\pi R_{\mathrm{t}0}\beta_{\mathrm{t}}\left(f_{\mathrm{a}}\right)}{\lambda}+\frac{4\pi R_{\mathrm{r}0}\beta_{\mathrm{r}}\left(f_{\mathrm{a}}\right)}{\lambda}\right]\right\}$$

$$\times \exp\left\{\mathrm{j}\frac{4\pi\gamma}{c^2}\left[R\left(t_{\mathrm{a}}\right)-R_{\mathrm{ref}}\right]\right\}\cdot\exp\left[-\mathrm{j}2\pi\left(f_{\mathrm{r}}-f_{\mathrm{d}}\right)\right] \qquad (5.70)$$

$$\times \exp\left(-\mathrm{j}\frac{\pi}{K}f_{\mathrm{r}}^2\right)\exp\left(\mathrm{j}\frac{\pi}{K}f_{\mathrm{r}}^2\right)$$

对上式在距离向进行 IFFT，信号表达式可近似为

$$s_{\mathrm{IF}}\left(t_{\mathrm{r}}, t_{\mathrm{r}}\right)=\exp\left\{-\mathrm{j}\left[\frac{4\pi R_{\mathrm{t}0}\beta_{\mathrm{t}}\left(f_{\mathrm{a}}\right)}{\lambda}+\frac{4\pi R_{\mathrm{r}0}\beta_{\mathrm{r}}\left(f_{\mathrm{a}}\right)}{\lambda}\right]\right\}$$

$$\times \exp\left\{-\mathrm{j}\frac{4\pi\gamma}{c}\left[\frac{\beta_{\mathrm{r}}R_{\mathrm{t}0}+\beta_{\mathrm{t}}R_{\mathrm{r}0}}{\beta_{\mathrm{t}}\beta_{\mathrm{r}}}-R_{\mathrm{ref}}\right]\left(t_{\mathrm{r}}-\frac{2R_{\mathrm{ref}}}{c}\right)\right\} \qquad (5.71)$$

$$\times \exp\left(-\mathrm{j}2\pi f_{\mathrm{d}}t_{\mathrm{r}}\right)\otimes\exp\left(-\mathrm{j}\pi K t_{\mathrm{r}}^2\right)$$

由式 (5.69) 可知，距离徙动量一方面与 $R_{\mathrm{t}0}$ 和 $R_{\mathrm{r}0}$ 有关，当这两个值越大时，距离徙动值也就越大。同时，它也与方位向频率 f_{a} 有关。回波信号经过去调频之后距离向变为单频信号，对距离频率因子做 $1/(\beta_{\mathrm{r}}\beta_{\mathrm{t}})$ 的尺度变换，就校正了补余 RCM，回波信号与一系列的函数进行相乘或者卷积从而实现变标的过程。图 5.20 为 FS 算法频率变标过程示意图。

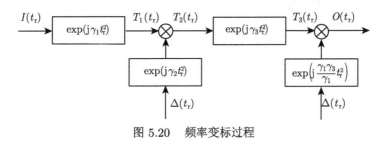

图 5.20 频率变标过程

$I\left(t_{\mathrm{r}}\right)$ 为系统输入函数，其与变换函数 $\exp\left(\mathrm{j}\gamma_1 t_{\mathrm{r}}^2\right)$ 进行卷积得到第一个中间函数与变换函数 $T_1\left(t\right)$：

$$T_1(t_{\mathrm{r}})=I(t)\otimes\exp\left(\mathrm{j}\gamma_1 t_{\mathrm{r}}^2\right)$$

$$=\exp\left(\mathrm{j}\gamma_1 t_{\mathrm{r}}^2\right)\int I(\tau)\exp\left(\mathrm{j}\gamma_1\tau^2\right)\exp\left(-\mathrm{j}2\gamma_1 t_{\mathrm{r}}\tau\right)\mathrm{d}\tau \qquad (5.72)$$

将 $T_1(t_r)$ 与变换函数 $\exp\left(\mathrm{j}\gamma_2 t_r^2\right)$ 相乘得到第二个中间函数 $T_2(t_r)$，有

$$
\begin{aligned}
T_2(t_r) &= T_1(t_r) * \exp\left(\mathrm{j}\gamma_2 t_r^2\right)\\
&= \exp\left[\mathrm{j}\left(\gamma_1+\gamma_2\right)t_r^2\right]\int I(\tau)\exp\left(\mathrm{j}\gamma_1\tau^2\right)\exp\left(-\mathrm{j}2\gamma_1 t_r\tau\right)\mathrm{d}\tau
\end{aligned}
\tag{5.73}
$$

令 $\gamma_1\tau = \left(\gamma_1+\gamma_2\right)\tau'$，则上式变为

$$
\begin{aligned}
T_2(t_r) &= T_1(t) * \exp\left(\mathrm{j}\gamma_2 t_r^2\right)\\
&= \exp\left[\mathrm{j}\left(\gamma_1+\gamma_2\right)t_r^2\right]\int I(\tau)\exp\left(\mathrm{j}\gamma_1\tau^2\right)\exp\left(-\mathrm{j}2\gamma_1\tau^2\right)\mathrm{d}\tau\\
&= \exp\left[\mathrm{j}\left(\gamma_1+\gamma_2\right)t_r^2\right]\int I\left(\frac{\gamma_1+\gamma_2}{\gamma_1}\tau'\right)\exp\left[\mathrm{j}\frac{\left(\gamma_1+\gamma_2\right)^2}{\gamma_1}\tau^2\right]\\
&\quad\times\exp\left[-\mathrm{j}2\left(\gamma_1+\gamma_2\right)\tau'\right]\mathrm{d}\tau'\\
&= \int I\left(\frac{\gamma_1+\gamma_2}{\gamma_1}\tau'\right)\exp\left[\mathrm{j}\frac{\gamma_2\left(\gamma_1+\gamma_2\right)}{\gamma_1}\tau^2\right]\exp\left[\mathrm{j}\left(\gamma_1+\gamma_2\right)\left(\tau'-t\right)^2\right]\mathrm{d}\tau\\
&= I\left(\frac{\gamma_1+\gamma_2}{\gamma_1}t_r\right)\exp\left[\mathrm{j}\frac{\gamma_2\left(\gamma_1+\gamma_2\right)}{\gamma_1}t_r^2\right]\otimes\exp\left[\mathrm{j}\left(\gamma_1+\gamma_2\right)t_r^2\right]
\end{aligned}
\tag{5.74}
$$

将 $T_2(t_r)$ 与变换函数 $\exp\left(\mathrm{j}\gamma_3 t_r^2\right)$ 相卷积，同时令 $\gamma_1+\gamma_2+\gamma_3=0$，则可表示为

$$
\begin{aligned}
T_3(t_r) &= T_2(t_r)\otimes\exp\left(\mathrm{j}\gamma_3 t_r^2\right)\\
&= I\left(\frac{\gamma_1+\gamma_2}{\gamma_1}t_r\right)\exp\left[\mathrm{j}\frac{\gamma_2\left(\gamma_1+\gamma_2\right)}{\gamma_1}t_r^2\right]*\exp\left[\mathrm{j}\left(\gamma_1+\gamma_2\right)t_r^2\right]*\exp\left(\mathrm{j}\gamma_3 t_r^2\right)\\
&= I\left(\frac{-\gamma_3}{\gamma_1}t_r\right)\exp\left(\mathrm{j}\frac{-\gamma_2\gamma_3}{\gamma_1}t_r^2\right)*\exp\left(-\mathrm{j}\gamma_3 t_r^2\right)*\exp\left(\mathrm{j}\gamma_3 t_r^2\right)\\
&= I\left(\frac{-\gamma_3}{\gamma_1}t_r\right)\exp\left(\mathrm{j}\frac{-\gamma_2\gamma_3}{\gamma_1}t_r^2\right)*\delta(t_r)\\
&= I\left(\frac{-\gamma_3}{\gamma_1}t_r\right)\exp\left(\mathrm{j}\frac{-\gamma_2\gamma_3}{\gamma_1}t_r^2\right)
\end{aligned}
\tag{5.75}
$$

输出函数 $O(t_r)$ 可表示为

$$
O(t_r) = T_3(t)\cdot\exp\left(\mathrm{j}\frac{\gamma_2\gamma_3}{\gamma_1}t_r^2\right) = I\left(-\frac{\gamma_3}{\gamma_1}t_r\right)
\tag{5.76}
$$

通过上边的分析可知，输入信号为 $I(t_r)$ 的信号，经过一系列的变换后最后输出 $I(-\gamma_3/\gamma_1 t_r)$，实现了尺度变换。参数的选择取决于所需要的变换因子的选择，选择不同的参数可以实现不同因子间的尺度变换，本章所需要的频率变标过程也可应用以上的系统。

在 FMCW SAR 的基础分析中，$T_1(t_r)$ 相当于 s_{IF}，所以 $\exp(j\gamma_1 t_r^2)$ 项通常为 $\exp(j\gamma t_r^2)$，且输出信号 $O(t_r) = I(\beta_t\beta_r t_r)$。

则 $\beta_t\beta_r = -\gamma_3/\gamma_1$，$\gamma_2 = \pi\gamma(1 - \beta_t\beta_r)$，$\gamma_3\gamma_2/\gamma_1 = \pi\gamma\beta_t\beta_r(\beta_t\beta_r - 1)$。所以频率变标函数为

$$H_{FS}(f_a) = \exp\left[j\pi K(1 - \beta_t\beta_r)t_r^2\right] \tag{5.77}$$

回波接收信号通过上面几个步骤的数学变换实现了对尺度变换，而且同时消除了 RVP 项在变换过程中的影响，在整个成像算法中引入频率变标。

从图 5.20 中可以看出，参数 γ_1 的调频系统产生了 RVP 项，将信号改写为

$$
\begin{aligned}
s_1(t_r, f_a) = {} & \exp\left\{-j\frac{4\pi\gamma}{c}\left[\frac{\beta_r R_{t0} + \beta_t R_{r0}}{\beta_t\beta_r} - R_{ref}\right]\left(\beta_t\beta_r t_r - \frac{2R_{ref}}{c}\right)\right\} \\
& \times \exp\left\{-j\left[\frac{4\pi R_{t0}\beta_t(f_a)}{\lambda} + \frac{4\pi R_{r0}\beta_r(f_a)}{\lambda}\right]\right\} \\
& \times \exp\left(-j2\pi f_d\beta_t\beta_r t_r\right) \cdot SRC(f_a, \beta_t\beta_r t_r) \otimes \exp\left(-j\pi K\beta_t\beta_r t_r^2\right)
\end{aligned}
\tag{5.78}
$$

再将信号与调频函数相乘得到中间函数 $T_2(t_r)$，表达式为

$$
\begin{aligned}
s_1(t_r, f_a) = {} & \exp\left\{-j\frac{4\pi\gamma}{c}\left[\frac{\beta_r R_{t0} + \beta_t R_{r0}}{\beta_t\beta_r} - R_{ref}\right]\left(\beta_t\beta_r t_r - \frac{2R_{ref}}{c}\right)\right\} \\
& \times \exp\left\{-j\left[\frac{4\pi R_{t0}\beta_t(f_a)}{\lambda} + \frac{4\pi R_{r0}\beta_r(f_a)}{\lambda}\right]\right\} \\
& \times \exp\left(-j2\pi f_d\beta_t\beta_r t_r\right) \cdot SRC(f_a, \beta_t\beta_r t_r) \\
& \otimes \exp\left(-j\pi K\beta_t\beta_r t_r^2\right)
\end{aligned}
\tag{5.79}
$$

由式 (5.79) 可知，卷积符号之前的快时间项已经完成了 β 的尺度变换，卷积符号后的快时间项进行了因子为 $\sqrt{\beta_t\beta_r}$ 的尺度变换，根据步骤，将 $T_2(t_r)$ 与参数为 γ_3 的调频函数卷积得到 $T_3(t_r)$，RVP 项也消除了，输出信号的表达式为

$$
\begin{aligned}
O(t_r) = {} & \exp\left\{-j\frac{4\pi\gamma}{c}\left[\frac{\beta_r R_{t0} + \beta_t R_{r0}}{\beta_t\beta_r} - R_{ref}\right]\left(\beta_t\beta_r t_r - \frac{2R_{ref}}{c}\right)\right\} \\
& \times \exp\left(j2\pi f_d\beta_t\beta_r t_r\right) \cdot SRC(f_a, \beta_t\beta_r t_r)
\end{aligned}
$$

$$\times \exp\left\{-\mathrm{j}\left[\frac{4\pi R_{\mathrm{t0}}\beta_{\mathrm{t}}\left(f_{\mathrm{a}}\right)}{\lambda} + \frac{4\pi R_{\mathrm{r0}}\beta_{\mathrm{r}}\left(f_{\mathrm{a}}\right)}{\lambda}\right]\right\}$$

$$\times \exp\left[-\mathrm{j}\pi\gamma\beta_{\mathrm{t}}\beta_{\mathrm{r}}\left(\beta_{\mathrm{t}}\beta_{\mathrm{r}} - 1\right)t_{\mathrm{r}}^2\right] \tag{5.80}$$

上式中最后一个指数项是在去除 RVP 项后产生的多余项，对其进行消除，校正函数为

$$H_{\mathrm{IFS}} = \exp\left[-\mathrm{j}\pi K\beta_{\mathrm{t}}\beta_{\mathrm{r}}\left(\beta_{\mathrm{t}}\beta_{\mathrm{r}} - 1\right)t_{\mathrm{r}}^2\right] \tag{5.81}$$

在 FS 算法中，式 (5.81) 称为逆频率变标函数，校正之后的信号表达式为

$$O(t) = \exp\left\{-\mathrm{j}\frac{4\pi\gamma}{c}\left[\frac{\beta_{\mathrm{r}}R_{\mathrm{t0}} + \beta_{\mathrm{t}}R_{\mathrm{r0}}}{\beta_{\mathrm{t}}\beta_{\mathrm{r}}} - R_{\mathrm{ref}}\right]\left(\beta_{\mathrm{t}}\beta_{\mathrm{r}}t_{\mathrm{r}} - \frac{2R_{\mathrm{ref}}}{c}\right)\right\}$$

$$\times \exp\left(\mathrm{j}2\pi f_{\mathrm{d}}\beta_{\mathrm{t}}\beta_{\mathrm{r}}t_{\mathrm{r}}\right) \cdot \mathrm{SRC}\left(f_{\mathrm{a}}, \beta_{\mathrm{t}}\beta_{\mathrm{r}}t_{\mathrm{r}}\right) \tag{5.82}$$

$$\times \exp\left\{-\mathrm{j}\left[\frac{4\pi R_{\mathrm{t0}}\beta_{\mathrm{t}}\left(f_{\mathrm{a}}\right)}{\lambda} + \frac{4\pi R_{\mathrm{r0}}\beta_{\mathrm{r}}\left(f_{\mathrm{a}}\right)}{\lambda}\right]\right\}$$

将式 (5.82) 进行距离向 FFT，观察剩余的 RCM 项，有

$$S(f_{\mathrm{r}}, f_{\mathrm{a}}) = \mathrm{sinc}\left\{\frac{\pi T_{\mathrm{p}}}{\beta_{\mathrm{t}}\beta_{\mathrm{r}}}\left[f_{\mathrm{r}} + \frac{2K}{c}\left(\beta_{\mathrm{r}}R_{\mathrm{t0}} + \beta_{\mathrm{t}}R_{\mathrm{r0}} - \beta_{\mathrm{t}}\beta_{\mathrm{r}}R_{\mathrm{ref}}\right) - \beta_{\mathrm{t}}\beta_{\mathrm{r}}f_{\mathrm{d}}\right]\right\}$$

$$\times \exp\left\{-\mathrm{j}\left[\frac{4\pi R_{\mathrm{t0}}\beta_{\mathrm{t}}\left(f_{\mathrm{a}}\right)}{\lambda} + \frac{4\pi R_{\mathrm{r0}}\beta_{\mathrm{r}}\left(f_{\mathrm{a}}\right)}{\lambda}\right]\right\} \cdot \mathrm{SRC}\left(f_{\mathrm{a}}, f_{\mathrm{r}}\right) \tag{5.83}$$

由式 (5.83) 可知，剩余需要校正的 RCM 为

$$\mathrm{RCM2} = -\frac{2\gamma\beta_{\mathrm{t}}\beta_{\mathrm{r}}R_{\mathrm{ref}}}{c} - \beta_{\mathrm{t}}\beta_{\mathrm{r}}f_{\mathrm{d}} \tag{5.84}$$

将信号在方位向做 FFT，使信号变回距离多普勒域，对 RCM2 进行校正，校正函数为

$$H_{\mathrm{RCM}} = \exp\left\{-\mathrm{j}4\pi\frac{\gamma\beta_{\mathrm{t}}\beta_{\mathrm{r}}R_{\mathrm{ref}}}{c}\right\}\exp\left\{-2\pi\beta_{\mathrm{t}}\beta_{\mathrm{r}}f_{\mathrm{d}}\right\} \tag{5.85}$$

SRC 校正函数为

$$H_{\mathrm{SRC}} = \exp\left\{-\mathrm{j}\left[\frac{2\pi R_{\mathrm{t0}}\gamma^2\lambda}{c^2}\frac{\left(\beta_{\mathrm{t}}^2 - 1\right)}{\beta_{\mathrm{t}}^3} + \frac{4\pi R_{\mathrm{r0}}\gamma^2\lambda}{c^2}\frac{\left(\beta_{\mathrm{r}}^2 - 1\right)}{\beta_{\mathrm{r}}^3}\right]\left(t_{\mathrm{r}} - \frac{2R_{\mathrm{ref}}}{c}\right)^2\right\}$$

$$\times \exp\left\{\mathrm{j}\left[\frac{2\pi R_{\mathrm{t0}}\gamma^3\lambda^2}{c^3}\frac{\left(1 - \beta_{\mathrm{t}}^2\right)}{\beta_{\mathrm{t}}^5} + \frac{2\pi R_{\mathrm{r0}}\gamma^3\lambda^2}{c^3}\frac{\left(1 - \beta_{\mathrm{r}}^2\right)}{\beta_{\mathrm{r}}^5}\right]\left(t_{\mathrm{r}} - \frac{2R_{\mathrm{ref}}}{c}\right)^3\right\}$$

$$\tag{5.86}$$

校正 SRC 后的表达式为

$$S(f_{\rm r}, f_{\rm a}) = {\rm sinc}\left\{\frac{\pi T_{\rm p}}{\beta_{\rm t}\beta_{\rm r}}\left[f_{\rm r} + \frac{2K}{c}\left(\beta_{\rm r}R_{\rm t0} + \beta_{\rm t}R_{\rm r0} - R_{\rm ref}\right)\right]\right\}$$
$$\times \exp\left\{-{\rm j}\left[\frac{4\pi R_{\rm t0}\beta_{\rm t}\left(f_{\rm a}\right)}{\lambda} + \frac{4\pi R_{\rm r0}\beta_{\rm r}\left(f_{\rm a}\right)}{\lambda}\right]\right\} \tag{5.87}$$

方位压缩的匹配滤波器为

$$H_{\rm a}\left(f_{\rm a}\right) = \exp\left\{-{\rm j}\left[\frac{4\pi R_{\rm t0}\beta_{\rm t}\left(f_{\rm a}\right)}{\lambda} + \frac{4\pi R_{\rm r0}\beta_{\rm r}\left(f_{\rm a}\right)}{\lambda}\right]\right\} \tag{5.88}$$

方位压缩后续信号的表达式为

$$s(f_{\rm r}, t_{\rm a}) = {\rm sinc}\left\{\frac{\pi T_{\rm p}}{\beta_{\rm t}\beta_{\rm r}}\left[f_{\rm r} + \frac{2K}{c}\left(\beta_{\rm r}R_{\rm t0} + \beta_{\rm t}R_{\rm r0} - R_{\rm ref}\right)\right]\right\} \cdot {\rm sinc}\left(\pi B_a t_{\rm a}\right) \tag{5.89}$$

至此，FS 算法步骤全部完成，根据以上结论进行仿真。RCM 校正、SRC 校正与方位压缩均在距离多普勒域完成，在做完方位向 FFT 后可同时进行上面的校正。双星 FMCW SAR FS 算法流程图见图 5.21。

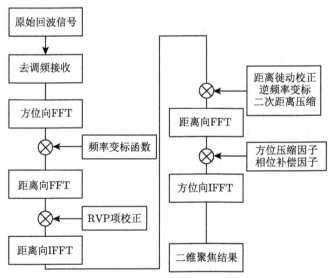

图 5.21 双星 FMCW SAR FS 算法流程图

2. 仿真结果及分析

下面使用 MATLAB 仿真星载双基地 FMCW SAR 单个点目标的情况，具体仿真参数如下：信号带宽 150MHz，载频 35GHz，扫频周期 25ms，距离向采样频率 25MHz，卫星轨道高度 500km，双星间距 10km。

　　在场景中心线上慢时间为零的时刻放置一个静止的点目标，采用本节介绍方法进行成像处理，其结果如图 5.22 所示。图 5.22(a)，图 5.22(b) 为经过距离脉冲压缩而未做方位向脉冲压缩的空间响应曲线，纵坐标为距离频率，横坐标为方位时间，其中图 5.22(a) 为多普勒频移未补偿时的情况，图 5.22(b) 为多普勒频移补偿后的情况，两幅图均经过距离徙动校正，可以发现，如果不补偿多普勒频移，则会造成回波的越距离单元徙动，影响图像的聚焦。为了使离散处理的数据点连续化，采用 16 倍插值后结果如图 5.22(c) 所示，图 5.22(d) 为其等值线图，图 5.22(e) 为其距离向剖面图，图 5.22(f) 为其方位向剖面图。表 5.2 给出了成像结果的性能指标，可以看出，PSLR 和 ISLR 均接近理论值，验证了本节讨论的频率变标成像方法的有效性。

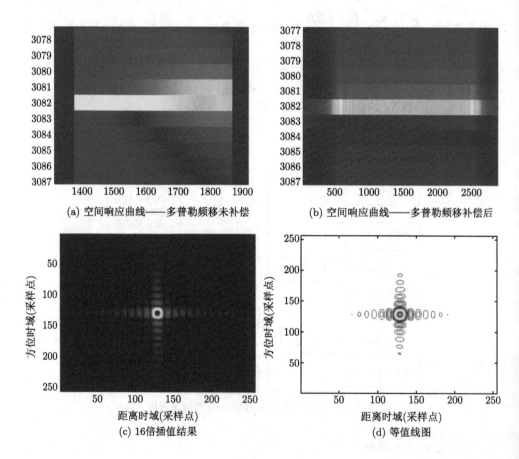

(a) 空间响应曲线——多普勒频移未补偿　　　　(b) 空间响应曲线——多普勒频移补偿后

(c) 16 倍插值结果　　　　(d) 等值线图

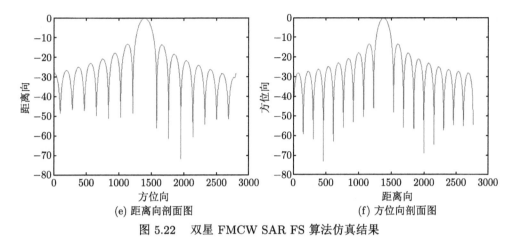

(e) 距离向剖面图　　　　　　(f) 方位向剖面图

图 5.22　双星 FMCW SAR FS 算法仿真结果

表 5.2　性能指标分析

性能指标	PSLR/dB		ISLR/dB	
	距离	方位	距离	方位
指标值	−13.3638	−13.3114	−9.6386	−10.0087

5.4　调频连续波 SAR 高分辨率成像

与第 2 章所介绍的机载连续波体制 SAR 相同，星载连续波体制 SAR 系统也采用差拍接收，将回波信号和与回波信号同频点的信号进行混频，可有效降低回波信号带宽和对 AD 采样的压力，故此是一种有效的解决星载超高分辨率成像的可行技术手段。当前星载实现高分辨率成像均是采用聚束、滑动聚束模式，通过天线的方位向波束扫描实现方位向分辨率的提升，其均需要 20° 以上的扫描角度，大斜视角引入的严重的二维耦合、二维空变以及频谱折叠等问题，均需重点研究 [11,12]。

5.4.1　走动校正与二维空变校正相互作用机理建模

为克服星载大斜视频谱混叠以及严重二维耦合的问题，需引入机载直线轨迹大斜视中常用的走动校正方法。但在非线性轨迹成像中，走动校正会改变信号原有的二维空变特性，其作用机理在信号形式上表现为改善方位空变或进一步恶化方位空变 [13]。首先，建立大斜视非线性轨迹的相对运动模型为 $R(t_a, r, X)$，其中 $R(\cdot)$ 为卫星到目标的斜距历程，t_a 为方位时间，(r, X) 为目标的二维位置。回波信号可以表示为 $\mathrm{Echo}(t_a, r, X) = p(R(t_a, r, X))$，其中 $p(\cdot)$ 表示回波信号模型。因此回波信号与目标的二维位置有关，也就是说回波信号是二维空变的。设走动校正函数为 $f_{wc}(t_a) = k_{wc} \cdot t_a$，当引入走动校正函数后，频谱混叠可以得到抑制，同时也改变了参考距离单元处不同方位位置的目标，从而改变了信号原有的方位空变特性。可以猜想，寻找一个合适的走动校正函数，在保证信号频谱不出现混叠的情况下能使得方位空变最小化，该猜想可等价为如下具有约束条件的最优化问题：

$$\hat{k}_{\mathrm{wc}} = \arg\left\{ \min_{k_{\mathrm{wc}}} \left| R\left(t_{\mathrm{a}}, r_{\mathrm{ref}}, X_1\right) - R\left(t_{\mathrm{a}}, r_{\mathrm{ref}}, X_{\mathrm{ref}}\right) \right| \cap \min_{k_{\mathrm{wc}}} \left| R\left(t_{\mathrm{a}}, r_{\mathrm{ref}}, X_{\mathrm{r}}\right) \right.\right.$$
$$\left.\left. - R\left(t_{\mathrm{a}}, r_{\mathrm{ref}}, X_{\mathrm{ref}}\right) \right| \right\} \tag{5.90}$$

$$\mathrm{s.t.}\begin{cases} \mathrm{FFT}_{\mathrm{a}}\left\{\mathrm{Echo}\left(t_{\mathrm{a}}, r, X_{\mathrm{ref}}\right)\right\} < \mathrm{PRF} \\ \mathrm{FFT}_{\mathrm{a}}\left\{\mathrm{Echo}\left(t_{\mathrm{a}}, r, X_1\right)\right\} + \mathrm{FFT}_{\mathrm{a}}\left\{\mathrm{Echo}\left(t_{\mathrm{a}}, r, X_{\mathrm{r}}\right)\right\} < \mathrm{PRF} \end{cases}$$

其中，$\hat{k}_{\mathrm{wc}}$ 为最优化得到的走动校正函数的斜率；$(r_{\mathrm{ref}}, X_{\mathrm{ref}})$ 为参考目标的二维位置；X_1 和 X_{r} 分别为位于方位场景最左边和最右边目标的方位位置；$\mathrm{FFT}_{\mathrm{a}}(\cdot)$ 表示信号的方位频谱；PRF 表示整个方位频谱的宽度。

　　为了清晰起见，图 5.23 给出了走动校正与方位空变相互作用机理的示意图。衡量频谱混叠程度的指标定义为频谱混叠比，其计算公式为信号总带宽与 PRF 之比。若频谱混叠比的数值大于 1，则表明频谱存在混叠；当其数值等于 1 时，表明频谱刚好不存在混叠 (如图 5.23 中的混叠临界点)。图 5.23 给出了可能会出现的两种情形。①随着走动校正函数斜率的增加，频谱混叠比逐渐减小，但其方位空变呈现单调递增的趋势。因此，该情形下的最优点为混叠临界点。②随着走动校正函数斜率的增加，频谱混叠比逐渐减小，其方位空变呈现抛物线的变化趋势。因此，该情形下的最优点为该抛物线的最低点。综合两种情形，若通过走动校正将大斜视频谱完全校正为正侧视频谱 (如图 5.23 中的正侧视点)，并不能使得其方位空变最小化。因此，传统适用于线性轨迹大斜视的走动校正方法必须考虑其对方位空变的影响。

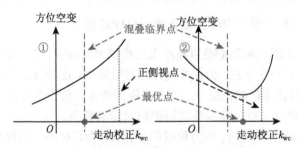

图 5.23　走动校正与方位空变相互作用机理

　　严重的方位空变会大大增加高分辨率成像处理的难度，为在成像处理前尽可能地减小方位空变，这里进行了最优走动校正函数推导，具体过程如下所述。

最优线性距离走动校正 (linear range walk correction，LRWC) 方位预处理示意图如图 5.24 所示，三个目标 A，B 和 C 位于同一个距离单元，另外两个目标 D 和 E 的距离徙动 (range cell migration，RCM) 曲线与目标 B 的 RCM 曲线具有相同的弯曲。位于同一个距离单元内的三个目标 A，B 和 C 的 RCM 曲线具有不同的弯曲 (图 5.24(a))，当从方位时域变换到多普勒域时，三者的 RCM 曲线不能完全重合，存在方位空变 (图 5.24(b))。当引入最优 LRWC 因子后 (图 5.24(c))，与目标 B 的 RCM 曲线具有相同弯曲的两个目标 D 和 E，被移动到了目标 B 所处的距离单元内，此时，位于同一距离单元内的三个目标 D，B 和 E 的 RCM 曲线具有相同的弯曲 (图 5.24(d) 和 (e))。需要指出，为了叙述方便，目标 D，B 和 E 的 RCM 曲线的弯曲假设成完全一致，但实际上三者 RCM 曲线的弯曲可能会存在一定的差异，但必定存在一个最小的差异，可通过引入一个最优的 LRWC 因子，使得该差异最小化。另外需要注意，最优 LRWC 因子的引入会改变目标 RCM 曲线的形式 (会出现明显的线性量)，这里的图示并没有给出。

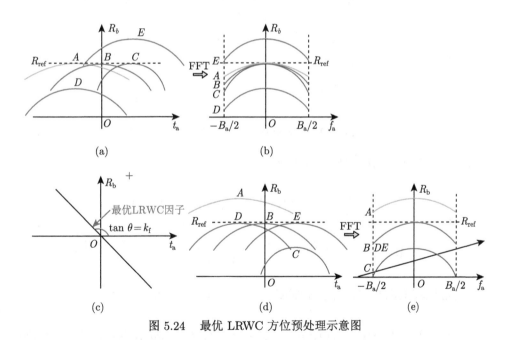

图 5.24　最优 LRWC 方位预处理示意图

LRWC 因子可表示为 $R_{\mathrm{LRWC}} = (t_{\mathrm{a}}) = k_{\mathrm{f}} t_{\mathrm{a}}$，其中 k_{f} 为 LRWC 因子的斜率。引入 LRWC 因子后，斜距历程可表示为

$$R_{\mathrm{LRWC}} = (t_{\mathrm{a}}; R_0, X)$$

$$
\begin{aligned}
&= R\left(t_{\mathrm{a}}; R_0, X\right) + h_{\mathrm{LRWC}}\left(t_{\mathrm{a}}\right) \\
&= \left(R_0 + k_{\mathrm{f}} t_{\mathrm{c}}\right) + \left[k_1\left(R_0, X\right) + k_{\mathrm{f}}\right]\left(t_{\mathrm{a}} - t_{\mathrm{c}}\right) \\
&\quad + k_2\left(R_0, X\right)\left(t_{\mathrm{a}} - t_{\mathrm{c}}\right)^2 + k_3\left(R_0, X\right)\left(t_{\mathrm{a}} - t_{\mathrm{c}}\right)^3 \\
&\quad + k_4\left(R_0, X\right)\left(t_{\mathrm{a}} - t_{\mathrm{c}}\right)^4
\end{aligned}
\tag{5.91}
$$

假设目标 D 所处的初始距离单元为 R_{0D}，目标 B 所处的初始距离单元为 $R_{0B} = R_0$。引入 LRWC 因子后，目标 D 所处距离单元从 R_{0D} 变为了 R_0，而保持目标 B 所处的距离单元不变，因此可得到

$$
R_0 = R_{0D} + k_{\mathrm{f}} t_{cD}
\tag{5.92}
$$

其中，$t_{cD} = t_{\mathrm{c}}\left(X_D\right)$，$X_D$ 为目标 D 的方位位置。因此，目标 D 和 B 二维频谱的方位相位可分别表示为 $\phi_{\mathrm{a}}\left(f_{\mathrm{a}}; R_0 - k_{\mathrm{f}} t_{cD}, X_D\right)$ 和 $\phi_{\mathrm{a}}\left(f_{\mathrm{a}}; R_0, X_B\right)$。为了使方位空变最小化，需使得目标 D 和 B 二维频谱的方位相位差异最小，该差异可通过目标 B 和 D 之间的模糊函数 (AF) 来表征。模糊函数表示了两个目标之间的相似程度，两个目标的方位相位差异越小，表明两者之间的相似程度越大。

目标 B 和 D 的方位信号在多普勒域可分别表示为

$$
S_{\mathrm{a}B}\left(f_{\mathrm{a}}; R_0, X_B\right) = \exp\left[\mathrm{j}\phi_{\mathrm{a}}\left(f_{\mathrm{a}}; R_0, X_B\right)\right]
\tag{5.93}
$$

$$
S_{\mathrm{a}D}\left(f_{\mathrm{a}}; R_0, X_D\right) = \exp\left[\mathrm{j}\phi_{\mathrm{a}}\left(f_{\mathrm{a}}; R_0 - k_{\mathrm{f}} t_{cD}, X_D\right)\right]
\tag{5.94}
$$

则目标 B 和 D 之间的模糊函数可表示为

$$
\chi(B, D) = \frac{\displaystyle\int_{f_{\mathrm{a}}} S_{\mathrm{a}B}\left(f_{\mathrm{a}}; R_0, X_B\right) S_{\mathrm{a}D}^{*}\left(f_{\mathrm{a}}; R_0, X_D\right)\,\mathrm{d}f_{\mathrm{a}}}{\sqrt{\displaystyle\int_{f_{\mathrm{a}}}\left|S_{\mathrm{a}B}\left(f_{\mathrm{a}}; R_0, X_B\right)\right|^2\,\mathrm{d}f_{\mathrm{a}}}\sqrt{\displaystyle\int_{f_{\mathrm{a}}}\left|S_{\mathrm{a}D}\left(f_{\mathrm{a}}; R_0, X_D\right)\right|^2\,\mathrm{d}f_{\mathrm{a}}}}
\tag{5.95}
$$

通过比较上面几式，并忽略幅度信息后，模糊函数可简化为

$$
\chi(B, D) = \int_{f_{\mathrm{a}}} \exp\left[\mathrm{j}\phi_{\mathrm{a}}\left(f_{\mathrm{a}}; R_0, X_B\right) - \mathrm{j}\phi_{\mathrm{a}}\left(f_{\mathrm{a}}; R_0 - k_{\mathrm{f}} t_{cD}, X_D\right)\right]\,\mathrm{d}f_{\mathrm{a}}
\tag{5.96}
$$

式 (5.96) 的模糊函数反映了目标 B 和 D 方位信号的相关系数，相关系数越大，目标 B 和 D 之间的差异越小，表明方位空变越小。因此，当式 (5.96) 的模糊函数值最大时，方位空变最小。

对方位信号相位在 $f_\mathrm{a} = 0$ 处进行泰勒级数展开得

$$
\begin{aligned}
\phi_\mathrm{a}\left(f_\mathrm{a}; R_B, X\right) = {} & \phi_\mathrm{a}\left(f_\mathrm{a} = 0; R_0, X\right) + f_\mathrm{a} \cdot \left.\frac{\partial \phi_\mathrm{a}\left(f_\mathrm{a}; R_0, X\right)}{\partial f_\mathrm{a}}\right|_{f_\mathrm{a}=0} \\
& + \frac{f_\mathrm{a}^2}{2!} \cdot \left.\frac{\partial^2 \phi_\mathrm{a}\left(f_\mathrm{a}; R_0, X\right)}{\partial f_\mathrm{a}^2}\right|_{f_\mathrm{a}=0} + \frac{f_\mathrm{a}^3}{3!} \cdot \left.\frac{\partial^3 \phi_\mathrm{a}\left(f_\mathrm{a}; R_0, X\right)}{\partial f_\mathrm{a}^3}\right|_{f_\mathrm{a}=0} \\
& + \frac{f_\mathrm{a}^4}{4!} \cdot \left.\frac{\partial^4 \phi_\mathrm{a}\left(f_\mathrm{a}; R_0, X\right)}{\partial f_\mathrm{a}^4}\right|_{f_\mathrm{a}=0}
\end{aligned}
\tag{5.97}
$$

将式 (5.96) 代入式 (5.97)，模糊函数可以表示为

$$
\chi(B, D) = \int_{f_\mathrm{a}} \exp\left(\mathrm{j}2\pi \begin{pmatrix} \Delta\varphi_0\left(k_\mathrm{f}\right) + \Delta\varphi_1\left(k_\mathrm{f}\right) f_\mathrm{a} + \Delta\varphi_2\left(k_\mathrm{f}\right) f_\mathrm{a}^2 \\ + \Delta\varphi_3\left(k_\mathrm{f}\right) f_\mathrm{a}^3 + \Delta\varphi_4\left(k_\mathrm{f}\right) f_\mathrm{a}^4 \end{pmatrix}\right) \mathrm{d}f_\mathrm{a} \tag{5.98}
$$

其中，

$$
\Delta\varphi_0\left(k_\mathrm{f}\right) = \frac{1}{2\pi}\left(\phi_\mathrm{a}\left(f_\mathrm{a} = 0; R_0, X_B\right) - \phi_\mathrm{a}\left(f_\mathrm{a} = 0; R_0 - k_\mathrm{f}t_{cD}, X_D\right)\right) \tag{5.99}
$$

$$
\Delta\varphi_1\left(k_\mathrm{f}\right) = \frac{1}{2\pi}\left(\frac{\partial\phi_\mathrm{a}\left(f_\mathrm{a}; R_0, X_B\right)}{\partial f_\mathrm{a}} - \frac{\partial\phi_\mathrm{a}\left(f_\mathrm{a}; R_0 - k_\mathrm{f}t_{cD}, X_D\right)}{\partial f_\mathrm{a}}\right)\Bigg|_{f_\mathrm{a}=0} \tag{5.100}
$$

$$
\Delta\varphi_2\left(k_\mathrm{f}\right) = \frac{1}{2\pi \cdot 2!}\left(\frac{\partial^2\phi_\mathrm{a}\left(f_\mathrm{a}; R_0, X_B\right)}{\partial f_\mathrm{a}^2} - \frac{\partial^2\phi_\mathrm{a}\left(f_\mathrm{a}; R_0 - k_\mathrm{f}t_{cD}, X_D\right)}{\partial f_\mathrm{a}^2}\right)\Bigg|_{f_\mathrm{a}=0} \tag{5.101}
$$

$$
\Delta\varphi_3\left(k_\mathrm{f}\right) = \frac{1}{2\pi \cdot 3!}\left(\frac{\partial^3\phi_\mathrm{a}\left(f_\mathrm{a}; R_0, X_B\right)}{\partial f_\mathrm{a}^3} - \frac{\partial^3\phi_\mathrm{a}\left(f_\mathrm{a}; R_0 - k_\mathrm{f}t_{cD}, X_D\right)}{\partial f_\mathrm{a}^3}\right)\Bigg|_{f_\mathrm{a}=0} \tag{5.102}
$$

$$
\Delta\varphi_4\left(k_\mathrm{f}\right) = \frac{1}{2\pi \cdot 4!}\left(\frac{\partial^4\phi_\mathrm{a}\left(f_\mathrm{a}; R_0, X_B\right)}{\partial f_\mathrm{a}^4} - \frac{\partial^4\phi_\mathrm{a}\left(f_\mathrm{a}; R_0 - k_\mathrm{f}t_{cD}, X_D\right)}{\partial f_\mathrm{a}^4}\right)\Bigg|_{f_\mathrm{a}=0} \tag{5.103}
$$

因此，使得方位空变最小化可以建模为如下的优化问题：

$$
k_{\mathrm{f\_opt}} = \arg\left(\max_{k_\mathrm{f}} |\chi(A, B)|\right) \tag{5.104}
$$

其中，$k_{\mathrm{f\_opt}}$ 即为最优的 LRWC 因子的斜率。需要指出，模糊函数可通过数值积分方法求解。

采用仿真数据对成像原理进行验证，仿真点目标空间分布如图 5.25 所示，目标分布在经纬度平面。图中，目标 1 为场景中心点，且目标 1 和目标 2 位于同一个距离单元内。采用数值计算的方法对式 (5.98) 中模糊函数进行求解。当不引入 LRWC 因子时 (LRWC 因子的斜率为 0)，目标 2 位于距离单元 R_{ref}。当引入 LRWC 因子时，目标 2 将不再位于距离单元 R_{ref}。其中的一个目标 3(虚拟圆) 将被移动到距离单元 R_{ref}。并且，每个目标 3 均对应一个 LRWC 因子的斜率。因此，对于每个目标 3，我们均可以计算目标 1 和目标 3 两者的模糊函数，以及计算将目标 3 移动到距离单元 R_{ref} 处对应的 LRWC 因子的斜率。模糊函数随 LRWC 函数斜率变化的计算结果如图 5.26(a) 所示，结果表明，当 LRWC 因子的斜率为 5.262 时，AF 数值最大。

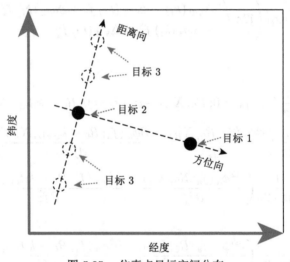

图 5.25　仿真点目标空间分布

为进一步验证最优 LRWC 方位预处理的作用，这里采用中心点目标的二维频谱对目标 3 进行匹配滤波成像，并且采用熵值对目标 3 的成像质量做了定量评估，其随 LRWC 因子的斜率变化如图 5.26(b) 所示。综合图 5.26(a) 和 (b) 的结果表明，当 LRWC 因子的斜率为 5.262 时，目标 3 的成像质量最高，方位空变最小，此时的 LRWC 因子即为最优 LRWC 因子。

采用目标 1 的二维频谱对位于参考距离单元 R_{ref} 处的目标 3 进行匹配滤波成像处理，结果如图 5.27 所示。图 5.27(a) 为不引入 LRWC 时目标 3 的二维等高线图，图 5.27(b) 为引入最优 LRWC 后目标 3 的二维等高线图，图 5.27(c) 为两种情形下的方位剖面图。结果表明，当引入最优 LRWC 后，分辨率提升较大且旁瓣有所抑制。

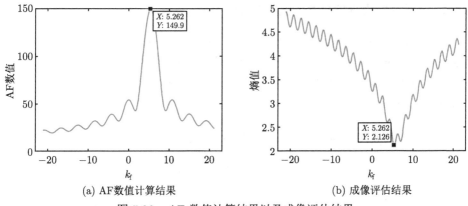

(a) AF数值计算结果   (b) 成像评估结果

图 5.26   AF 数值计算结果以及成像评估结果

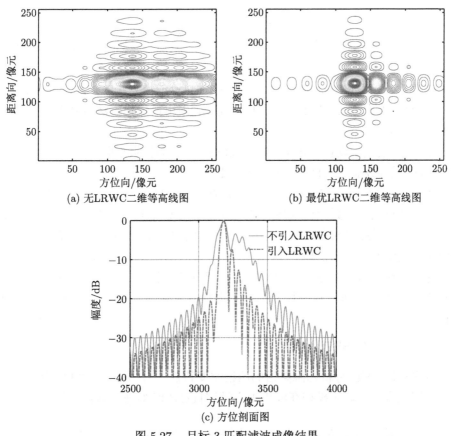

(a) 无LRWC二维等高线图   (b) 最优LRWC二维等高线图

(c) 方位剖面图

图 5.27   目标 3 匹配滤波成像结果

5.4.2　基于高阶奇异值分解的波数域成像方法

针对大斜视角引入的较大的两维空变问题，可通过引入高阶奇异值分解 (high-order singular value decomposition, HO-SVD) 获得二维插值核 [14,15]，能够同时完成距离空变校正和方位空变校正，且该方法考虑了距离方位两维耦合。将二维频谱的相位表示为

$$\Phi(f_r, f_a; X, R_0) = (\Phi(f_r, f_a; X, R_0) - 2\pi f_a t_c) - 2\pi f_a t_c$$
$$= \Phi_1(f_r, f_a; X, R_0) - 2\pi f_a t_c \tag{5.105}$$

针对每一个多普勒频率 f_a，对相位 $\Phi_1(f_r, f_a; X, R_0)$ 进行高阶奇异值分解得

$$\Phi_1(f_r, f_a; X, R_0) = \Theta_1(R_0) \Pi_1(X) \Delta_1(f_r) + \Theta_2(R_0) \Pi_2(X) \Delta_2(f_r) + \cdots \tag{5.106}$$

此处仅考虑特征分量为 1 的情况，即 $\Phi_1(f_r, f_a; X, R_0) = \Theta_1(R_0) \Pi_1(X) \Delta_1(f_r)$，如进行类似 Stolt 插值操作：$\Delta_1(f_r) \rightarrow \Delta_1$，然后经 IFFT 即可完成二维空变校正。

根据 5.4.1 节和上文总结，大斜视非线性轨迹成像算法的大致步骤如下。

(1) 首先根据 5.4.1 节中的作用机理建模，采用最优化方法得到最优走动校正函数的斜率 $\hat{k}_{wc}$。

(2) 采用最优走动校正函数，对距离脉压后的雷达回波进行距离走动校正，解决频谱混叠的问题，并且使得方位空变最小化。

(3) 最后进行二维空变校正，由于波束域算法采用无近似插值操作可精确完成信号空变校正，故采用波束域算法进行二维空变校正。但考虑到插值核的高度非线性特性，通过引入高阶奇异值分解这个数学工具，对信号频谱进行分解分析，从而获得精确的二维插值核。

为了简便高阶分解过程，将高阶奇异值分解进行了二维分离，使用 SVD 分别对距离向和方位向信号进行分析，并进行成像验证。首先是二维频谱的 SVD 分析。

1. 二维频谱的 SVD 分析

首先采用 SVD 分析两维频谱的两维空变特性 [16]，考虑到后续成像算法的需要，将四次多项式斜距模型在波束中心经过目标的时刻进行泰勒级数展开得

$$R(t_a; R_0, X) = R_0 + k_1(R_0, X)(t_a - t_c) + k_2(R_0, X)(t_a - t_c)^2$$
$$+ k_3(R_0, X)(t_a - t_c)^3 + k_4(R_0, X)(t_a - t_c)^4 \tag{5.107}$$

其中, t_c 表示波束中心经过目标的方位时刻, 依然采用级数反演的方法, 对应的信号二维频谱可表示为

$$
\begin{aligned}
S_s &\left(f_r, f_a; R_0, X\right) \\
&= \int_{t_a} S_s \left(f_r, t_a; R_0, X\right) \exp\left(-\mathrm{j}2\pi f_a t_a\right) \mathrm{d}t_a \\
&\triangleq \exp\left(\mathrm{j}\phi\left(f_r, f_a; R_0, X\right)\right) \\
&\approx \exp\left(\mathrm{j}\phi_r\left(f_r, f_a; R_0\right) + \mathrm{j}\phi_a\left(f_a; R_0, X\right)\right)
\end{aligned}
\tag{5.108}
$$

其中, $\phi\left(f_r, f_a; R_0, X\right)$ 表示二维频谱的相位; $\phi_a\left(f_a; R_0, X\right)$ 表示与距离频率无关的方位信号; $\phi_r\left(f_r, f_a; R_0\right)$ 表示与方位位置无关的距离信号, 三者的表达式可表示为

$$
\begin{aligned}
&\phi\left(f_r, f_a; R_0, X\right) \\
&= -\pi\frac{f_r^2}{\gamma} - \frac{2\pi}{c}R_0\left(f_r + f_c\right) - 2\pi f_a t_c \\
&\quad + \pi\frac{c}{2k_2\left(R_0, X\right)\left(f_c + f_r\right)}\left(f_a + \frac{f_c + f_r}{c}k_1\left(R_0, X\right)\right)^2 \\
&\quad + \pi\frac{k_3\left(R_0, X\right)c^2}{4k_2^3\left(R_0, X\right)\left(f_c + f_r\right)^2}\left(f_a + \frac{f_c + f_r}{c}k_1\left(R_0, X\right)\right)^3 \\
&\quad + \pi\frac{\left(9k_3^2\left(R_0, X\right) - 4k_2\left(R_0, X\right)k_4\left(R_0, X\right)\right)c^3}{32k_2^5\left(R_0, X\right)\left(f_c + f_r\right)^3}\left(f_a + \frac{f_c + f_r}{c}k_1\left(R_0, X\right)\right)^4
\end{aligned}
\tag{5.109}
$$

$$
\begin{aligned}
&\phi_a\left(f_a; R_0, X\right) \\
&= \phi\left(f_r, f_a; R_0, X\right)\big|_{f_r=0} \\
&= -\frac{2\pi}{\lambda}R_0 - 2\pi f_a t_c + \pi\frac{\lambda}{2k_2\left(R_0, X\right)}\left(f_a + \frac{k_1\left(R_0, X\right)}{\lambda}\right)^2 \\
&\quad + \pi\frac{\lambda^2 k_3\left(R_0, X\right)}{4k_2^3\left(R_0, X\right)}\left(f_a + \frac{k_1\left(R_0, X\right)}{\lambda}\right)^3 \\
&\quad + \pi\frac{\lambda^3\left(9k_3^2\left(R_0, X\right) - 4k_2\left(R_0, X\right)k_4\left(R_0, X\right)\right)}{32f_c k_2^5\left(R_0, X\right)}\left(f_a + \frac{k_1\left(R_0, X\right)}{\lambda}\right)^4
\end{aligned}
\tag{5.110}
$$

$$\phi_r\left(f_r, f_a; R_0\right)$$

$$= \phi\left(f_r, f_a; R_0, X\right) - \phi_a\left(f_a; R_0, X\right)$$

$$\approx \phi_r\left(f_r, f_a; R_0\right)\big|_{f_r=0} + \left.\frac{\partial \phi_r\left(f_r, f_a; R_0\right)}{\partial f_r}\right|_{f_r=0} \cdot f_r \tag{5.111}$$

$$+ \frac{1}{2!} \left.\frac{\partial^2 \phi_r\left(f_r, f_a; R_0\right)}{\partial f_r^2}\right|_{f_r=0} \cdot f_r^2 + \frac{1}{3!} \left.\frac{\partial^3 \phi_r\left(f_r, f_a; R_0\right)}{\partial f_r^3}\right|_{f_r=0} \cdot f_r^3$$

需要指出，推导式对方位和距离做了解耦合处理，因此可忽略方位和距离耦合项。距离向信号表达式既是距离频率也是距离位置的函数，因此距离向信号是距离空变的。而方位向信号表达式既是多普勒也是方位位置的函数，因此方位向信号也是方位空变的。

1) 距离向信号 SVD 空变分析

距离向信号经 SVD 后可表示为

$$\phi_r\left(f_r, f_a; R_0\right) = u_{r1}\left(R_0, f_a\right) v_{r1}\left(f_r, f_a\right) \\ + u_{r2}\left(R_0, f_a\right) v_{r2}\left(f_r, f_a\right) + \cdots \tag{5.112}$$

需要指出，式中的距离空变特性是对每个多普勒频率 f_a 而言，因此后续的 SVD 空变分析只针对一个多普勒频率进行展开。一般而言，随着距离分辨率的提高和距离测绘带的扩大，距离空变会进一步增大 [17,18]。同时，方位分辨率的提高 (对应合成孔径时间的增长) 也会增加四次多项式各阶系数的空变程度，从而增加了距离空变。对于固定的距离分辨率，当距离测绘带较窄时，距离信号能用一个特征分量精确表示，但随着距离测绘带的扩宽，距离信号需由两个甚至多于两个特征分量才能精确表示。

距离信号 SVD 空变分析随距离测绘带的变化趋势如图 5.28 所示，横坐标表示距离测绘带宽度，纵坐标表示由一个特征分量表示的剩余相位误差。当相位误差小于参考值 $\pi/4$ 时，认为距离信号可由一个特征分量精确表示。对照图 5.28 可以看出，一个特征分量表示最大可处理测绘带为 100km。在只有一个特征分量的情形下，只需一次插值操作即可校正距离空变，处理流程简单。考虑到毫米波段连续波体制高分辨率 SAR 卫星难以达到 100km，故此执行一次 "SVD-插值" 操作即可完成整个距离测绘带的距离空变校正，该分析结果将作为后续成像算法设计的重要依据。

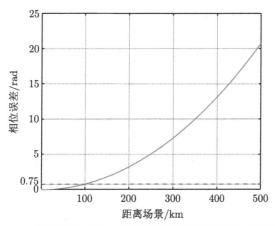

图 5.28 距离信号 SVD 空变分析随距离测绘带的变化趋势

2) 方位向信号 SVD 空变分析

与距离信号不同的是，当方位信号需由两个特征分量表示时，通过方位子孔径方法进行聚焦处理涉及子孔径拼接的问题，可能会增加成像处理难度。方位信号 SVD 空变分析随方位场景的变化趋势如图 5.29 所示。当方位空变校正由一个特征分量精确表示时，不管方位场景多小，误差都超过了 0.75rad。当方位空变校正用两个特征分量表示时，方位场景最大可达到 270km 左右，能充分满足星载毫米波体制 SAR 信号处理需求。因此，为了实现较大的方位场景大小，后续的成像算法设计需考虑 SVD 后的前两个特征分量，且处理应采用全孔径处理策略。

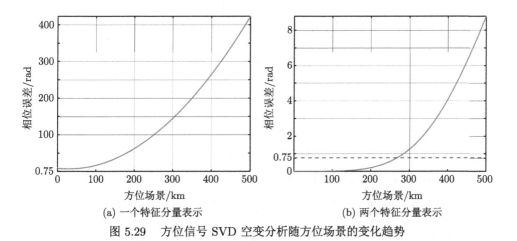

(a) 一个特征分量表示   (b) 两个特征分量表示

图 5.29 方位信号 SVD 空变分析随方位场景的变化趋势

2. 基于二维 SVD 以及最优 LRWC 成像算法

1) 基于分块距离 SVD 的距离空变校正

引入最优 LRWC 因子后，目标的二维频谱相应地发生了变化，只需令 $R_0 = R_0 + k_{f\_opt} t_c$, $k_1 (R_0, X) = k_1 (R_0, X) + k_{f\_opt}$ 即可得到引入最优 LRWC 因子后的二维频谱。根据距离信号 SVD 空变分析结果，距离信号 SVD 后可能存在两个或更多的特征分量，推荐的方法是将整个距离测绘带划分为多个距离块。由于一个特征分量能处理的距离测绘带较大，所以，只需数个距离块即可满足精度要求。首先，保证一个距离块内的距离信号可由一个特征分量精确表示，则剩余特征分量之和需小于参考值 $\pi/4$，即

$$|\phi_r (f_r, f_a; R_0) - u_{r1} (R_0, f_a) v_{r1} (f_r, f_a)| < \varepsilon = \pi/4 \tag{5.113}$$

其中，$\varepsilon = \pi/4$ 为参考值。因此，一个距离块内的距离信号可表示为

$$\phi_r (f_r, f_a; R_0) = u_{r1} (R_0, f_a) v_{r1} (f_r, f_a) \tag{5.114}$$

其中，对每一个多普勒频率 f_a，$u_{r1} (R_0, f_a)$ 为关于 R_0 的多项式函数，$v_{r1} (f_r, f_a)$ 为关于 f_r 的多项式函数。对 $u_{r1} (R_0, f_a)$ 在 $R_0 = 0$ 处进行泰勒级数展开，对 $v_{r1} (f_r, f_a)$ 在 $f_r = 0$ 处进行泰勒级数展开，可分别得到

$$\begin{aligned} u_{r1} (R_0, f_a) = u_{r1} (R_0 = 0, f_a) + \left. \frac{\partial u_{r1} (R_0, f_a)}{\partial R_0} \right|_{R_0=0} \cdot R_0 \\ + \frac{1}{2!} \left. \frac{\partial^2 u_{r1} (R_0, f_a)}{\partial R_0^2} \right|_{R_0=0} \cdot R_0^2 + \cdots \end{aligned} \tag{5.115}$$

$$\triangleq B_0 (f_a) + B_1 (f_a) R_0 + B_2 (f_a) R_0^2 + \cdots$$

$$\begin{aligned} v_{r1} (f_r, f_a) = v_{r1} (f_r = 0, f_a) + \left. \frac{\partial v_{r1} (f_r, f_a)}{\partial f_r} \right|_{f_r=0} \cdot f_r \\ + \frac{1}{2!} \left. \frac{\partial^2 v_{r1} (f_r, f_a)}{\partial f_r^2} \right|_{f_r=0} \cdot f_r^2 + \cdots \end{aligned} \tag{5.116}$$

$$\triangleq A_0 (f_a) + A_1 (f_a) f_r + A_2 (f_a) f_r^2 + \cdots$$

对式 (5.116) 进行一次插值操作，插值核可表示为

$$A_0 (f_a) + A_1 (f_a) f_r + A_2 (f_a) f_r^2 + \cdots \to \alpha + \beta f_r \tag{5.117}$$

其中，α 和 β 由多普勒中心频率对应的插值核确定：$v_{r1} (f_r, f_{dc}) \to \alpha + \beta f_r$，这里 f_{dc} 为多普勒中心频率。进行插值操作后，距离信号的相位可表示为

$$\phi_r (f_r, f_a; R_0) = (B_0 (f_a) + B_1 (f_a) R_0 + B_2 (f_a) R_0^2 + \cdots) \cdot (\alpha + \beta f_r) \tag{5.118}$$

此时，式 (5.118) 中同时存在多普勒和距离频率信息，且与距离位置信息耦合，无法通过匹配滤波直接完成 RCMC，故将其整理为如下表达式：

$$\phi_{\mathrm{r}}\left(f_{\mathrm{r}}, f_{\mathrm{a}} ; R_{0}\right) = \alpha \cdot \left(B_{0}\left(f_{\mathrm{a}}\right) + B_{1}\left(f_{\mathrm{a}}\right) R_{0} + B_{2}\left(f_{\mathrm{a}}\right) R_{0}^{2} + \cdots\right)$$
$$+ \beta \cdot \left(B_{0}\left(f_{\mathrm{a}}\right) + B_{1}\left(f_{\mathrm{a}}\right) R_{0} + B_{2}\left(f_{\mathrm{a}}\right) R_{0}^{2} + \cdots\right) f_{\mathrm{r}} \tag{5.119}$$

式 (5.119) 中，等式右边第一项与距离频率无关，与距离位置和多普勒相关，因此可在距离多普勒域通过匹配滤波进行补偿，补偿函数可表示为

$$H_{\mathrm{res}}\left(R_{0}, f_{\mathrm{a}}\right) = \alpha \cdot \left(B_{0}\left(f_{\mathrm{a}}\right) + B_{1}\left(f_{\mathrm{a}}\right) R_{0} + B_{2}\left(f_{\mathrm{a}}\right) R_{0}^{2} + \cdots\right) \tag{5.120}$$

补偿后的距离信号相位可表示为

$$\phi_{\mathrm{r}}\left(f_{\mathrm{r}}, f_{\mathrm{a}} ; R_{0}\right) = \beta \cdot \left(B_{0}\left(f_{\mathrm{a}}\right) + B_{1}\left(f_{\mathrm{a}}\right) R_{0} + B_{2}\left(f_{\mathrm{a}}\right) R_{0}^{2} + \cdots\right) f_{\mathrm{r}} \tag{5.121}$$

其中，对每一个距离位置 R_{0}，ξ 可由多普勒中心频率对应的插值核确定：$\beta \cdot \left(B_{0}\left(f_{\mathrm{dc}}\right) + B_{1}\left(f_{\mathrm{dc}}\right) R_{0} + B_{2}\left(f_{\mathrm{dc}}\right) R_{0}^{2} + \cdots\right) f_{\mathrm{r}} \rightarrow \xi\left(R_{0}\right) f_{\mathrm{r}}$。插值后的距离信号相位可表示为

$$\phi_{\mathrm{r}}\left(f_{\mathrm{r}}, f_{\mathrm{a}} ; R_{0}\right) = \xi\left(R_{0}\right) f_{\mathrm{r}} \tag{5.122}$$

对式 (5.122) 进行距离 IFFT，即可实现距离信号聚焦，此时信号在距离时域–方位多普勒域的表达式为

$$SS\left(t_{\mathrm{r}}, f_{\mathrm{a}} ; R_{0}, X\right) = \mathrm{sinc}\left(B_{\mathrm{r}}\left(t_{\mathrm{r}} - f_{1}\left(R_{0}\right)\right)\right) \cdot \exp\left(\mathrm{j}\phi_{\mathrm{a}}\left(f_{\mathrm{a}} ; R_{0}, X\right)\right) \tag{5.123}$$

其中，$f_{1}\left(R_{0}\right) = f_{1}\left(\xi\left(R_{0}\right)\right)$ 是关于 R_{0} 的函数，决定了目标的距离聚焦位置。

2) 基于方位串联 SVD 的方位空变校正

在 RCMC 后，信号二维频谱的相位 $\varphi\left(f_{\mathrm{r}}, f_{\mathrm{a}} ; X, R_{0}\right)$ 可简化为 $\varphi\left(f_{\mathrm{a}} ; X\right)$，其中，多普勒信息 f_{a} 和方位位置信息 X 是严重耦合的。奇异值分解 (SVD) 作为一种数学工具，可有效用于分离两者的耦合特性。经过 SVD 后，信号二维频谱的相位可表示为

$$\varphi\left(f_{\mathrm{a}} ; X\right) = u_{1}\left(X\right) v_{1}\left(f_{\mathrm{a}}\right) + u_{2}\left(X\right) v_{2}\left(f_{\mathrm{a}}\right) + \cdots \tag{5.124}$$

将信号二维频谱的相位分离成多个特征分量之和，每个特征分量为关于 f_{a} 的函数和关于 X 的函数的乘积。

通常情况下，式 (5.124) 中的第一个特征分量 $u_{1}\left(X\right) v_{1}\left(f_{\mathrm{a}}\right)$ 数值最大，后续特征分量的数值依次减小。直观上看，如果相位经过 SVD 后只有一个特征分量，且满足精度要求，即 $\varphi\left(f_{\mathrm{a}} ; X\right) = u_{1}\left(X\right) v_{1}\left(f_{\mathrm{a}}\right)$，那么只需一次插值操作 $v_{1}\left(f_{\mathrm{a}}\right) \rightarrow f_{\mathrm{a}}$，即

可对所有方位目标进行统一方位聚焦。然而，考虑到星载长合成孔径时间，信号二维频谱的相位通常不能由一个特征分量精确表示。信号二维频谱经 SVD 后的特征分量如图 5.30 所示，前两个特征分量的数值在数千至数万弧度的量级 (图 5.30(a) 和 (b))，剩余特征分量之和远小于 $\pi/4$。因此，后续的方位空变只需考虑前两个特征分量，可忽略剩余特征分量。

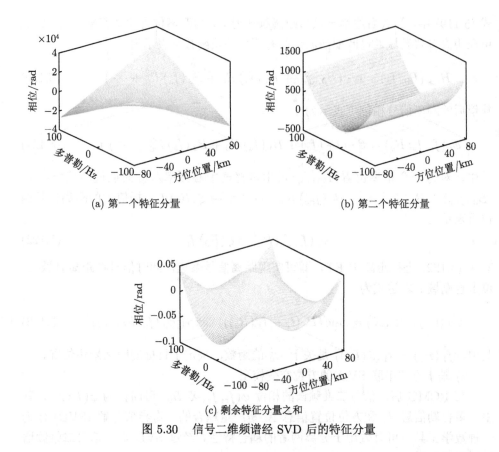

(a) 第一个特征分量   (b) 第二个特征分量

(c) 剩余特征分量之和

图 5.30 信号二维频谱经 SVD 后的特征分量

经过 RCMC 后，所有目标的包络线已校正为直线，接下来的方位脉压需要考虑目标的方位空变特性。考虑到 SVD 后的信号二维频谱由两个特征分量表示，方位空变校正包括两个部分。①第一次 SVD-插值操作：校正第一个特征分量的方位空变。②第二次 SVD-插值操作：校正第二个特征分量的方位空变。由于两次 SVD-插值操作的流水线特点，该方法称为方位串联的 SVD 方法。同时需要指出，需引入一个方位非线性变标 (ANCS) 函数来衔接两次 SVD-插值操作，方位串联 SVD 的具体原理及推导过程将在下面详细给出。方位空变校正算法流程图如图 5.31 所示。

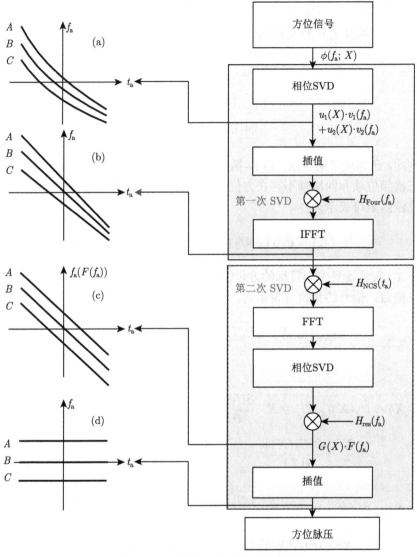

图 5.31 方位空变校正算法流程图

方位空变校正后信号二维频谱与距离信息无关,且仅考虑前两个特征分量,则第一次 SVD 后的二维频谱相位可表示为

$$\varphi_{\mathrm{f_{SVD}}}(f_{\mathrm{a}}; X) = u_1(X) v_1(f_{\mathrm{a}}) + u_2(X) v_2(f_{\mathrm{a}}) \tag{5.125}$$

其中,下标 $\mathrm{f_{SVD}}$ 表示第一次 SVD;$u_1(X)$ 和 $u_2(X)$ 均为关于 X 的多项式函数,$v_1(f_{\mathrm{a}})$ 和 $v_2(f_{\mathrm{a}})$ 均为关于 f_{a} 的多项式函数,四者的各阶多项式系数均可通过多

项式拟合的数值方法求解得到。首先，实施第一次插值操作 $v_1(f_\mathrm{a}) \to v_1$，此时方位频率从 f_a 变为 f_a'，信号相位可简化为

$$
\begin{aligned}
\varphi_{f_\mathrm{SVD}}(f_\mathrm{a}; X) &= u_1(X) \cdot v_1 + u_2(X) \cdot v_2(f_\mathrm{a}, f_\mathrm{a}') \\
&\approx U_0(X) + U_1(X) f_\mathrm{a} + U_2(X) f_\mathrm{a}^2 \\
&\quad + U_3(X) f_\mathrm{a}^3 + U_4(X) f_\mathrm{a}^4
\end{aligned} \tag{5.126}
$$

到此，已完成了第一次 "SVD-插值" 操作，消除了三次相位项的方位空变，意味着三次相位项和四次项不存在方位空变，因此可通过匹配滤波对二者进行补偿，匹配滤波函数可表示为

$$
H_1(f_\mathrm{a}) = \exp\left(-\mathrm{j}U_3(X_0) f_\mathrm{a}^3\right) \cdot \exp\left(-\mathrm{j}U_4(X_0) f_\mathrm{a}^4\right) \tag{5.127}
$$

其中，X_0 表示场景中心目标的方位位置。

补偿后，信号的相位可表示为

$$
\varphi_{f_\mathrm{SVD}}(f_\mathrm{a}; X) = U_0(X) + U_1(X) f_\mathrm{a} + U_2(X) f_\mathrm{a}^2 \tag{5.128}
$$

其中，

$$
\begin{aligned}
U_1(X) &\approx U_1(X)|_{X=X_0} + X \cdot \frac{\partial U_1(X)}{\partial X}\bigg|_{X=X_0} + \frac{X^2}{2!} \cdot \frac{\partial^2 U_1(X)}{\partial X^2}\bigg|_{X=X_0} \\
&\quad + \frac{X^3}{3!} \cdot \frac{\partial^3 U_1(X)}{\partial X^3}\bigg|_{X=X_0} + \frac{X^4}{4!} \cdot \frac{\partial^4 U_1(X)}{\partial X^4}\bigg|_{X=X_0}
\end{aligned} \tag{5.129}
$$

$$
\begin{aligned}
U_2(X) &\approx U_1(X)|_{X=X_0} + X \cdot \frac{\partial U_2(X)}{\partial X}\bigg|_{X=X_0} + \frac{X^2}{2!} \cdot \frac{\partial^2 U_2(X)}{\partial X^2}\bigg|_{X=X_0} \\
&\quad + \frac{X^3}{3!} \cdot \frac{\partial^3 U_2(X)}{\partial X^3}\bigg|_{X=X_0} + \frac{X^4}{4!} \cdot \frac{\partial^4 U_2(X)}{\partial X^4}\bigg|_{X=X_0}
\end{aligned} \tag{5.130}
$$

需要指出，由于常数项 $U_0(X)$ 不影响方位空变校正，所以其具体表达式没有给出。

接下来，进行第二次 "SVD-插值" 操作。在校正式二次相位项的方位空变之前，需引入一个方位非线性变标 (ANCS) 函数进行衔接，该函数采用三次多项式的形式，其三阶系数定义为 C_ncs，则该 ANCS 函数可表示为

$$
H_\mathrm{ncs}(t_\mathrm{a}) = \exp\left(\mathrm{j}C_\mathrm{ncs} t_\mathrm{a}^3\right) \tag{5.131}
$$

其中，C_{ncs} 为 ANCS 函数的三阶系数，其求解过程将在下面详细给出。需要指出，如果直接进行第二次 SVD，二维频谱的相位依然存在两个特征分量，而 ANCS 函数的作用则体现在：将其在方位时域引入，并将信号变换到多普勒域后，信号二维频谱的相位可由一个特征分量精确表示。

在引入 ANCS 函数后，信号在方位时域的相位可表示为

$$
\begin{aligned}
\varphi_{s_{SVD}}^{ncs}(t_a; X) &= \varphi_{f_{SVD}}(t_a; X) + C_{ncs}t_a^3 \\
&= U_0(X) - \frac{U_1^2(X)}{4U_2(X)} - \frac{\pi U_1(X)}{U_2(X)}t_a - \frac{\pi^2}{U_2(X)}t_a^2 + C_{ncs}t_a^3
\end{aligned}
\tag{5.132}
$$

其中，上标 ncs 表示方位非线性变标，$\varphi_{f_{SVD}}(t_a; X)$ 为信号从多普勒域变换到方位时域的相位形式，将信号从方位时域变换到多普勒域可得

$$
\begin{aligned}
S(f_a; X) &= \int_{t_a} \exp\left(j\varphi_{f_{SVD}}^{ncs}(t_a; X)\right) \cdot \exp^{-j2\pi f_a t_a} dt_a \\
&= \exp\left(j\varphi_{f_{SVD}}^{ncs}(t_a(t_a^*); X)\right) \\
&\triangleq \exp\left(j\varphi_{f_{SVD}}^{ncs}(f_a; X)\right)
\end{aligned}
\tag{5.133}
$$

其中，

$$
t_a^* = \frac{3C\left(\dfrac{U_1(X)}{2\pi}\right)^2 + 2\pi f_a}{2\left(\dfrac{3C_{ncs}U_1(X)}{2\pi} + \dfrac{\pi^2}{U_2(X)}\right)} \triangleq \frac{D(X) + 2\pi f_a}{E(X)}
\tag{5.134}
$$

引入 ANCS 函数后的信号在多普勒域的相位可表示为

$$
\begin{aligned}
\varphi_{f_{SVD}}^{ncs}(f_a; X) &= \frac{8\pi^3 C_{ncs}}{E^3(X)}f_a^3 + \left(\frac{12\pi^2 C_{ncs} \cdot D(X)}{E^3(X)} - \frac{2\pi^2}{E(X)}\right)f_a^2 \\
&\quad + 2\pi\left(\frac{3C_{ncs} \cdot D^2(X)}{E^3(X)} - \frac{D(X)}{E(X)} + \frac{U_1(X)}{2\pi}\right)f_a \\
&\quad + U_0(X) + \frac{C_{ncs} \cdot D^3(X)}{E^3(X)} + \frac{D^2(X)}{2E(X)} - C_{ncs}\left(\frac{U_1(X)}{2\pi}\right)^3 \\
&\triangleq \varphi_t(X)f_a^3 + \varphi_s(X)f_a^2 + \varphi_f(X)f_a + \varphi_0(X)
\end{aligned}
\tag{5.135}
$$

其中，$\varphi_t(X)$，$\varphi_s(X)$，$\varphi_f(X)$ 和 $\varphi_0(X)$ 分别为三次相位项，二次相位项，一次

相位项和常数相位项的系数，前三者均可由泰勒级数表示为

$$
\begin{aligned}
\varphi_{\mathrm{t}}(X) &= \frac{8\pi^3 C_{\mathrm{ncs}}}{E^3(X)} \\
&\approx a_1\left(C_{\mathrm{ncs}}\right) + a_2\left(C_{\mathrm{ncs}}\right) \cdot X + a_3\left(C_{\mathrm{ncs}}\right) \cdot X^2 \\
&= \varphi_{\mathrm{t}}(X)|_{X=X_0} + \left.\frac{\partial \varphi_{\mathrm{t}}(X)}{\partial X}\right|_{X=X_0} \cdot X + \frac{1}{2}\left.\frac{\partial^2 \varphi_{\mathrm{t}}(X)}{\partial X^2}\right|_{X=X_0} \cdot X^2
\end{aligned}
\tag{5.136}
$$

$$
\begin{aligned}
\varphi_{\mathrm{s}}(X) &= \frac{12\pi^2 C_{\mathrm{ncs}} \cdot D(X)}{E^3(X)} - \frac{2\pi^2}{E(X)} \\
&\approx b_1\left(C_{\mathrm{ncs}}\right) + b_2\left(C_{\mathrm{ncs}}\right) \cdot X + b_3\left(C_{\mathrm{ncs}}\right) \cdot X^2 \\
&= \varphi_{\mathrm{s}}(X)|_{X=X_0} + \left.\frac{\partial \varphi_{\mathrm{s}}(X)}{\partial X}\right|_{X=X_0} \cdot X + \frac{1}{2}\left.\frac{\partial^2 \varphi_{\mathrm{s}}(X)}{\partial X^2}\right|_{X=X_0} \cdot X^2
\end{aligned}
\tag{5.137}
$$

$$
\begin{aligned}
\varphi_{\mathrm{f}}(X) &= 2\pi\left(\frac{3 C_{\mathrm{ncs}} D^2(X)}{E^3(X)} - \frac{D(X)}{E(X)} + \frac{U_1(X)}{2\pi}\right) \\
&\approx c_1\left(C_{\mathrm{ncs}}\right) + c_2\left(C_{\mathrm{ncs}}\right) \cdot X + c_3\left(C_{\mathrm{ncs}}\right) \cdot X^2 \\
&= \varphi_{\mathrm{f}}(X)|_{X=X_0} + \left.\frac{\partial \varphi_{\mathrm{f}}(X)}{\partial X}\right|_{X=X_0} \cdot X + \frac{1}{2}\left.\frac{\partial^2 \varphi_{\mathrm{f}}(X)}{\partial X^2}\right|_{X=X_0} \cdot X^2
\end{aligned}
\tag{5.138}
$$

需要指出，常数相位项对后续的影响可忽略。同时，$\varphi_{\mathrm{t}}(X)$，$\varphi_{\mathrm{s}}(X)$，$\varphi_{\mathrm{f}}(X)$ 和 $\varphi_0(X)$ 均与 ANCS 函数的系数 C_{ncs} 有关，因此它们经泰勒级数展开后的各阶系数均为关于 C_{ncs} 的函数。合理选择一个 C_{ncs}，可使得信号经第二次 SVD 后由一个特征分量精确表示，即

$$
\begin{aligned}
\varphi_{\mathrm{s_{SVD}}}^{\mathrm{ncs}}\left(f_{\mathrm{a}}; X\right) &= F(X)G\left(f_{\mathrm{a}}\right) + \varphi_{\mathrm{inv}}\left(f_{\mathrm{a}}\right) + \varphi_{\mathrm{v}}\left(f_{\mathrm{a}}; X\right) \\
&\approx F(X)G\left(f_{\mathrm{a}}\right) + \varphi_{\mathrm{inv}}\left(f_{\mathrm{a}}\right)
\end{aligned}
\tag{5.139}
$$

其中，下标 $\mathrm{s_{SVD}}$ 表示第二次 SVD；$F(X)G\left(f_{\mathrm{a}}\right)$ 为 SVD 后唯一的特征分量，$F(X)$ 为关于 X 的函数，$G\left(f_{\mathrm{a}}\right)$ 为关于 f_{a} 的函数；$\varphi_{\mathrm{inv}}\left(f_{\mathrm{a}}\right)$ 为方位不空变的剩余相位；$\varphi_{\mathrm{v}}\left(f_{\mathrm{a}}; X\right)$ 为方位空变的剩余相位。一般情况下，当 $\varphi_{\mathrm{v}}\left(f_{\mathrm{a}}; X\right)$ 的数值要远小于参考值 $\pi/4$ 时，该相位可忽略不计。接下来，将推导 ANCS 函数的系数 C_{ncs}。

首先合并线性相位项和二次相位项，$\varphi_{\mathrm{s}}(X)$ 和 $\varphi_{\mathrm{f}}(X)$ 的一阶系数和二阶系数需成正比，即

$$\frac{b_2\left(C_{\mathrm{ncs}}\right)}{c_2\left(C_{\mathrm{ncs}}\right)} = \frac{b_3\left(C_{\mathrm{ncs}}\right)}{c_3\left(C_{\mathrm{ncs}}\right)} \triangleq \zeta\left(C_{\mathrm{ncs}}\right) \tag{5.140}$$

将 $b_2\left(C_{\mathrm{ncs}}\right)$，$c_2\left(C_{\mathrm{ncs}}\right)$，$b_3\left(C_{\mathrm{ncs}}\right)$ 和 $c_3\left(C_{\mathrm{ncs}}\right)$ 的表达式代入上式，即可求解 ANCS 函数的系数 C_{ncs}。当线性相位项和二次相位项合并后，信号的相位可表示为

$$\begin{aligned}
\varphi_{\mathrm{sSVD}}^{\mathrm{ncs}}\left(f_{\mathrm{a}}; X\right) = {}& \underbrace{\varphi_{\mathrm{sf}}(X)\left(\zeta'\left(C_{\mathrm{ncs}}\right) f_{\mathrm{a}}^3 + f_{\mathrm{a}}^2 + 1/\zeta\left(C_{\mathrm{ncs}}\right) f_{\mathrm{a}}\right)}_{F(X)G(f_{\mathrm{a}})} \\
& + \underbrace{a_1\left(C_{\mathrm{ncs}}\right) f_{\mathrm{a}}^3 + b_1\left(C_{\mathrm{ncs}}\right) f_{\mathrm{a}}^2 + c_1\left(C_{\mathrm{ncs}}\right) f_{\mathrm{a}}}_{\varphi_{\mathrm{inv}}\left(f_{\mathrm{a}}\right)} \\
& + \underbrace{\left(a_3\left(C_{\mathrm{ncs}}\right) - \zeta'\left(C_{\mathrm{ncs}}\right) b_3\left(C_{\mathrm{ncs}}\right)\right) X^2 f_{\mathrm{a}}^3 + \varphi_0(X)}_{\varphi_{\mathrm{v}}\left(f_{\mathrm{a}}; X\right)}
\end{aligned} \tag{5.141}$$

其中，$\zeta'\left(C_{\mathrm{ncs}}\right) = a_2\left(C_{\mathrm{ncs}}\right)/b_2\left(C_{\mathrm{ncs}}\right)$。根据式 (5.141) 的表达形式，可推导出以下表达式

$$F(X) = \varphi_{\mathrm{sf}}(X) = b_2\left(C_{\mathrm{ncs}}\right) X + b_3\left(C_{\mathrm{ncs}}\right) X^2 \tag{5.142}$$

$$G\left(f_{\mathrm{a}}\right) = \zeta'\left(C_{\mathrm{ncs}}\right) f_{\mathrm{a}}^3 + f_{\mathrm{a}}^2 + 1/\zeta\left(C_{\mathrm{ncs}}\right) f_{\mathrm{a}} \tag{5.143}$$

$$\phi_{\mathrm{inv}}\left(f_{\mathrm{a}}\right) = a_1\left(C_{\mathrm{ncs}}\right) f_{\mathrm{a}}^3 + b_1\left(C_{\mathrm{ncs}}\right) f_{\mathrm{a}}^2 + c_1\left(C_{\mathrm{ncs}}\right) f_{\mathrm{a}} \tag{5.144}$$

$$\phi_{\mathrm{v}}\left(f_{\mathrm{a}}; X\right) = \left(a_3\left(C_{\mathrm{ncs}}\right) - \zeta\left(C_{\mathrm{ncs}}\right) b_3\left(C_{\mathrm{ncs}}\right)\right) X^2 f_{\mathrm{a}}^3 + \varphi_0(X) \tag{5.145}$$

式 (5.142)～式 (5.145) 中的非空变相位项可通过匹配滤波补偿，补偿函数可表示为

$$\begin{aligned}
H_{\mathrm{res}}\left(f_{\mathrm{a}}\right) = {}& \exp\left(-\mathrm{j}a_1\left(C_{\mathrm{ncs}}\right) f_{\mathrm{a}}^3\right) \\
& \times \exp\left(-\mathrm{j}b_1\left(C_{\mathrm{ncs}}\right) f_{\mathrm{a}}^2 - \mathrm{j}c_1\left(C_{\mathrm{ncs}}\right) f_{\mathrm{a}}\right)
\end{aligned} \tag{5.146}$$

补偿后，信号的相位可表示为

$$\varphi_{\mathrm{sSVD}}^{\mathrm{ncs}}\left(f_{\mathrm{a}}; X\right) = \varphi_{\mathrm{sf}}(X)\left(\zeta'\left(C_{\mathrm{ncs}}\right) f_{\mathrm{a}}^3 + f_{\mathrm{a}}^2 + 1/\zeta\left(C_{\mathrm{ncs}}\right) f_{\mathrm{a}}\right) \tag{5.147}$$

进行第二次插值操作：$\left(\zeta'\left(C_{\mathrm{ncs}}\right) f_{\mathrm{a}}^3 + f_{\mathrm{a}}^2 + 1/\zeta\left(C_{\mathrm{ncs}}\right) f_{\mathrm{a}}\right) \to f_{\mathrm{a}}$，则经过第二次 "SVD-插值" 操作后，信号二维频谱的相位可表示为

$$\varphi_{\mathrm{sSVD}}^{\mathrm{ncs}}\left(f_{\mathrm{a}}; X\right) = \varphi_{\mathrm{sf}}(X) \cdot f_{\mathrm{a}} \tag{5.148}$$

此时，对式 (5.148) 进行方位 IFFT，即可完成整个方位场景目标的精确聚焦。

3) 算法仿真

本节所提成像算法共包含三个部分：①基于最优 LRWC 的方位预处理，目的是使得方位空变最小化，进一步扩大方位场景大小或者提高分辨率；②基于分块距离 SVD 的距离空变校正，校正距离信号的距离空变，完成大距离测绘带精确的 RCMC；③基于方位串联 SVD 的方位空变校正，校正严重的方位空变，完成整个方位场景的精确聚焦，该算法的流程图如图 5.32 所示。

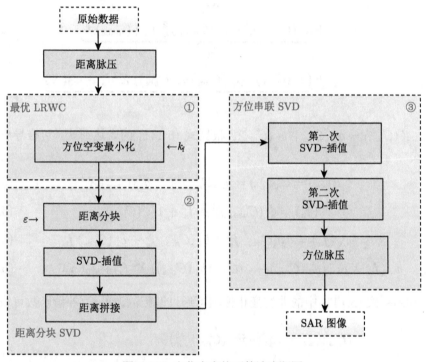

图 5.32　方位空变校正算法流程图

这里选取方位串联 SVD 方法作为参考算法。采用参考算法对整个场景目标进行成像处理后，目标 1 的二维等高线以及距离和方位剖面图如图 5.33 所示，目标 2 相应的成像结果如图 5.34 所示，结果表明，参考算法在方位场景边缘的点目标出现了较为严重的散焦现象。本节所提算法在成像处理前引入了一种最优 LRWC 方位预处理，尽可能地减少了方位空变，其相应的成像结果如图 5.35 和图 5.36 所示，场景中心点和场景边缘点目标均聚焦良好，验证了本节所提算法的有效性。

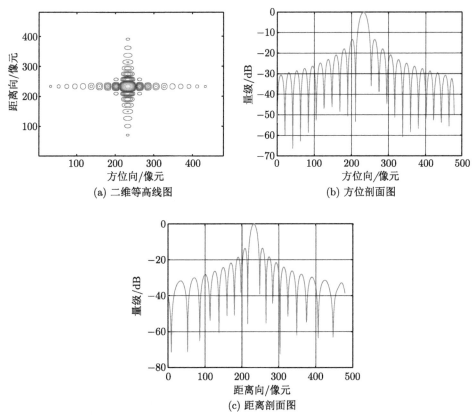

图 5.33 参考算法目标 1 成像结果

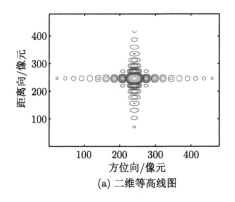
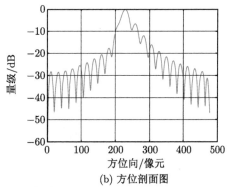

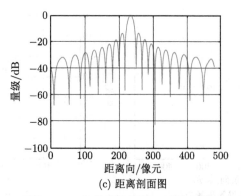

(c) 距离剖面图

图 5.34　参考算法目标 2 成像结果

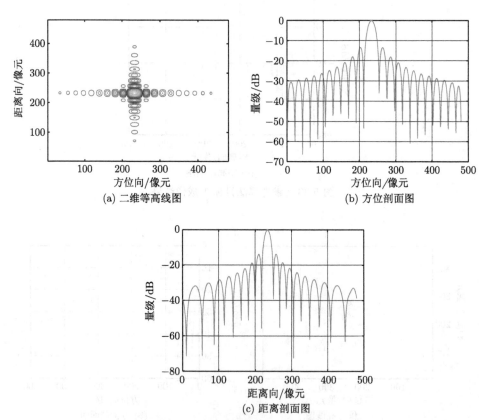

(a) 二维等高线图

(b) 方位剖面图

(c) 距离剖面图

图 5.35　本节所提算法目标 1 成像结果

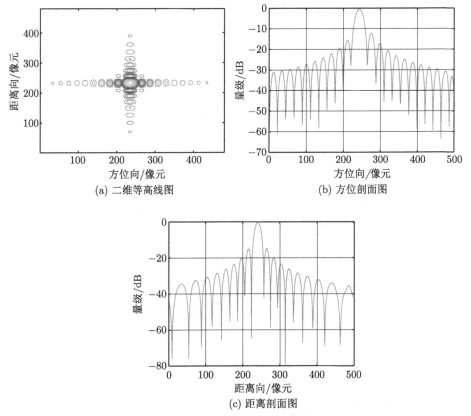

图 5.36　本节所提算法目标 2 成像结果

参 考 文 献

[1] 槐超, 王文妍. InSAR 编队卫星全零多普勒姿态导引研究 [J]. 上海航天, 2014, 31(6): 5-12.

[2] 何志华, 何峰, 黄海风, 等. 分布式 SAR 相位同步误差的影响分析与试验验证 [J]. 宇航学报, 2012, 33(3): 353-357.

[3] 李世强, 禹卫东. 分布式卫星 SAR 相位同步的实现方案及试验验证 [J]. 电子与信息学报, 2012, 34(2): 5-9.

[4] Sherwin C W, Ruina J P, Rawcliffe R D. Some early developments in synthetic aperture radar systems[J]. IRE Trans on MIL, 1962, 6(2): 111-115.

[5] 景国彬. 机载/星载超高分辨率 SAR 成像技术研究 [D]. 西安: 西安电子科技大学, 2018.

[6] 李春升, 杨威, 王鹏波. 星载 SAR 成像处理算法综述 [J]. 雷达学报, 2013, 2(1): 111-122.

[7] 梁毅. 调频连续波 SAR 信号处理 [D]. 西安: 西安电子科技大学, 2009.

[8] Griffiths H D. Synthetic aperture processing for full-deramp radar altimeters[J]. Electronics Letters, 2002, 24(7): 371-373.

[9] 梁毅, 郭亮, 邢孟道, 等. 一种斜视 FMCW SAR 的等效正侧视处理方法 [J]. 电子学报, 2009, 37(6): 1159-1164.

[10] Yamaguchi Y, Mitsumoto M, Sengoku M, et al. Synthetic aperture FM-CW radar applied to the detection of objects buried in snowpack[J]. Geoscience and Remote Sensing IEEE Transactions on, 2002, 32(1): 11-18.

[11] Meta A, Hoogeboom P. Development of signal processing algorithms for high resolution airborne millimeter wave FMCW SAR[C]//Radar Conference, 2005 IEEE International, IEEE, 2005.

[12] Meta A, de Wit J J M, Hoogeboom P. Development of a high resolution airborne millimeter wave FM-CW SAR[C]//Radar Conference, 2004. EURAD. First European. IEEE, 2004.

[13] Weib M, Ender J H G. A 3D imaging radar for small unmanned airplanes-ARTINO[C]// Radar Conference, 2005. European, IEEE, 2005.

[14] 耿淑敏. FM-CW SAR 信号处理关键技术研究 [D]. 长沙: 国防科学技术大学, 2008.

[15] Wang R, Loffeld O, Nies H, et al. Focus FMCW SAR data using the wave number domain algorithm[J]. IEEE Transactions on Geoscience and Remote Sensing, 2010, 48(4): 2109-2118.

[16] Dewit J J M, Meta A, Hoogeboom P. Modified range-doppler processing for FM-CW synthetic aperture radar[J]. IEEE Geoscience and Remote Sensing Letters, 2006, 3(1): 83-87.

[17] Luo Y, Song H, Gao Y, et al. Modified frequency scaling processing for FMCW SAR[C]//Geoscience and Remote Sensing Symposium (IGARSS), 2012 IEEE International, IEEE, 2012.

[18] 李震宇, 陈溅来, 梁毅, 等. 带有多普勒中心空变校正的大斜视 SAR 成像方法 [J]. 西安电子科技大学学报, 2016, 43(3): 6.

第 6 章　脉冲体制星载 Ka 波段合成孔径雷达

6.1　概　　述

对于 Ka 波段星载 SAR，其在大气传播中的损耗要比其他低频段更大，需要更高的功率孔径积满足成像质量的要求。传统单发单收的工作方式，为了保证一定的观测幅宽，其天线尺寸受到制约，同时 Ka 波段较短的波长进一步加剧了这一问题。而较小的天线就导致 Ka 波段 SAR 在单发单收工作方式下难以同时兼顾功率孔径积和波束宽度的要求，特别是在超高分辨率或宽幅成像时，这一问题尤为突出。

由第 3 章对 DBF-SCORE 技术的介绍可知，该项技术可以利用距离向多孔径天线合成高增益的窄接收波束，并通过窄波束的扫描实现整个测绘带内的高接收增益，从而支持星载 SAR 系统采用较小的发射天线获得较大的测绘带宽，并能保证系统的信噪比、优化距离模糊和减小雨杂波的影响。DBF-SCORE 技术的上述特点使其成为脉冲体制下解决星载 Ka 波段 SAR 高功率孔径积需求的核心技术手段。

在解决功率孔径积问题的基础上，利用 Ka 波段中心频率高、可用带宽大的特点，可以实现星载的超高分辨率成像，支撑更加精细化的对地遥感观测；利用 Ka 波段波长短，对干涉相位敏感的特点，可以在单星平台获得足够的基线长度、实现高精度的干涉测量 [1-3]。

因此，本章重点围绕脉冲体制星载 Ka 波段 SAR 的特色应用方向，介绍星载 Ka 波段超高分辨率成像方法和 Ka 波段单星高精度干涉测量方法。

6.2　脉冲体制星载 SAR 超高分辨率成像处理

在超高分辨率成像需求下，过去可以忽略的非理想因素对成像质量的影响逐渐体现出来，如轨道非线性、"停–走" 模型误差、二维频域残留误差等，本节将对这些误差进行分析并提出相应的补偿方法。最后，利用回波仿真数据对算法指标进行定量化分析和论证。

6.2.1　方位多通道滑动聚束 SAR 回波建模

方位多通道滑动聚束星载 SAR 模式是实现方位向高分辨率的有效手段。如图 6.1 所示，在方位多通道滑动聚束星载 SAR 模式中，方位波束在一次观测期间内由前斜视逐渐变为后斜视。与条带模式相比，场景内的目标能够获得更长的合成孔径时间，从而实现更高的方位分辨率。N 个接收通道同时对目标散射的回波信号进行采样，获取的回波数据是单通道滑动聚束的 N 倍。因此利用方位多通道技术可将 PRF 大大降低，能够在方位分辨率不降低的情况下，在距离向实现更大宽度的观测。

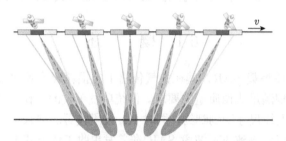

图 6.1　方位多通道滑动聚束星载 SAR 模式

方位多通道滑动聚束星载 SAR 的几何模型如图 6.2 所示，在成像工作过程中，方位波束随着平台运动不断顺时针旋转，指向虚拟旋转点。其中 T_w 表示本次成像的照射时间，X_s 代表方位向场景宽度，X_f 为波束脚印长度，r 为零多普勒时刻 SAR 传感器到场景中心的距离。类似地，方位多通道滑动聚束星载 SAR 也有两个特殊参数：波束扫描角速度 ω_θ 和 SAR 传感器到虚拟旋转点的距离 r_s。在方位多通道滑动聚束模式中，ω_θ 与 r_s 均为正值。

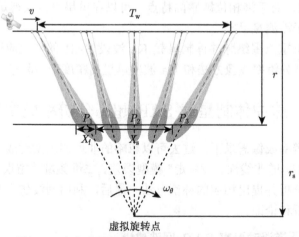

图 6.2　方位多通道滑动聚束星载 SAR 的几何模型

由于波束旋转，方位多通道滑动聚束星载 SAR 的分辨率与方位多通道条带星载 SAR 不同，也需要乘上一个旋转因子 $\alpha(r)$。根据图 6.2 的几何模型以及 r_s 为正值可知, 在方位多通道滑动聚束星载 SAR 模式中, $\alpha(r) < 1$。基于 $\alpha(r)$ 的取值, 可以将方位多通道滑动聚束模式和方位多通道渐进扫描模式 (terrain observation by progressive scans, TOPS) 模式的几何和数学模型统一起来。

6.2.2 方位多通道重构方法

由单通道回波信号与多通道回波信号的联系可知, 各接收天线接收到的数据可等效为常规条带 SAR 数据通过传递函数降采样得到的结果。各接收通道传递函数如下:

$$H_i(f) = \exp\left\{-\mathrm{j}\frac{d_i}{2v}2\pi f - \mathrm{j}\frac{\pi f_\mathrm{r} d_k^2}{4v^2}\right\} \cong \exp\left\{-\mathrm{j}\frac{d_i}{2v}2\pi f\right\} \qquad (6.1)$$

如果能够利用 N 个接收天线接收到的回波信号来消除频谱混叠并重构出降采样前的信号频谱, 就能实现从高分辨率多通道天线星载 SAR 回波信号到传统条带 SAR 回波信号的等效转换, 这就是补偿算法的原理, 如图 6.3 所示。

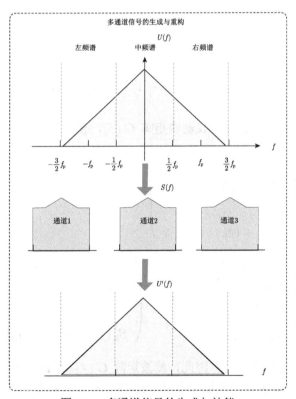

图 6.3　多通道信号的生成与补偿

设理想条带 SAR 回波信号方位频谱为 $S_0(f)$。将 $S_0(f)$ 通过系统传递函数为 $H_i(f)$ 的系统，并降采样，就得到各通道的信号频谱 $S_i(f)$。若脉冲重频为 f_{p}，则 $S_i(f)$ 的频率范围为 $[-f_{\mathrm{p}}/2, f_{\mathrm{p}}/2]$，则

$$T_i(f) = \sum_{k=0}^{N-1} S_0(f + k \cdot f_{\mathrm{p}}) \cdot H_i(f + k \cdot f_{\mathrm{p}}), \quad f \in \left[-\frac{N}{2}f_{\mathrm{p}}, -\frac{N}{2}f_{\mathrm{p}} + f_{\mathrm{p}}\right] \quad (6.2)$$

即

$$\begin{pmatrix} T_0(f) \\ T_1(f) \\ \vdots \\ T_{N-1}(f) \end{pmatrix}^{\mathrm{T}} = \begin{pmatrix} S_0(f) \\ S_0(f + f_{\mathrm{p}}) \\ \vdots \\ S_0(f + (N-1) \cdot f_{\mathrm{p}}) \end{pmatrix}^{\mathrm{T}} \cdot \boldsymbol{H}(f) \quad (6.3)$$

其中，

$$\boldsymbol{H}(f)$$
$$= \begin{bmatrix} H_0(f) & H_1(f) & \cdots & H_{N-1}(f) \\ H_0(f + f_{\mathrm{p}}) & H_1(f + f_{\mathrm{p}}) & \cdots & H_{N-1}(f + f_{\mathrm{p}}) \\ \vdots & \vdots & & \vdots \\ H_0(f + (N-1) \cdot f_{\mathrm{p}}) & H_1(f + (N-1) \cdot f_{\mathrm{p}}) & \cdots & H_{N-1}(f + (N-1) \cdot f_{\mathrm{p}}) \end{bmatrix}$$
$$(6.4)$$

重构算法的本质就在于寻找滤波矩阵 $\boldsymbol{G}(f)$，使得

$$\begin{pmatrix} S(f) \\ S(f + f_{\mathrm{p}}) \\ \vdots \\ S(f + (N-1) \cdot f_{\mathrm{p}}) \end{pmatrix}^{\mathrm{T}}$$
$$= \begin{pmatrix} T_0(f) \\ T_1(f) \\ \vdots \\ T_{N-1}(f) \end{pmatrix}^{\mathrm{T}} \cdot \boldsymbol{G}(f) = \begin{pmatrix} S_0(f) \\ S_0(f + f_{\mathrm{p}}) \\ \vdots \\ S_0(f + (N-1) \cdot f_{\mathrm{p}}) \end{pmatrix}^{\mathrm{T}} \quad (6.5)$$

这就要求 $\boldsymbol{G}(f) \cdot \boldsymbol{H}(f) = \boldsymbol{I}$。因此，滤波矩阵 $\boldsymbol{G}(f)$ 为 $\boldsymbol{H}(f)$ 的逆矩阵。

由于 $\boldsymbol{H}(f)$ 其实是一个以频率 f 为自变量的矩阵函数。为了不至于对每个频率点都进行一次求逆操作，先对 $\boldsymbol{H}(f)$ 进行分解。令 $t_i = d_i/(2v)$，则各通道

传递函数 $H_i(f)$ 可写成

$$H_i(f) = \exp\{-\mathrm{j}2\pi f \cdot t_i\} \tag{6.6}$$

则 $\boldsymbol{H}(f) = \boldsymbol{P} \cdot \boldsymbol{Q}(f)$，其中，

$$\boldsymbol{P} = \begin{bmatrix} 1 & 1 & \cdots & 1 \\ \mathrm{e}^{-\mathrm{j}2\pi f_\mathrm{p}\cdot t_0} & \mathrm{e}^{-\mathrm{j}2\pi f_\mathrm{p}\cdot t_1} & \cdots & \mathrm{e}^{-\mathrm{j}2\pi f_\mathrm{p}\cdot t_{N-1}} \\ \vdots & \vdots & & \vdots \\ \mathrm{e}^{-\mathrm{j}2\pi(N-1)\cdot f_\mathrm{p} t_0} & \mathrm{e}^{-\mathrm{j}2\pi(N-1)\cdot f_\mathrm{p}\cdot t_1} & \cdots & \mathrm{e}^{-\mathrm{j}2\pi(N-1)\cdot f_\mathrm{p}\cdot t_{N-1}} \end{bmatrix} \tag{6.7}$$

$$\boldsymbol{Q}(f) = \begin{bmatrix} \mathrm{e}^{-\mathrm{j}2\pi f t_0} & 0 & \cdots & 0 \\ 0 & \mathrm{e}^{-\mathrm{j}2\pi f\cdot t_1} & \cdots & 0 \\ \vdots & \vdots & & \vdots \\ 0 & 0 & \cdots & \mathrm{e}^{-\mathrm{j}2\pi\cdot f_{N-1}} \end{bmatrix} \tag{6.8}$$

$\boldsymbol{P}$ 为常数矩阵；$\boldsymbol{Q}(f)$ 为对角阵。因此，$\boldsymbol{H}(f)$ 的逆矩阵为

$$\boldsymbol{G}(f) = \boldsymbol{H}^{-1}(f) = \boldsymbol{Q}^{-1}(f) \cdot \boldsymbol{P}^{-1}$$

$$= \begin{bmatrix} \mathrm{e}^{\mathrm{j}2\pi f\cdot t} & 0 & \cdots & 0 \\ 0 & \mathrm{e}^{\mathrm{j}2\pi f\cdot t_1} & \cdots & 0 \\ \vdots & \vdots & & \vdots \\ 0 & 0 & \cdots & \mathrm{e}^{\mathrm{j}2\pi\cdot f\cdot t_{N-1}} \end{bmatrix} \cdot \boldsymbol{P}^{-1} \tag{6.9}$$

令 $\boldsymbol{K} = \boldsymbol{P}^{-1}$，则有

$$\boldsymbol{G}(f) = \begin{bmatrix} \mathrm{e}^{\mathrm{j}2\pi f\cdot t_0} & 0 & \cdots & 0 \\ 0 & \mathrm{e}^{\mathrm{j}2\pi f\cdot t_1} & \cdots & 0 \\ \vdots & \vdots & & \vdots \\ 0 & 0 & \cdots & \mathrm{e}^{\mathrm{j}2\pi\cdot f\cdot t_{N-1}} \end{bmatrix} \cdot \boldsymbol{K} \tag{6.10}$$

等式右边的第一项可以看作延时滤波器，补偿由各接收天线相位中心与发射天线相位中心间距所造成的延时。

重构后的频谱为

$$\begin{pmatrix} S(f) \\ S(f+f_\mathrm{p}) \\ \vdots \\ S(f+(N-1)\cdot f_\mathrm{p}) \end{pmatrix}^{\mathrm{T}} = \begin{pmatrix} T_0(f) \\ T_1(f) \\ \vdots \\ T_{N-1}(f) \end{pmatrix}^{\mathrm{T}} \cdot \boldsymbol{G}(f) \tag{6.11}$$

则有

$$S\left(f+k\cdot f_{\mathrm{p}}\right)=\sum_{i=0}^{N-1}T_i\left(f\right)\cdot\mathrm{e}^{\mathrm{j}2\pi f\cdot t_i}\cdot\boldsymbol{K}\left(i,k\right),\quad k=0,1,2,\cdots,N-1 \quad (6.12)$$

当 $f\in[-Nf_{\mathrm{p}}/2,-Nf_{\mathrm{p}}+f_{\mathrm{p}}]$ 时，取所有的 k，根据上式可计算完成的频谱。

6.2.3　通道不一致性误差校正

多通道系统存在多种类型的误差，通道误差按照来源分为通道自身误差、卫星姿态误差、卫星速度误差和卫星位置误差。从信号处理的角度讲，通道误差可以划分为幅相不一致性误差、采样延时误差和通道位置不一致性误差，相位误差进一步划分为固定的相位误差和沿距离空变的相位误差。

根据上述分析，当存在通道不一致性误差时，方位多通道 SAR 信号在距离频域方位时域的表达式为

$$\begin{aligned}S_{\mathrm{e}}^{(i)}\left(f_\tau,t\right)=&\chi_i\mathrm{e}^{\mathrm{j}\delta_i}W_r\left(f_r\right)w_a\left(t-\frac{y_P-d_i/2-\Delta y_i}{v}\right)\\&\times\exp\left\{-\mathrm{j}\frac{4\pi}{c}\left(f_c+f_\tau\right)R^{\mathrm{e}}\left(t+\frac{d_i}{2v}-\frac{y_P}{v};r\right)\right\}\exp\left(-\mathrm{j}2\pi f_\tau\Delta\tau_i\right)\end{aligned}$$

$$(6.13)$$

其中，

$$\begin{aligned}&R^{\mathrm{e}}\left(t+\frac{d_i}{2v}-\frac{y_P}{v};r\right)\\&=\sqrt{\left(\Delta x_i-x_P\right)^2+\left(vt+\frac{d_i}{2v}+\Delta y_i-y_P\right)^2+\left(h+\Delta z_i-z_P\right)^2}\end{aligned}$$

$$(6.14)$$

这里，χ_i 代表通道幅度不一致性误差；δ_i 代表通道相位不一致性误差；$\Delta\tau_i$ 代表通道延时误差；Δx_i，Δy_i，Δz_i 代表各通道相位中心测量误差和由姿态误差造成的各通道相位中心位置误差的总和，由于卫星平台在一次观测过程中能够进行较稳定的姿态控制，所以这部分误差可看作不随时间发生变化。多通道星载 SAR 通道误差的几何模型如图 6.4 所示。

方位多通道不一致性误差在二维频域的模型表示为

$$\begin{aligned}S_{\mathrm{e}}^{(i)}\left(f_\tau,f\right)=&\chi_i\exp\left\{\mathrm{j}\delta_i-\mathrm{j}\frac{4\pi}{\lambda}\Delta R_{i,1}\right\}\exp\left\{-\mathrm{j}2\pi f_\tau\left(\Delta\tau_i+\frac{2\Delta R_{i,1}}{c}\right)\right\}\\&\times\sum_{k=K_{\min}}^{K_{\max}}U_0\left(f_\tau,f+k\cdot f_{\mathrm{prf}}\right)\exp\left\{\mathrm{j}2\pi\frac{d_i}{2v}\left(f+k\cdot f_{\mathrm{prf}}\right)\right\}\end{aligned}$$

$$(6.15)$$

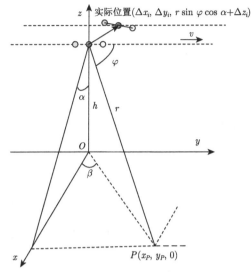

图 6.4 方位多通道条带星载 SAR 通道误差的几何模型

由于 $\Delta R_{i,1}$ 为常量,可以将其合并到相位误差及延时误差中,所以上式可进一步化简为

$$
\begin{aligned}
S_{\mathrm{e}}^{(i)}(f_\tau, f) =&\chi_i \exp\{\mathrm{j}\delta_i\} \exp\{-\mathrm{j}2\pi f_\tau(\Delta\tau_i)\} \\
&\times \sum_{k=K_{\min}}^{K_{\max}} U_0(f_\tau, f+k\cdot f_{\mathrm{prf}}) \exp\left\{\mathrm{j}2\pi\frac{d_i}{2v}(f+k\cdot f_{\mathrm{prf}})\right\}
\end{aligned}
\tag{6.16}
$$

通过 6.2.2 节的分析,相位不一致性误差对方位多通道条带星载 SAR 高精度成像有较大影响。为保证成像质量,需要研究相位不一致性误差的校正方法。这里先简单介绍几种经典的校正方法。首先,考虑相位不一致性误差和噪声的信号模型为

$$
\boldsymbol{S}(\tau, f) = \boldsymbol{\Gamma}\boldsymbol{H}(f)\boldsymbol{U_0}(\tau, f) + \boldsymbol{N}(\tau, f)
\tag{6.17}
$$

1. 正交子空间法 (OSM)

正交子空间法的原理是基于信号协方差矩阵的空间谱特性,将特征向量划分为信号子空间和噪声子空间。根据谱估计的理论,信号子空间与噪声子空间相互正交。基于此,可以估计出相位不一致性误差。

含有相位不一致性误差的方位多通道条带星载 SAR 回波信号的协方差矩阵为

$$
\boldsymbol{R} = \underset{\tau}{E}\left\{\boldsymbol{S}(\tau, f)\boldsymbol{S}(\tau, f)^{\mathrm{H}}\right\} = \boldsymbol{\Gamma}\boldsymbol{H}(f)\underset{\tau}{E}\left\{\boldsymbol{U_0}(\tau, f)\boldsymbol{U_0}(\tau, f)^{\mathrm{H}}\right\}\boldsymbol{H}(f)^{-1}\boldsymbol{\Gamma}^{-1}
$$

$$
\tag{6.18}
$$

对 $\boldsymbol{R}$ 进行特征值分解，有

$$R = \sum_{i=1}^{K} \alpha_i g_i g_i^{\mathrm{H}} + \sum_{K}^{N} \alpha_i g_i g_i^{\mathrm{H}} \tag{6.19}$$

其中，$\alpha_1 > \alpha_2 > \cdots > \alpha_K \gg \alpha_{K+1} = \cdots = \alpha_N = \sigma_{\mathrm{n}}^2$ 为特征值。这里 σ_{n}^2 表示噪声功率；g_i 表示特征向量。根据矩阵理论可知，带有误差的空间导向矢量张成的子空间与表征信号的特征向量组张成的子空间是一致的，定义 $\boldsymbol{G} = [g_1, \cdots, g_K]$，有

$$\mathrm{span}\left\{\boldsymbol{\Gamma} h_{K_{\min}}(f), \cdots, \boldsymbol{\Gamma} h_{K_{\max}}(f)\right\} = \mathrm{span}\left\{\boldsymbol{G}\right\} = \mathrm{span}\left\{g_1, \cdots, g_K\right\}, \tag{6.20}$$

再定义噪声向量组 $\boldsymbol{V} = [u_{K+1}, \cdots, u_N]$，利用信号子空间与噪声子空间的正交性，定义代价函数

$$J = \sum_k \left\| \boldsymbol{V}^{\mathrm{H}} \boldsymbol{\Gamma} h_k(f_{\mathrm{a}}) \right\|_2 \tag{6.21}$$

其中，$\|\bullet\|_2$ 表示 l_2 范数，理论上存在一个 $\widehat{\boldsymbol{\Gamma}}$ 使得 $J = 0$，但由于噪声和系统误差的影响，并不存在解析解。因此可通过最小化代价函数求取可行解，并将 J 展开，表示为

$$\begin{aligned} \min_{\widehat{\boldsymbol{\Gamma}}} J &= \min_{\widehat{\boldsymbol{\Gamma}}} \left\{ \sum_k h_k(f)^{\mathrm{H}} \boldsymbol{\Gamma}^{\mathrm{H}} \boldsymbol{V} \boldsymbol{V}^{\mathrm{H}} \boldsymbol{\Gamma} h_k(f) \right\} \\ &= \min_x \left\{ \sum_k x^{\mathrm{H}} \boldsymbol{Q}_k^{\mathrm{H}}(f) \boldsymbol{V} \boldsymbol{V}^{\mathrm{H}} \boldsymbol{Q}_k(f) x \right\} \end{aligned} \tag{6.22}$$

其中，$\boldsymbol{Q}_k(f) = \mathrm{diag}\left\{h_k(f)\right\}$。令 $\boldsymbol{Z}(f) = \sum_k Q_k^{\mathrm{H}}(f) \boldsymbol{V} \boldsymbol{V}^{\mathrm{H}} Q_k(f)$，可转化为带有约束条件的二次规划问题，根据矩阵理论，该问题的最小二乘解表示为

$$\hat{\boldsymbol{x}} = \frac{\boldsymbol{Z}^{-1}(f) w}{w^{\mathrm{T}} \boldsymbol{Z}^{-1}(f) w} \tag{6.23}$$

其中，$w = [1, 0, 0, \cdots, 0]^{\mathrm{T}}$。

2. 信号空间匹配法 (SSCM)

带有误差的空间导向矢量张成的子空间与表征信号的特征向量组张成的子空间是一致的，因此有

$$\boldsymbol{G} \left(\boldsymbol{G}^{\mathrm{H}} \boldsymbol{G}\right)^{-1} \boldsymbol{G}^{\mathrm{H}} = \boldsymbol{\Gamma} \boldsymbol{H}(f_a) \left(\boldsymbol{H}^{\mathrm{H}}(f_a) \boldsymbol{\Gamma}^{\mathrm{H}} \boldsymbol{\Gamma} \boldsymbol{H}(f_a)\right)^{-1} \boldsymbol{H}^{\mathrm{H}}(f_a) \boldsymbol{\Gamma}^{\mathrm{H}} \tag{6.24}$$

另 $B = GG^H$，$W(f) = H(f)\left(H^H(f)H(f)\right)^{-1}H^H(f)$，同时又有 $\Gamma^H\Gamma = I_N$，$G^H G = I_K$，则有

$$B = \Gamma W(f)\Gamma^H \tag{6.25}$$

取 B 中第一列，可得

$$B_{i1} - \Gamma_{ii}W(f)_{i1}\Gamma_{11}^* = B_{i1} - W(f)_{i1}\,\mathrm{e}^{\mathrm{j}(\delta_i-\delta_1)} = 0 \tag{6.26}$$

因此有

$$\delta_i - \delta_1 = \angle\frac{B_{i1}}{W(f_\mathrm{a})_{i1}}, \quad i = 1, 2, \cdots, N \tag{6.27}$$

3. 自适应加权最小二乘法 (AWLS)

为保证方位信号模糊度满足系统指标，在完成方位向信号重构后，等效信号带宽需要小于 $N\cdot\mathrm{PRF}$。因此存在某些多普勒单元 $f_\triangle + k_0\cdot f_\mathrm{prf}$，在重构后位于等效带宽之外。理论上，这部分除噪声外信号能量近似为 0。而当存在相位不一致性误差时，会有部分信号能量泄露到有效带宽之外。故可以通过最小化有效带宽外的信号能量估计相位不一致性误差。

重构后多普勒单元 $f_\triangle + k_0\cdot f_\mathrm{prf}$ 处的信号能量表示为

$$\left|U_0\left(\tau, f_\triangle + k_0\cdot f_\mathrm{prf}\right)\right|^2 = \left|P_{k_0}\left(f_\triangle\right)\boldsymbol{Y}\boldsymbol{S}\left(\tau, f_\triangle\right)\right|^2 \tag{6.28}$$

重写 $\boldsymbol{S}_D\left(\tau, f_\triangle\right) = \mathrm{diag}\left\{\boldsymbol{S}\left(\tau, f_\triangle\right)\right\}$，并注意 $\boldsymbol{Y} = \mathrm{diag}\left\{y\right\}$，则上述思路可以表示为一个优化问题：

$$\begin{aligned}\widehat{y} &= \min_y\left|P_{k_0}\left(f_\triangle\right)\boldsymbol{S}_D\left(\tau, f_\triangle\right)y\right|^2 = \min_y y^H\boldsymbol{A}^H\boldsymbol{A}y \\ &\mathrm{s.t.}\,|y_i| = 1, \quad i = 1, 2, \cdots, N\end{aligned} \tag{6.29}$$

其中，$\boldsymbol{A} = P_{k_0}\left(f_\triangle\right)\boldsymbol{S}_D\left(\tau, f_\triangle\right)$。该式表示一个二次横模问题，可以通过半正定松弛法和特征值松弛法求解。多普勒谱优化 (doppler spectrum optimization, DSO) 法与 AWLS 法原理类似，因此不再赘述。

4. 空间相关系数法 (SCCC)

将相邻通道数据进行相关处理，忽略方位包络的差异，在方位时域相关处理后的信号存在一个与通道等效间隔有关的相位：

$$\underset{t}{E}\left\{S^{(i-1)}\left(f_\tau, t\right)^* S^{(i)}\left(f_\tau, t\right)\right\} = \exp\left\{\mathrm{j}2\pi f_\mathrm{d}\frac{d_i - d_{i-1}}{2v}\right\} \tag{6.30}$$

再考虑相位不一致性误差，则上式变为

$$\underset{t}{E}\left\{S^{(i-1)}\left(f_\tau,t\right)^* S^{(i)}\left(f_\tau,t\right)\right\} = \exp\left\{\mathrm{j}2\pi f_\mathrm{d}\frac{d_i - d_{i-1}}{2v}\right\}\exp\left\{\mathrm{j}\left(\delta_i - \delta_{i-1}\right)\right\} \quad (6.31)$$

因此只需已知多普勒中心频率和相位中心间隔，即可求出通道相位不一致性误差。如果将某个脉冲的最后一个通道数据和相邻下一个脉冲的数据也进行相关处理，再进行循环相消，则可估计出多普勒中心频率。但该种方法对参数精度要求较多，且需要通道间有良好的相关性，对场景变化和系统参数比较敏感。

方位多通道星载 SAR 信号的旋转不变性基于范德蒙德矩阵 $\boldsymbol{H}$。如果存在相位不一致性误差，上述特性将不再成立，矩阵 $\boldsymbol{\varPhi}$ 的特征根矩阵与旋转矩阵 $\boldsymbol{D}$ 不再相等。

下面通过一组仿真实验说明相位不一致性误差对旋转矩阵的影响。图 6.5 展示了存在相位不一致性误差时，特征值的分布情况 (红色)。可以看出，旋转矩阵 $\boldsymbol{D}$ 的特征值等间隔地分布在单位圆上，而由于相位不一致性误差的影响，矩阵 $\boldsymbol{\varPhi}$ 的特征根杂乱地分布在单位圆附近。因此，可以利用这一性质，通过最小化矩阵 $\boldsymbol{\varPhi}$ 的特征根矩阵与旋转矩阵 $\boldsymbol{D}$ 的差异来估计相位不一致性误差。该优化问题可以写作

$$\hat{\boldsymbol{x}} = \arg\underset{\boldsymbol{\delta}}{\min}\|\boldsymbol{D} - \lambda\left(\boldsymbol{\varPhi}\right)\|_2 \quad (6.32)$$

其中，$\|\bullet\|_2$ 表示 l_2 范数。

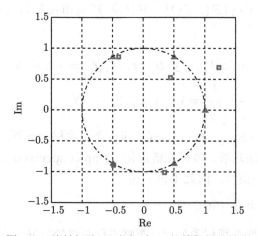

图 6.5　旋转矩阵 $\boldsymbol{D}$ 与矩阵 $\boldsymbol{\varPhi}$ 的特征根的分布

在实际处理中，由于各个特征值之间存在串扰，在使用循环坐标梯度下降法进行迭代时会收敛到错误的结果。为解决这个问题，一个有效的方法是每次仅用

两个相邻通道的数据进行估计, 得出相邻通道的相位不一致性误差:

$$\phi_n = e^{j(\delta_n - \delta_{n-1})} d_{\max} = e^{j(\delta_n - \delta_{n-1})} \tag{6.33}$$

其中, ϕ_n 表示第 n 个通道与第 $n-1$ 个通道的相位不一致性误差的差值。因此 δ_n 可以通过下式求解得到

$$\delta_m = \delta_{m-1} + \angle \phi_m \tag{6.34}$$

其中, $\delta_0 = 0$; $\angle(\cdot)$ 表示取相角操作。通过这种快速估计的策略, 既可以消除各误差之间的相互串扰, 也避免了迭代操作, 提高了估计效率。

为了验证本节所提相位不一致性误差估计算法的有效性。添加的相位不一致性误差及估计结果如表 6.1 所示。仿真中使用 IOS 法、AWLS 法与本节所提算法进行对比。从结果可以明显看出, 本节所提出的基于旋转不变技术的信号参数估计 (estimating signal parameter via rotational invariance techniques, ESPRIT) 法的估计结果优于其他两种对比算法。

表 6.1 相位不一致性误差及估计结果

通道	1	2	3	4	5	6
添加误差/(°)	0	40	−30	18	35	−5
ESPRIT 法/(°)	0	40.35	−29.58	18.86	35.44	−4.53
估计误差/(°)	0	0.35	0.42	0.86	0.44	0.47
IOS 法/(°)	0	42.02	−28.39	17.72	33.39	−5.99
估计误差/(°)	0	2.02	1.61	0.28	1.61	0.99
AWLS 法/(°)	0	44.10	−30.43	10.78	21.50	−10.60
估计误差/(°)	0	4.10	0.43	7.22	13.50	5.60

下面利用一组实测数据验证本节所提 ESPRIT 法的有效性。在不进行通道间相位误差校正的情况下, 利用传递函数法进行信号频谱重构, 再运用线性调频变标算法 (chirp scaling algorithm, CSA) 进行成像处理, 得到的结果存在明显的模糊, 如图 6.6 (a) 所示。然后利用 ESPRIT 法进行估计, 估计结果为 0°, 123.2°, 29.2° 与 161.0°。最后进行相位误差补偿和成像处理, 得到的图像聚焦良好, 且无虚假目标, 如图 6.6 (b) 所示。

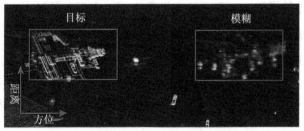

(a) 通道间相位不一致性误差补偿前

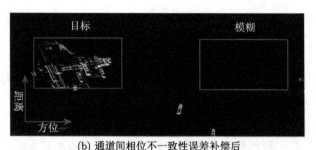

(b) 通道间相位不一致性误差补偿后

图 6.6　通道间相位不一致性误差补偿前后对比图

6.2.4　三步式超高分辨率成像方法

　　这里针对方位多通道滑动聚束星载 SAR 模式成像处理面临的难题开展研究，分析距离模型的优缺点，研究基于去距离走动、距离压缩、改进误差补偿和非均匀去旋转的数据预处理方法，并改进传统的 ω-k 聚焦算法，提出成像参数空变误差补偿方法，给出分块处理流程。

　　距离模型是对卫星与观测目标几何关系的描述，直接关系到成像算法的处理精度。随着分辨率和观测带宽度的提升，对距离模型的精度也提出了更高的要求。优良的距离模型应在保证一定精度的条件下对星地关系进行简洁高效的描述，保证算法实现的精确性和高效性。因此这里将对星载 SAR 成像处理中已有的距离模型进行总结，分析适用于方位多通道滑动聚束星载 SAR 模式的距离模型。

　　1. 斜视等效距离模型

　　在星载 SAR 数据处理中，斜视等效模型应用最为广泛。该模型假设卫星沿直线飞行，并具有恒定的运动速度：

$$R\left(t;r\right)=\sqrt{r^2+\left(vt\right)^2-2rvt\cos\varphi}\tag{6.35}$$

其中，等效速度 v 和等效斜视角 φ 可以通过一阶多普勒参数和二阶多普勒参数计算得到。斜视等效模型的优点在于利用直线飞行假设，将斜距历程用两个参数进行表示，模拟了斜距历程中的各阶系数的主要分量，是一种简洁高效的距离模型。基于斜视等效模型，一系列的成像聚焦算法应用在星载 SAR 处理中。

　　2. 改进的斜视等效距离模型

　　由于卫星在太空飞行过程中，轨迹并不是理想的直线，所以斜视等效模型存在一定的误差。基于此，这里通过增加一个时间一次项，补偿由卫星飞行轨道弯曲造成的三次项误差，可以得到改进的斜视等效距离模型，其表达式为

$$R\left(t;r\right)=\sqrt{r^2+\left(vt\right)^2-2rvt\cos\varphi}+\Delta_l t\tag{6.36}$$

其中，Δ_l 为引入的一次项系数。此时，式 (6.36) 中参数需要三阶多普勒进行求解。改进的斜视等效距离模型，在继承了斜视等效距离模型优点的基础上，通过增加一个自由度，提高了模型精度，能够适应中轨 SAR 的数据处理。但该模型仅用一个线性项补偿了斜视等效距离模型之外的三次项误差的线性部分，限制了它在高分辨率成像处理的应用。

3. 高阶距离模型

高阶距离模型直接采用高阶的多普勒参数来逼近卫星与目标的真实斜距历程，从而实现较高的描述精度，其表达式为

$$R(t;r) = r - \frac{\lambda f_r}{2}t - \frac{\lambda f_r}{4}t^2 - \frac{\lambda f_{r3}}{12}t^3 - \frac{\lambda f_{r4}}{48}t^4 - \cdots \tag{6.37}$$

其中，f_{r3} 为三阶多普勒参数，f_{r4} 为四阶多普勒参数。高阶距离模型理论上具有很高的精度，但可以看出其精度与选择的阶数有关，需要根据成像处理的要求进行选择。与斜视等效模型相比，高阶距离模型虽然考虑了三阶以上的斜距误差，但忽略了选定阶数以上的高阶误差。从这一角度分析，高阶距离模型对斜距历程的描述并不高效，是一种笨拙的模型。

4. 修正的斜视等效距离模型

修正的斜视等效模型依然假设卫星是直线飞行，但在模型中引入了加速度变量，认为卫星飞行过程符合均匀加速直线运动，其表达式为

$$R(t;r) = \sqrt{r^2 + \left(vt + \frac{a_r}{2}t^2\right)^2 - r\left(2vt + at^2\right)\cos\varphi} \tag{6.38}$$

其中，a_r 表示等效加速度变量。修正的斜视等效模型中的参数需要利用四阶多普勒求解得到。与斜视等效距离模型相比，修正的斜视等效模型对卫星飞行轨迹的描述更加准确，通过增加一个变量实现了斜距历程的四阶近似，同时保留了斜视等效模型对更高阶系数的近似。

5. 高阶补偿的斜视等效距离模型

高阶补偿的斜视等效距离模型也是在斜视等效模型的基础上建立的，认为卫星轨迹存在弯曲，不再是直线飞行，因此在斜视等效模型的基础上增加高次斜距项来描述卫星与目标的斜距历程，其表达式为

$$R(t;r) = \sqrt{r^2 + (vt)^2 - 2rvt\cos\varphi} + \frac{\lambda}{12}\Delta f_{r3}t^3 + \frac{\lambda}{48}\Delta f_{r4}t^4 + \frac{\lambda}{240}\Delta f_{r5}t^5 + \cdots \tag{6.39}$$

其中，Δf_{r3}、Δf_{r4} 和 Δf_{r5} 分别表示三阶、四阶和五阶多普勒参数误差的补偿系数。式中参数可以根据选择的阶次，利用对应的高阶多普勒参数计算。高阶补偿的斜视等效距离模型提高了斜视等效模型的精度，同时保留了斜视等效模型的基本形态，能够较好地与基于斜视等效模型推导的各类算法相结合，是一种高效便捷的距离模型。对于大多数情况，距离模型补偿到四阶即可满足指标要求。

　　基于以上分析可知，对于方位多通道滑动聚束星载 SAR，修正的斜距等效模型和基于高阶补偿的斜距等效模型能够满足高分辨高精度成像处理的要求。由于基于高阶补偿的斜距等效模型形式比较简洁，与现有成像算法更易结合，所以这里选择它作为方位多通道滑动聚束星载 SAR 的距离模型。

　　三步成像处理算法是在多普勒时频特性分析的基础上提出的，其理论基础是：常规成像模式下回波信号多普勒带宽由天线波束 3dB 波束宽度对应的多普勒带宽，以及方位向波束旋转在卫星对地遥感观测时间内所引入的多普勒频移两部分组成。基于此结论，从而引出了三步成像处理算法。

　　在成像处理算法提出之前，首先对混合度因子距离向的空变特性进行分析。实际上，星载 SAR 成像模式方位向波束扫描角速度 ω_φ 是不随距离门发生变化的，但目标和卫星的瞬时方位角是随距离门变化的，因此天线方向图修正为

$$W_{\mathrm{a}}(t) = \mathrm{sinc}^2 \left(\frac{L}{\lambda} \cdot \left(\frac{vt}{R_{\mathrm{rs}} - R_{\mathrm{rt}}(r)} - \omega_\varphi t \right) \right) = \mathrm{sinc}^2 \left(\frac{L}{\lambda} \cdot \frac{vt}{R_{\mathrm{rs}} - R_{\mathrm{rt}}(r)} \cdot \frac{R_{\mathrm{rt}}(r)}{R_{\mathrm{rs}}} \right) \tag{6.40}$$

其中，$R_{\mathrm{rt}}(r)$ 等于旋转点到卫星的最短距离 R_{rs} 同卫星到距离向不同位置目标的最短距离 $R_{\mathrm{st}}(r)$ 之和，同时仍定义向上为正方向，反之为负，则有 $R_{\mathrm{st}}(r) = -r$。混合度因子是斜距 r 的函数，此时，混合度因子修正为

$$Y(r) = \frac{R_{\mathrm{rt}}(r)}{R_{\mathrm{rs}}} = \frac{R_{\mathrm{rs}} + R_{\mathrm{st}}(r)}{R_{\mathrm{rs}}} \tag{6.41}$$

进而修正方位向信号表达式为

$$S_A(t - t_A; t_A, r) = \mathrm{rect}\left(\frac{Y(r)vt - vt_A}{X_{\Delta\theta}} \right)$$
$$\cdot \mathrm{rect}\left(\frac{t}{T} \right) \mathrm{rect}\left(\frac{vt_A}{X_S} \right) \exp\left\{ -\mathrm{j}\pi k_r (t - t_A)^2 \right\} \tag{6.42}$$

利用驻定相位原理对上式进行方位向 FFT 变换，得

$$S_{f_{\mathrm{a}}}(f_{\mathrm{a}}; t_A, r) = \mathrm{rect}\left(-\frac{f_{\mathrm{a}} - k_{\mathrm{r}} \dfrac{Y(r) - 1}{Y(r)} t_A}{B_{\Delta\theta} \dfrac{1}{Y(r)}} \right) \mathrm{rect}\left(-\frac{f_{\mathrm{a}} - k_r t_A}{k_r T} \right)$$

$$\cdot \operatorname{rect}\left(\frac{v t_A}{X_s}\right) \exp\left\{\mathrm{j}\pi \frac{f_a^2}{k_r} - 2\pi f_a t_A\right\} \tag{6.43}$$

处于不同距离向位置目标的多普勒带宽是斜距的函数，即

$$B_a = \frac{B_{\Delta\theta}}{|Y(r)|} \tag{6.44}$$

但 $k_\omega T$ 和 $B_{\Delta\theta}$ 都不是斜距的函数，因此混合度因子的修正并不会影响方位向全场景多普勒带宽 B_s，即可得到如下的重要结论：方位向波束扫描导致不同斜距处单点目标的多普勒带宽发生变化；方位向波束扫描不影响全场景多普勒带宽，即不同斜距处的全场景多普勒带宽不变，这是后续成像算法实施的重要前提。

在上述结论的基础上，这里对星载 SAR 三步成像处理算法的处理方式进行分析。

1) 第一步去旋转 (De-rotation)

星载 SAR 系统设计时，需满足脉冲重复频率 f_{prf} 大于 $B_{\Delta\theta}$ 的约束条件，但在滑动聚束模式下，方位向全场景多普勒带宽 B_s 通常大于 f_{prf}，直接进行方位向 FFT 会造成方位向频谱混叠，因此三步成像处理算法的第一步为 De-rotation 操作，补偿天线波束扫描引入的多普勒平移。

定义 De-rotation 因子为

$$H_{\text{De-rotation}}(t) = \exp\left\{\mathrm{j}\pi k_\omega t^2\right\} \tag{6.45}$$

将信号 $S_A(t - t_A; t_A, r)$ 和 De-rotation 因子卷积：

$$S_1(t - t_A; t_A, r) = S(t - t_A; t_A, r) \otimes_t H_{\text{De-rotation}}(t)$$

$$\approx \operatorname{rect}\left[\frac{v t_A}{X_{\text{swath}}}\right] \cdot \operatorname{rect}\left[-\frac{t}{\dfrac{\lambda R_{\text{rs}}}{Lv}}\right] \cdot \operatorname{rect}\left[\frac{t - \dfrac{R_{\text{rs}}}{r} t_A}{T\left(\dfrac{r - R_{\text{rs}}}{r}\right)}\right] \tag{6.46}$$

$$\times \exp\left\{\mathrm{j}\pi k_{\text{e}}(r)(t - t_A)^2\right\}$$

其中，定义 $k_{\text{e}}(r)$ 为

$$k_{\text{e}}(r) = \frac{2v^2}{\lambda(R_{\text{rs}} - r)} \tag{6.47}$$

由空间几何关系模型，不难得到如下关系：

$$\left|T\left(\frac{r - R_{\text{rs}}}{r}\right)\right| > \left|\frac{\lambda R_{\text{rs}}}{Lv}\right| \tag{6.48}$$

通过第一步操作不难得到如下的结论:

(1) 经过第一步操作后, 处于方位向不同位置的目标完全重合, 时域宽度 T' 为

$$T' = \frac{\lambda \, |R_{\mathrm{rs}}|}{Lv} \tag{6.49}$$

此时方位向目标完全重合, 故可在 De-rotation 操作后进行方位向加权处理。

(2) 经过第一步操作后, 方位向信号的采样率发生了变化, 变化后采样率 f'_{prf} 为

$$f'_{\mathrm{prf}} = \frac{N \, |k_\omega|}{f_{\mathrm{prf}}} \tag{6.50}$$

其中, N 为方位向 FFT 点数。

(3) 为了避免方位向混叠, 需要适当进行补零操作, 即要满足 $f'_{\mathrm{prf}} > B_{\mathrm{s}}$, 故,

$$N > f_{\mathrm{prf}} \frac{\lambda \, |R_{\mathrm{rs}}|}{Lv} + f_{\mathrm{prf}} T = N_0 + N_{\mathrm{a}} \tag{6.51}$$

其中, N_{a} 为原始数据方位向点数; N_0 为方位向补零点数, 不难发现, N_0 同距离向无关。

(4) 经过补零操作后, 方位向时域宽度 T_1 为

$$T_1 = \frac{f_{\mathrm{prf}}}{|k_\omega|} > \frac{B_{\Delta\theta}}{|k_\omega|} = \frac{\lambda \, |R_{\mathrm{rs}}|}{Lv} = T' \tag{6.52}$$

不难看出, 此时方位向时域宽度 T_1 大于信号宽度, 因此 De-rotation 操作不会造成时域混叠。即在第一步 De-rotation 操作完成后, 方位向时域和频域均不会发生混叠。

(5) 实际操作中, 第一步 De-rotation 的卷积操作可以通过复乘和 FFT 操作完成, 提高处理效率。

(6) 对于条带模式和扫描模式, 由于方位向波束不旋转, k_ω 为 0, 所以相当于第一步和一个冲激响应进行卷积, 信号不发生变化。实际操作中, 条带模式和扫描模式的数据处理可不进行第一步操作。

2) 第二步聚焦 (focusing)

完成第一步 De-rotation 操作后, 信号在方位向上实现频谱扩展, 进而可进行方位/距离解耦合及聚焦处理。目前, 最常用的聚焦算法内核包括 RD 算法、CS 算法、ω-k 等。综合考虑算法的精度及效率, CS 算法无疑是最佳的处理内核, 其无需插值操作, 仅靠 FFT 及复乘操作即可完成图像的聚焦, 因此优选 CS 算法处理内核。

将信号变换到距离多普勒域, 采用线性变标技术进行残余距离徙动补偿 (range cell migration correction, RCMC), 变标因子为

$$\Phi_1\left(\tau, f_{\mathrm{a}}; r_{\mathrm{ref}}\right) = \exp\left\{-\mathrm{j}\pi b_{\mathrm{r}}\left(f_{\mathrm{a}}; r_{\mathrm{ref}}\right) C_{\mathrm{s}}\left(f_{\mathrm{a}}\right)\left(\tau - \tau_{\mathrm{ref}}\right)^2\right\} \tag{6.53}$$

其中，

$$b_{\mathrm{r}}\left(f_{\mathrm{a}}; r_{\mathrm{ref}}\right) = \frac{bc^2\left[1 - \left(\dfrac{\lambda f_{\mathrm{a}}}{2v}\right)^2\right]^{\frac{3}{2}}}{c^2\left[1 - \left(\dfrac{\lambda f_{\mathrm{a}}}{2v}\right)^2\right]^{\frac{3}{2}} + 2br_{\mathrm{ref}}\sin\varphi_{\mathrm{ref}}\lambda\left(\dfrac{\lambda f_{\mathrm{a}}}{2v}\right)^2} \tag{6.54}$$

$$C_{\mathrm{s}}\left(f_{\mathrm{a}}\right) = \frac{\sin\varphi_{\mathrm{ref}}}{\sqrt{1 - \left(\dfrac{\lambda f_{\mathrm{a}}}{2v}\right)^2}} - 1 \tag{6.55}$$

$$\tau_{\mathrm{ref}} = \frac{2}{c} r_{\mathrm{ref}}\left[1 + C_{\mathrm{s}}\left(f_{\mathrm{a}}\right)\right] \tag{6.56}$$

这里，r_{ref} 表示参考斜距；b 表示信号调频斜率；φ_{ref} 表示参考斜距处的等效斜视角。将变标后的信号进行距离向 FFT 变换到二维频域，乘以距离补偿因子 $\Phi_2\left(f_\tau, f_{\mathrm{a}}\right)$ 完成一致距离徙动补偿及距离向聚焦处理：

$$\Phi_2\left(f_\tau, f_{\mathrm{a}}\right) = \exp\left\{-\mathrm{j}\pi\frac{f_\tau^2}{b_{\mathrm{r}}\left(f_{\mathrm{a}}; r_{\mathrm{ref}}\right)\left[1 + C_{\mathrm{s}}\left(f_{\mathrm{a}}\right)\right]}\right\}\exp\left\{\mathrm{j}\pi\frac{4}{c}f_\tau r_{\mathrm{ref}}C_{\mathrm{s}}\left(f_{\mathrm{a}}\right)\right\} \tag{6.57}$$

根据 0.1m 滑动聚束模式的特点，结合前面分析结果，针对轨道弯曲、"停–走"模型误差和二维频谱误差分别进行如下操作。

(1) 轨道弯曲补偿。

现有成像算法多基于近似的距离模型进行推导，但随着分辨率的提升和观测角度的增大，卫星飞行轨迹会发生弯曲，因此这种近似的距离模型存在误差，直接影响成像聚焦质量。因此拟采用数值计算的方法获取轨道残余高阶误差项，在距离多普勒域对轨道弯曲现象进行补偿。

(2) "停–走" 近似模型误差补偿。

当前成像聚焦算法多采用 "停–走" 模型，但随着分辨率的提升，这种近似处理会导致目标散焦，因此需要对 "停–走" 近似模型误差进行补偿。考虑到全场景精确聚焦的需求，在二维频域对这种近似误差进行补偿。

(3) 高阶频谱误差频谱补偿。

在回波信号的二维频谱中，由于存在高阶残余多普勒项，将引入高阶残余相位误差，影响方位/距离解耦的效果。高阶残余多普勒项将会引入的残余相位误

差为 $4\pi\Delta r/\lambda$，经推导，高阶多普勒残余相位误差在二维频域内的表达式为

$$\Phi_3(f_\tau, f_a; r) = \exp\left\{j\frac{4\pi}{3} \cdot \Delta f_3 \cdot t_k^3\right\}$$

$$\Phi_4(f_\tau, f_a; r) = \exp\left\{j\pi \cdot \Delta f_4 \cdot t_k^4\right\}$$

$$\Phi_5(f_\tau, f_a; r) = \exp\left\{j\frac{4\pi}{5} \cdot \Delta f_5 \cdot t_k^5\right\} \tag{6.58}$$

$$\Phi_6(f_\tau, f_a; r) = \exp\left\{j\frac{2\pi}{3} \cdot \Delta f_6 \cdot t_k^6\right\}$$

其中，$t_k = r\left(\dfrac{\cos\varphi}{v} - \dfrac{f_a \sin\varphi}{v\sqrt{4v^2\left(\dfrac{1}{\lambda} + \dfrac{f_\tau}{c}\right)^2 - f_a^2}}\right)$。

距离补偿完成后对信号做 IFFT，将信号变换到距离多普勒域内乘以方位向补偿因子 $\Phi_3(\tau, f_a)$ 完成方位向双曲相位及线性变标所引入的残余相位的补偿：

$$\Phi_3(\tau, f_a) = \exp\left\{-j\pi\frac{4r}{\lambda}\left[1 - \sin\varphi\sqrt{1 - \left(\frac{\lambda f_a}{2v}\right)^2}\right]\right\} \cdot \exp\left\{j\pi\frac{2r}{v}f_a\cos\varphi\right\}$$

$$\times \exp\left\{j\pi\frac{4}{c^2}b_r(f_a; r_{\text{ref}})\left[C_s(f_a) + 1\right]C_s(f_a)\left(r\frac{\sin\varphi}{\sin\varphi_{\text{ref}}} - r_{\text{ref}}\right)^2\right\} \tag{6.59}$$

3) 第三步去调频

完成距离压缩、距离徙动校正、二次距离压缩及方位向双曲相位补偿后，仍在距离多普勒域内进行 De-rotation 残余相位补偿以及方位向变标 (scaling) 操作。定义第三步 Deramp 因子为

$$H_{\text{Scaling}}(f_a) = \exp\left\{j\pi\frac{f_a^2}{k_\omega}\right\} \cdot \exp\left\{-j\pi\frac{f_a^2}{k_e}\right\} \tag{6.60}$$

其中，第一项完成 De-rotation 残余相位补偿；第二项完成方位向去调频；

$$k_e = \frac{2v^2}{\lambda(R_{rs} - r_0)} \tag{6.61}$$

经过第一步 De-rotation 操作后，信号在方位向时域重合、此时的信号时频特性和扫描模式下的数据相似。首先推导经过 De-rotation 后方位向信号在频域

的表达式，利用驻定相位原理将信号变换到频域：

$$
S'_{f_a}(f_a; t_A, r)
$$

$$
= \mathrm{rect}\left(-\frac{f_a + k_e(r) t_A}{B_{\Delta\theta}\dfrac{1}{Y(r)}}\right) \cdot \mathrm{rect}\left(-\frac{f_a - k_r t_A}{k_r T}\right) \cdot \mathrm{rect}\left(\frac{v t_A}{X_s}\right) \tag{6.62}
$$

$$
\cdot \exp\left\{j\pi \frac{f_a^2}{-k_e(r)} - 2\pi f_a t_A\right\}
$$

因为 $k_e(r) = -k_r(Y(r) - 1)/(Y(r))$，信号二次相位的调频率由 k_r 变为了 $-k_e$，并在时域重合。在第二步聚焦算法处理中，包括距离徙动、二次压缩等都是以 k_r 为参照，因此残余相位 $\Delta\Phi_1$ 频域表达式为

$$
\Delta\Phi_1 = -j\pi f_a^2\left(\frac{1}{k_e(r)} + \frac{1}{k_r}\right) = -j\pi\frac{f_a^2}{k_\omega} \tag{6.63}
$$

第一项补偿残余相位 $\Delta\Phi_1$。第二项完成信号变标，此时信号表达式为

$$
S''_{f_a}(f_a; t_A, r)
$$

$$
= \mathrm{rect}\left(-\frac{f_a + k_e(r) t_A}{B_{\Delta\theta}\dfrac{1}{Y(r)}}\right) \cdot \mathrm{rect}\left(-\frac{f_a - k_r t_A}{k_r T}\right) \cdot \mathrm{rect}\left(\frac{v t_A}{X_s}\right) \tag{6.64}
$$

$$
\cdot \exp\left\{j\pi \frac{f_a^2}{-k_e} - 2\pi f_a t_A\right\}
$$

利用驻定相位原理将式 (6.64) 变换到时域，可得

$$
S_2(t - t_A; t_A, r)
$$

$$
= \mathrm{rect}\left[\frac{v t_A}{X_{\mathrm{swath}}}\right] \cdot \mathrm{rect}\left[-\frac{t - \dfrac{r_0 - r}{R_{\mathrm{rs}} - r} t_A}{\dfrac{\lambda R_{\mathrm{rs}}}{L v}}\right] \cdot \mathrm{rect}\left[\frac{t - \dfrac{R_{\mathrm{rs}} + r - r_0}{r} t_A}{T\left(\dfrac{r_0 - R_{\mathrm{rs}}}{r}\right)}\right] \tag{6.65}
$$

$$
\cdot \exp\left\{j\pi k_e(t - t_A)^2\right\}
$$

比较式 (6.65) 第二项和第三项的分母：

$$
\left|\frac{\lambda R_{\mathrm{rs}}}{L v}\right| = \left|\frac{\lambda r}{L v}\frac{R_{\mathrm{rs}}}{r}\right| = \left|\frac{\lambda r}{L v}\frac{R_{\mathrm{rs}}}{r_0 - R_{\mathrm{rs}}}\frac{r_0 - R_{\mathrm{rs}}}{r}\right| = \frac{X_{\Delta\theta}}{YT}\left|\frac{r_0 - R_{\mathrm{rs}}}{r}\right| \tag{6.66}
$$

因为 $X_{\Delta\theta} < YT$，式中的第二项起决定作用，所以时域展宽为

$$\Delta T = \frac{X_{\mathrm{s}}}{v} \cdot \left| \frac{r_0 - r}{R_{\mathrm{rs}} - r} \right| = \frac{X_{\mathrm{s}}}{v} \cdot \left| \frac{\Delta r}{R_{\mathrm{rt}} + \Delta r} \right| = \left(Y(r) T - \frac{X_{\Delta\theta}}{v} \right) \cdot \left| \frac{\Delta r}{R_{\mathrm{rt}} + \Delta r} \right| \quad (6.67)$$

下面进一步证明。首先分析积累完全的目标所发生的展宽，由图 6.7 所示关系不难得到，目标 N 和 N' 的多普勒瞬时频率相等，因此可得以下关系：

$$k_{\mathrm{e}}(r) \left(\frac{T'}{2} - t_A \right) = k_{\mathrm{e}}(t - t_A) \quad (6.68)$$

因此不难得到

$$\Delta T' = \left[2t_A \left(1 - \frac{k_{\mathrm{e}}(r)}{k_{\mathrm{e}}} + \frac{k_{\mathrm{e}}(r)}{k_{\mathrm{e}}} T' \right) \right] - T' = (2t_A - T') \cdot \left(1 - \frac{k_{\mathrm{e}}(r)}{k_{\mathrm{e}}} \right) \quad (6.69)$$

考虑到积累不完全的点也可能会对图像造成影响，因此进一步分析积累不完全的点所造成的时域展宽，同样目标 P 和 P' 的多普勒瞬时频率相等，则

$$k_{\mathrm{e}}(r) \left(\frac{T'}{2} - t_D \right) = k_{\mathrm{e}}(t - t_D) \quad (6.70)$$

因此不难得到，积累不完全的点造成的展宽为

$$\Delta T = (2t_D - T') \cdot \left(1 - \frac{k_{\mathrm{e}}(r)}{k_{\mathrm{e}}} \right) \quad (6.71)$$

实际上积累不完全的点在最终处理后需要抛除，因此 $t_D = t_A + T'/2$ 即可保证积累完全的点不受影响，可改写为

$$\Delta T = 2t_A \cdot \left(1 - \frac{k_{\mathrm{e}}(r)}{k_{\mathrm{e}}} \right) \quad (6.72)$$

由空间几何关系示意图不难得到 $2t_A = X_{\mathrm{s}}/v$，

$$\begin{aligned} t_A &= \frac{1}{2} \left(B_{\mathrm{s}} - \frac{B_{\Delta\theta}}{Y(r)} \right) \frac{1}{k_{\mathrm{e}}(r)} = \frac{1}{2} \left(B_{\Delta\theta} + k_{\omega} T - \frac{B_{\Delta\theta}}{Y(r)} \right) \frac{1}{k_{\mathrm{e}}(r)} \\ &= \frac{1}{2} \left(\frac{k_{\omega} T}{k_{\mathrm{e}}(r)} + \frac{B_{\Delta\theta}}{k_{\mathrm{e}}(r)} \left(1 - \frac{1}{Y(r)} \right) \right) = \frac{1}{2} \left(Y(r) T - \frac{X_{\Delta\theta}}{v} \right) = \frac{1}{2} \frac{X_{\mathrm{s}}}{v} \end{aligned} \quad (6.73)$$

综上所述，如图 6.7 所示，去调频造成的时域展宽为

$$\Delta T = \frac{X_{\mathrm{s}}}{v} \left(1 - \frac{k_{\mathrm{e}}(r)}{k_{\mathrm{e}}} \right) = \frac{X_{\mathrm{s}}}{v} \left(\left| \frac{\Delta r}{R_{\mathrm{rt}} + \Delta r} \right| \right) \quad (6.74)$$

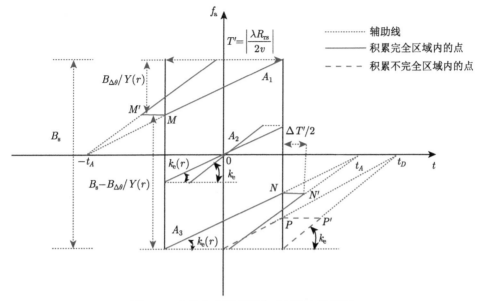

图 6.7 方位向去调频操作时域展宽示意图

补偿二次项：

$$H_{\text{Deramp}}(t) = \exp\left\{-j\pi k_e t^2\right\} \tag{6.75}$$

最后进行 FFT 变换即可完成最终的聚焦处理，目标 t_A 在方位向位置为 $k_e t_A$。此时频域采样间隔为 k_ω/f_{prf}，则目标在图像中偏移的位置 (无量纲) 为 $k_e t_A/(k_\omega/f_{\text{prf}})$，定义此时的等效采样率为 f''_{prf}，则

$$\frac{k_e t_A}{f''_{\text{prf}}(k_\omega/f_{\text{prf}})} = t_A \tag{6.76}$$

进一步化简可得

$$f''_{\text{prf}} = \frac{k_e}{(k_\omega/f_{\text{prf}})} = \frac{f_{\text{prf}}}{Y} \tag{6.77}$$

因此图像方位向输出时间范围为

$$T'' = Y\frac{N}{f_{\text{prf}}} > Y\frac{N_a}{f_{\text{prf}}} = YT > X_s \tag{6.78}$$

故最终图像域内不会发生混叠现象。

通过前面分析可知，随着分辨率的提高，合成孔径时间变长，飞行轨迹非线性造成的误差以及忽略二维频谱高阶项造成的误差对成像质量的影响都将凸显出

来。因此，在三步成像处理过程中需要对其进行补偿，修正后的三步成像处理算法如图 6.8 所示。

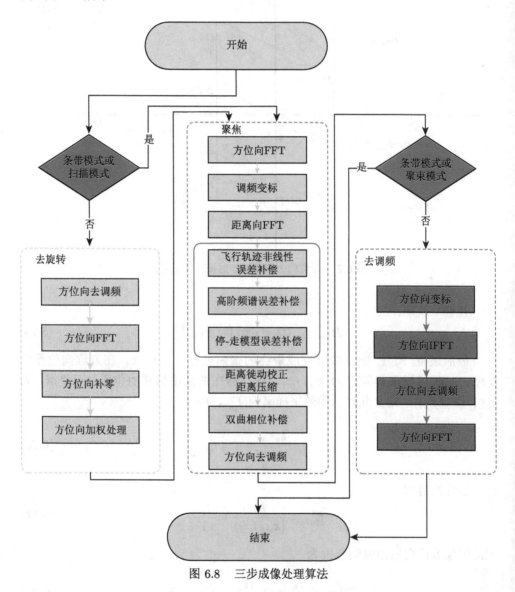

图 6.8　三步成像处理算法

表 6.2 与图 6.9 给出了点目标成像处理结果，从仿真结果可见，处理算法能够完成地面目标的精确聚焦处理。

表 6.2 图像质量评估结果

目标序号	方位向			距离向		
	分辨率/m	PSLR/dB	ISLR/dB	分辨率/m	PSLR/dB	ISLR/dB
目标 1	0.0891	−25.436	−20.459	0.0454	−25.601	−19.938
目标 2	0.0888	−25.721	−20.451	0.0452	−25.382	−19.763
目标 3	0.0902	−26.119	−21.451	0.0455	−25.670	−20.115
目标 4	0.0913	−26.499	−22.139	0.0456	−25.448	−20.127
目标 5	0.0890	−25.635	−20.394	0.0454	−25.589	−19.929

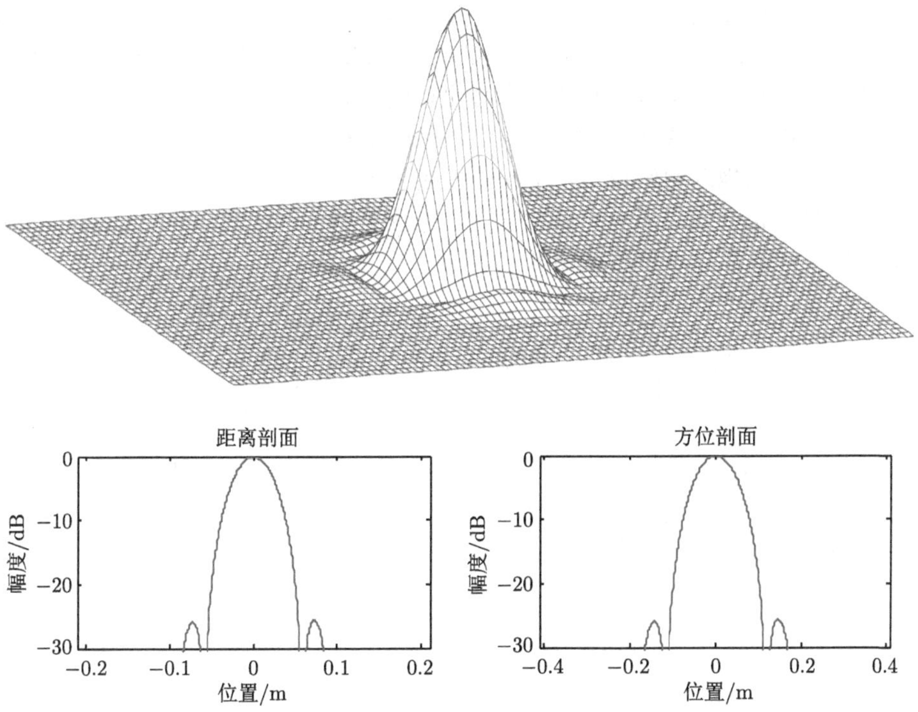

图 6.9 场景边缘成像结果

本书通过对 0.1m 仿真研究,对成像算法的有效性进行验证,为后续误差分析研究以及几何校正算法研究奠定基础。

6.3 星载 Ka 波段 SAR 交轨干涉测量

受限于天线体积和基线长度,已经大规模应用的低频段星载干涉体制需要单星重轨或者分布式伴星而获取有效干涉信息。毫米波 SAR 使得相同波束宽度下所需的天线口径大大降低，以至于在单星实现干涉乃至多模式、多基线的干涉 [4-6]。在天基 SAR 频谱拓宽的大态势下，基于毫米波的交轨干涉将获得大规模实践，满足现有低频段干涉技术在海洋、冰川动态监测方面的不足。本节将针对机载毫米波多通道实测数据进行干涉信号处理，建立起全流程的毫米波双模式干涉信息提取流程以及对城区重点建筑目标信息的提取方法；并对试验规划、测量性能进行量化分析。

6.3.1　交轨干涉原理

干涉的最终诉求是绝对的高程获取精度，而在实际的技术路线中，由于目标高程值的实际传递关系经历了实际地形几何、斜距、传递延时、相位、相位差、斜距差、视角、测量高度的递进过程，无可避免地会受到噪声、去相干、模型精度、算法效能的影响 [7]。而在一切干涉指标中，最核心的一项就是干涉基线，在一种极限的推论中单发单收的 SAR 系统也具有长度为零的基线，能获得两组完全一致的信号；而在极远的假设下，干涉基线趋于无限，即使能避免一切噪声和处理误差，信号间也会丧失所有空间相干性，无法提取干涉相位 [8,9]。由斜距几何表述的交轨干涉的原理示意图如图 6.10 所示。

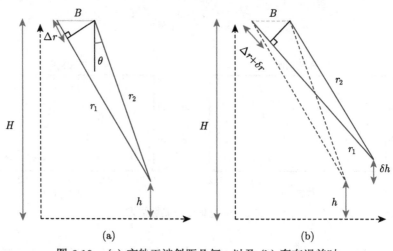

(a)　　　　　　　　　　　　　　(b)

图 6.10　(a) 交轨干涉斜距几何；以及 (b) 存在误差时

在图 6.10 中，B 为基线长度；H 为平台高度；r_1 和 r_2 分别是主、辅数据获取的斜距；θ 为入射角；Δr 为主辅斜距差，由于 r_1 远大于 Δr，认为 r_1、r_2 平行；h 是目标高度。则根据几何关系以及电磁波传递的回波延时-相位关系容易得出

$$\Delta r = r_2 - r_1 \tag{6.79}$$

$$\Delta r = \frac{\lambda}{2\pi} \Phi \tag{6.80}$$

其中，Φ 为主辅信号相位差。为了进一步得到目标高程信息，进行公式变换得到由相位信息转化的角度量：

$$\theta = \text{acrsin}\left(\frac{\lambda}{2\pi} \frac{\Phi}{B}\right) \tag{6.81}$$

并且在该确定几何下，通过目标高度–平台高度差，提取目标高程值：

$$h = H - r\cos\theta \tag{6.82}$$

干涉测量中随机噪声对测量结果引入了相位误差 $\delta\Phi$，转化为高程误差量：

$$\delta h = \lambda r \tan\theta / 2\pi B \cdot \delta\Phi \tag{6.83}$$

在小入射角下，$x = r\tan\theta$ 代表交轨地距，即该误差量是沿着幅宽线性增加的，容易得到波段、基线长度与误差传递系数的关系。但基线增长也会进一步带来空间去相干，JPL 在 SRTM 计划的研究表明，9×10^{-4} 的波长基线比是分析最优基线长度的合适值[10-12]。关于最优基线论证，这里不展开分析，图 6.11 表明了不同波段的最优基线值。

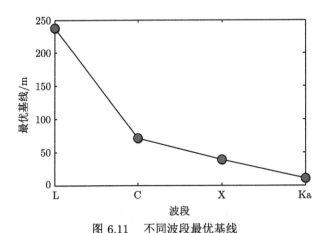

图 6.11 不同波段最优基线

相同的相位差下，根据 λ/B 传递系数，想要获得相同地距处的相同高程误差，Ka 波段 (波长 0.86cm) 基线仅需要 C 波段 (波长 5.6cm) 下的 1/6，大大提高了轻小化、多功能干涉体制的可能性。

通常而言，从数据获取系统到基于 InSAR 的数字高程模型 (DEM) 产品输出，需要经历的主要流程有：原始数据获取、数据解包解码、成像、干涉信息提取、多视处理、基于粗 DEM 的绝对相位解缠、几何校正与地理标定、正射影像制作等，并且同时需要开展定标、大气误差修正、基线测量与修正等工作 [13-16]。图 6.12 为流程图。

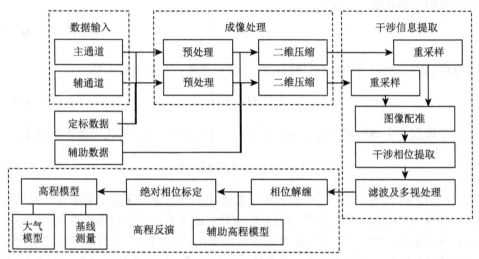

图 6.12   星载干涉 SAR 数据处理流程图

对此需要研究干涉信号处理的通用性的干涉技术：相位解缠绕、相位滤波以及 SAR 图像配准。

6.3.2   交轨干涉信号处理方法

1. 图像配准

复图像配准是 InSAR 处理流程中最重要的步骤之一，用来完成复图像对之间的相对位移校准，有时也会进行不均匀的区域局部校准，来应对视角、阴影叠掩、透视收缩带来的影响。常用的配准策略有基于相位值的相似性测度和基于强度值的相似性测度。最大干涉频谱法是一种经典的 SAR 图像配准方法，其基本思想是利用干涉图像质量作为配准测度。

由于机载系统基线短，图像间只存在亚像素失配，则通过 16 倍插值后进行基于最大频谱测度的配准，设定两幅 SAR 图像的幅相模型为

$$s_1 = |u_1| \, \mathrm{e}^{\mathrm{j}\phi_1} \tag{6.84}$$

$$s_2 = |u_2| \, \mathrm{e}^{\mathrm{j}\phi_2} \tag{6.85}$$

则通过配准测度窗口的共轭干涉数据为

$$s = s_1 s_2^* \mathrm{e}^{\mathrm{j}(\phi_1 - \phi_2)} \tag{6.86}$$

进行变换到二维频域, 得到峰值处的空间频率 f_x、f_y 对应了两个维度的偏移值, 并且可以通过相位复乘方法完成时域移位。可以发现, 图 6.13(a) 的配准前干涉相位无明显的相干信息; 经过配准后, 如图 6.13(b) 所示, 图像中出现了干涉条纹, 其中二维的图像偏移量为 (2.125, -8.5)。

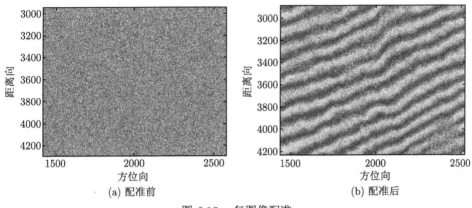

(a) 配准前   (b) 配准后

图 6.13　复图像配准

2. 干涉相位滤波

图像的配准之后, 就能够提取干涉信息, 采用共轭求相的方法, 得到原始的干涉相位:

$$\phi = \arg \left[s_1 \left(x, y \right) s_2^* \left(x, y \right) \right] \tag{6.87}$$

其中, 图 6.14 的左侧图即为干涉求取的初始相位, 但由于接收天线具有空间的位置差, 所以真实获取的目标斜距差信息不仅是对象点目标的高程值函数, 也是雷达平台与目标地距距离的函数。也就是说, 即使是水平地面也会存在干涉相位的沿斜距变化, 表现为近密疏远的干涉条纹。在二维解缠绕之前, 需要将参考地平面的干涉相位去掉, 该过程即为去平地, 目的是降低相位梯度, 便于相位解缠绕。可以近似得到下视角的余弦值与高度、斜距间存在 $\cos \theta = H / r_1$, 所以角度 $\theta = \arccos \left(H / r_1 \right)$, 则与天线距离为 r_1 的平地也具有的干涉相位为

$$\phi_{\mathrm{g}} = \frac{2\pi}{\lambda} \left(r_1 - r_2 \right) = \frac{2\pi}{\lambda} \left(\sqrt{r_1^2 + B^2 + 2Br_1 \cos \left(\alpha + \theta \right)} - r_1 \right) \tag{6.88}$$

这样, 对于每个像素, 用原始干涉相位减去其斜距对应的水平地面的干涉相位, 并取主值, 就得到了去平地相位后的干涉相位。图 6.14(b) 表明, 平地相位去除后, 干涉条纹的分布与趋势大致能表现该山峰的地形。

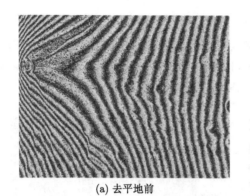
(a) 去平地前

(b) 去平地后

图 6.14　去平地效应

　　由于系统噪声、基线去相关、天线方向图不一致等因素的影响，两幅图像之间并不是完全相干的，在干涉图的相位上会伴有随机分布的分量 (噪声)，这些噪声的干扰会给地面高程估计带来严重的误差，也会给干涉图带来大量的残点，使后面的相位解缠绕过程更加困难 [17]。如图 6.15 所示，相位滤波前存在众多相位跳变及毛刺，会大大降低相位解缠绕精度。

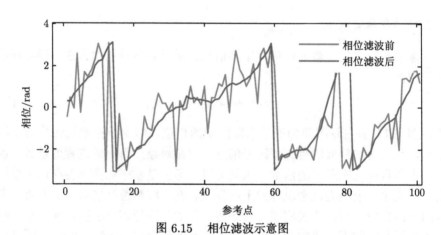

图 6.15　相位滤波示意图

　　因此在很多情况下，干涉相位产生的过程中还必须对干涉相位进行降噪处理。现在采用的降噪处理方法主要有两种：其一是利用多视图像进行降噪处理，它利用 SAR 成像多视获得的多个图像对，可以有效提高干涉相位的信噪比，同时对相干斑也有一定的抑制作用；其二是对干涉相位进行邻域平滑滤波。它利用邻域像素的相位值对该像素进行相位平滑，包括均值滤波和中值滤波等方法，由于相位是以圆周相位为模的，在滤波的过程中必须注意干涉条纹的边缘不能作平滑。这两类方法通常在去平地相位之后进行。回转均值滤波方法能够有效避免相位跳变。

选取滤波窗口为 6×6 的矩形，经过滤波前后的相位如图 6.16 所示，滤波后相位平滑性大大增加，噪点减少，比滤波前更接近理想无噪声的情况。

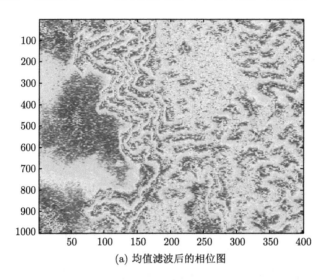

(a) 均值滤波后的相位图

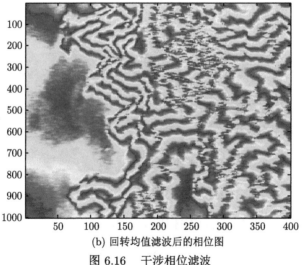

(b) 回转均值滤波后的相位图

图 6.16 干涉相位滤波

3. 相位解缠

如图 6.17 所示，分别为绝对相位和缠绕在圆周相位内的结果。相位解缠绕一般分为一维缠绕和二维解缠，一维场景较为简单只有一种解缠绕路径。在二维情况下较为复杂，二维空间两间可能存在多重路径。

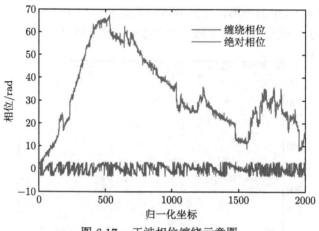

图 6.17   干涉相位缠绕示意图

尤其在存在强噪声时，解缠绕性能严重受限于解缠路径选择。通常而言，不存在绝对有效的路径机制。最小二乘法的解缠绕方法是等权重分析，基本思想是求解真实相位梯度和缠绕相位梯度之间的偏差最小[18]。若认为独立网格下数据点相位受到 2π 缠绕，则主值相位表示为

$$\psi_{ij} = \phi_{ij} + 2\pi k, \quad k \text{ 为整数}$$
$$-\pi < \psi_{ij} \leqslant \pi, \quad i = 0, \cdots, M-1, j = 0, \cdots, N-1 \tag{6.89}$$

其中，ϕ_{ij} 为真实相位；ψ_{ij} 为缠绕相位。定义缠绕算子 W 实现了过程 $W\{\Phi_{ij}\} = \psi_{ij}$。分别在二维计算相位梯度，得到

$$\Delta_{ij}^x = W_{ij}\{\psi_{i+1,j} - \psi_{i,j}\}$$
$$\Delta_{ij}^y = W_{ij}\{\psi_{i,j+1} - \psi_{i,j}\} \tag{6.90}$$

最小二乘求解方法 Φ_{ij} 最小化如下评估函数式：

$$\sum_{i=0}^{M-2}\sum_{j=0}^{N-1}\left(\phi_{i+1,j} - \phi_{i,j} - \Delta_{ij}^x\right)^2 + \sum_{i=0}^{M-1}\sum_{j=0}^{N-2}\left(\phi_{i,j+1} - \phi_{i,j} - \Delta_{ij}^y\right)^2 \tag{6.91}$$

化简后得到

$$\left(\Phi_{i+1,j} + \Phi_{i-1,j} + \Phi_{i,j} + \Phi_{i,j-1} - 4 \cdot \Phi_{i,j}\right) = \rho_{i,j} \tag{6.92}$$

其中，$\rho_{i,j}$ 表示为

$$\rho_{i,j} = \left(\Delta_{ij}^x - \Delta_{i-1,j}^x\right) + \left(\Delta_{ij}^y - \Delta_{i,j-1}^y\right) \tag{6.93}$$

容易发现，上式就是泊松方程

$$\frac{\partial^2}{\partial x^2}\phi\left(x,y\right) + \frac{\partial^2}{\partial y^2}\phi\left(x,y\right) = \rho\left(x,y\right)$$

的离散化形式。应用快速离散余弦变换 (discrete cosine transform,DCT) 表述期望解式：

$$\hat{\phi}_{i,j} = \frac{\hat{\rho}_{i,j}}{2\left(\cos\dfrac{\pi i}{M} + \cos\dfrac{\pi i}{N} - 2\right)} \tag{6.94}$$

求解上式就能得到解缠绕的相位。使用图 6.18(a) 所示的三维模型作为地形输入，对获取的干涉相位添加白噪声图 (图 6.18(b))，使信噪比为 5dB。

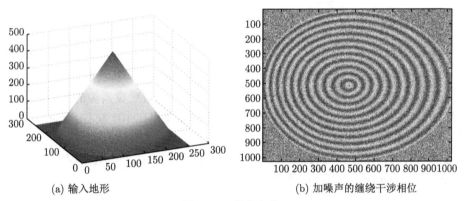

(a) 输入地形   (b) 加噪声的缠绕干涉相位

图 6.18   输入相位

解缠绕后的相位的二维与三维图显示在图 6.19 中。

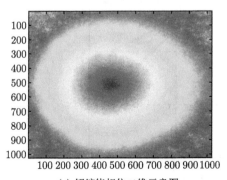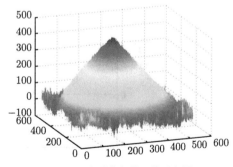

(a) 解缠绕相位二维示意图   (b) 解缠绕相位三维示意图

图 6.19   解缠绕结果

6.3.3　Ka 波段 SAR 交轨干涉试验

分析数据来源于毫米波 DBF-SAR 系统, 天线构型如图 6.20 所示。

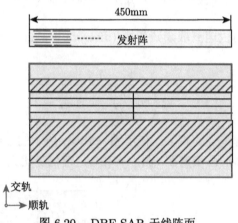

图 6.20　DBF-SAR 天线阵面

紧缩集成的天线设计下, 总阵面面积不足 $0.5\mathrm{m}^2$。由于基线短, 易知在距离向上的天线相位中心差沿斜距小于一个分辨率单元, 只有亚像素级的配准需求, 无须粗配准。如图 6.21 所示, 水面归一化后向散射截面积在 $10°$ 左右会迅速衰减。所以, 为实现水面高回波功率, 需要小入射角 [19,20]。经过功率复算, 这里选取 $8°$ 为合适的入射角, 此时的入射范围近似为 $6°\sim10°$ 的归一化雷达截面积 (normalized radar cross section, NRCS) 优于 7dB。

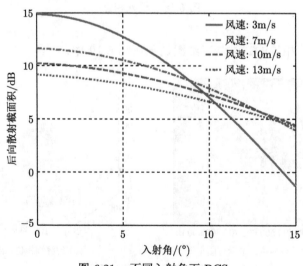

图 6.21　不同入射角下 RCS

如图 6.22 所示，分解机载平台误差，在留有余量的前提下全幅宽优于 1.1m。

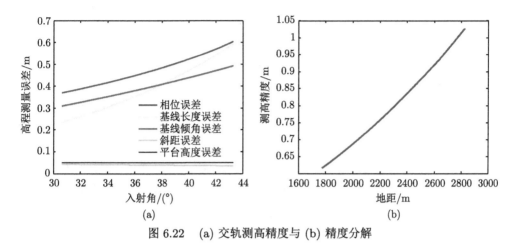

图 6.22   (a) 交轨测高精度与 (b) 精度分解

进行机载干涉信息提取，需要预处理、复图像亚像素配准、干涉提取、干涉相位滤波、相位解缠绕的步骤。通道间信号由于波束指向差异、元器件差异、处理误差等因素，不具备完全的相干性。对此首先应注意的是，需要使用一致的成像算法与相同的多普勒估计参数，不然，图像对应像素点处的包络、相位都不具备对应意义，大大降低了相干性。SAR 是二维带限信号，在频域谱不重合区域也不具备相干性，可以通过预滤波消除。如图 6.23 所示，通过频域的矩形滤波器，可以有效消除带外噪声与不重叠频谱。

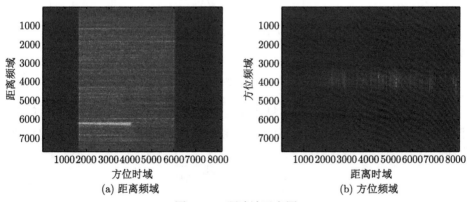

图 6.23   预滤波示意图

6.4　星载 Ka 波段 SAR 顺轨干涉测量

与交轨干涉所需的空间基线不同，顺轨干涉反而需要尽可能一致的观测几何。SAR 成像原理表明了方位分辨率来自于多普勒调制，而可直接测算的基带多普勒源于地面静止目标与线性运动平台间稳定的相对运动趋势，当成像过程中目标伴有径向速度时，势必会在相位项上附加不同于静止目标的相位调制。

天基的顺轨干涉已经获得了一定的实践成效，据公开文献报道，SRTM、TerraSAR-X、"高分三号"等利用了不同的基线构型完成了顺轨干涉试验。由于基线和波长近似绑定的设计关系，在毫米波段下可以轻松以分米级沿航迹观测基线实现机载顺轨干涉，获得场景的速度信息。因此有必要结合 Ka DBF-SAR 完成理论分析、实测数据处理，为星载毫米波一发多收测速体制进行等效性验证。

6.4.1　顺轨干涉原理

条带模式非斜视的干涉获取条件下，场景回波的静止成分符合零多普勒条件。设定观测场景为两个天线沿航迹以相同的运动方式对场景先后探测采样，其相位中心具有基线长度 B_x；平台飞行高度为 H_p 和速度 V_p。此时根据具体的收发方式，存在三种沿航迹干涉 (ATI) 构型的区别：①标准型 ATI，单天线发射，双天线接收；②乒乓型 ATI，双天线分别发射和接收；③双基线型 ATI，双天线分别接收另一天线发射的相邻脉冲。

分析斜距关系。当电磁波的有效双程距离是 2ρ 时，该斜距历程带来的有效相位是

$$\varphi = -4\pi\rho/\lambda \tag{6.95}$$

其中，λ 是载波波长。运动目标由运动带来的散射点多普勒偏移量为

$$f_D = \frac{1}{2\pi}\frac{\mathrm{d}\varphi}{\mathrm{d}t} = -\frac{2\dot{\rho}}{\lambda} \tag{6.96}$$

其中，$\dot{\rho}$ 为目标径向速度。如果复图像与主图像之间存在一个较短的时间获取间隔 Δt，其余采样条件可以认为基本一致，则该运动散射点的干涉相位可以表示为

$$\theta = 2\pi f_D \Delta t = \frac{4\pi}{\lambda}\Delta t V_t \tag{6.97}$$

其中，速度 V_t 为散射点径向速度，$V_t = -\dot{\rho}$。当使用由恒虚警检测概率决定的阈值 η_θ 时，测试统计判断表示为阈值判决：

$$\begin{cases} |\theta| \geqslant \eta_\theta, & H_0 \\ |\theta| \leqslant \eta_\theta, & H_1 \end{cases} \tag{6.98}$$

MDV$= \lambda\eta_\theta/(4\pi\Delta t)$,为最小可检测速度 (minimum detective velocity ,MDV)。

图 6.24 为三种 ATI 模式的收发示意图。

表 6.3 总结了这三种模式的主要参数,表中 T 为脉冲重复间隔,即脉冲重复频率的倒数;V_P 是平台运动速度。

模拟不同波段下的相位灵敏度,仿真参数如表 6.4 所示。

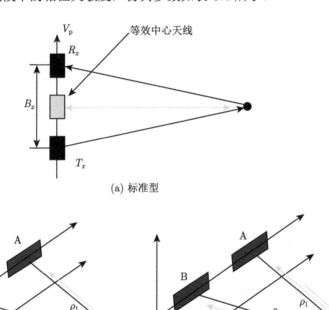

(a) 标准型

(b) 乒乓型　　　　　　　　　　(c) 双基线型

图 6.24　ATI 构型

表 6.3　成像仿真参数

模式	乒乓型	标准型	双基线型
干涉相位	$\dfrac{4\pi}{\lambda}\dfrac{B_x}{V_P}V_t$	$\dfrac{2\pi}{\lambda}\dfrac{B_x}{V_P}V_t$	$\dfrac{4\pi}{\lambda}TV_t$
不模糊 ATI 速度	$\dfrac{\lambda V_P}{2B_x}$	$\dfrac{\lambda V_P}{B_x}$	$\dfrac{\lambda}{2T}$
最小可检测速度	$\dfrac{\lambda V_P\eta_\theta}{4\pi B_x}$	$\dfrac{\lambda V_P\eta_\theta}{2\pi B_x}$	$\dfrac{\lambda\eta_\theta}{4\pi T}$

表 6.4　成像仿真参数

参数	C 波段	Ka 波段
平台速度	100 m/s	100 m/s
波长	5.67cm	0.839cm
PRF	1600Hz	1600Hz
沿航迹基线	0.5m	0.5m

　　ATI 干涉相位如图 6.25 所示，可以发现，相同基线下 Ka 波段的相位敏感度高，或者只需要短基线就能实现相同的相位灵敏度。

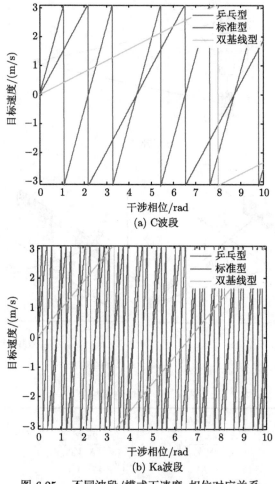

(a) C 波段

(b) Ka波段

图 6.25　不同波段/模式下速度–相位对应关系

6.4.2 DBF 扫描接收顺轨干涉处理方法

根据资料显示，水面在 10° 以上后向散射极弱，归一化雷达截面积会比 5° 入射角下小 20dB 以上。对此，这里采用小入射角观测场景并通过 DBF 技术提升回波增益。通过沿航迹基线，提取具有时间差的顺轨干涉信息。这里提出一种基于 DBF-SCORE 的沿航迹干涉方法，通过 DBF 合成、成像、配准、相位提取、陆地掩模处理的方式提取了目标区域速度信息，进行了方位 10 次、距离 2 次多视处理。处理流程归纳如图 6.26 所示。

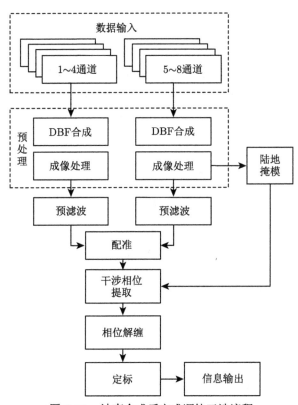

图 6.26 波束合成后完成顺轨干涉流程

目前既有的顺轨干涉性能分析主要是针对两组单通道数据实现误差分解，并分析各个误差分量对径向速度测量的影响。为解决面向高分宽幅应用的距离向多通道合成后的顺轨干涉性能，这里分析在毫米波频段收发天线轻量化、集成化优势下的毫米波多通道 ATI 系统，评估通道间相位误差、波达角估计误差等因素对干涉相位相干性的影响，为后续的多通道顺轨干涉数据分析提供定量化参考。图 6.27 为顺轨干涉信息获取的几何关系图。

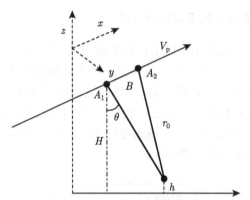

图 6.27　顺轨干涉信息获取的几何关系图

假设雷达平台具有飞行高度 H 和速度 V_p，顺轨方向配备两组相位中心间距为 B 的两组接收天线，并且每组天线距离向上具有多个接收通道。设定坐标系 x-y-z 分别对应顺轨、交轨和高度向。目标相对雷达位置位于入射角 θ，斜距 r_0 处，并具有三向速度 (v_x, v_y, v_z)，可以得到目标径向速度为

$$v_r = -v_z \cos\theta + v_y \sin\theta \tag{6.99}$$

在理想情况下，目标由速度带来的干涉相位为

$$\phi_v = \frac{2\pi}{\lambda} \frac{B_x}{V_p} v_r \tag{6.100}$$

ATI 模糊速度是带来 2π 干涉相位的目标速度：

$$v_{amb} = \frac{\lambda}{2B_x} V_p \tag{6.101}$$

系统理论上能不模糊观测的速度范围是 $-v_{amb}/2 < v_r < v_{amb}/2$ 。

下面对沿航迹干涉性能的主要限制因素进行表述，并量化分析限制因素对 DBF-SAR 性能的影响。干涉流程之前需要分别成像，得到两幅聚焦图像。

1. 沿航迹速度

如果速度分量 v_x 大到不匹配方位向参考方程 ϕ_a，目标就会在方位向上散焦。使用二阶近似，ϕ_a 为

$$\phi_a = -\frac{2\pi}{\lambda} \frac{x^2}{2r_0} = -\frac{2\pi}{\lambda} \frac{V_p^2 t_a^2}{2r_0} \tag{6.102}$$

其中，t_a 为方位时间，忽略径向速度分量，目标的相位历程为

$$\phi_t = -\frac{2\pi}{\lambda} \frac{(V_p - v_x)^2 t_a^2}{2r_0} \tag{6.103}$$

则在合成孔径末端的残余相位为

$$\phi_r = -\frac{2\pi}{\lambda r_0} \left[V_p^2 - (V_p - v_x)^2 \right] \left(\frac{T_a}{2} \right)^2 \tag{6.104}$$

其中，T_a 是与方位向天线长度 L_a 对应的合成孔径时间 $\lambda r_0/(L_a V_p)$。这里要求 ϕ_r 小于 $\pi/2$，并假设 $V_p \gg v_x$，得到对沿航迹速度的约束为 $|v_x| \leqslant L_a^2 V_p / (2\lambda r_0)$。

2. 垂直航迹速度

目标的垂直航迹速度 v_r 也会引起图像聚焦效果不良，并且在相位历程上会附加额外的线性项，进而改变多普勒中心频率，引起动目标方位向频谱与杂波的分离。用 Q_{Dop} 表示目标方位向频谱的偏移量：

$$Q_{Dop} = \left| \frac{2v_r/\lambda}{2V_p/L} \right| = \left| \frac{v_r L}{V_p \lambda} \right| \tag{6.105}$$

目标带宽只有 $1 - Q_{Dop}$ 的部分会被处理，所以方位向分辨率会以系数 $1/(1 - Q_{Dop})$ 降低，目标单像素的信噪比会以系数 $(1 - Q_{Dop})^2$ 降低。

3. 距离徙动

由径向速度带来的额外距离徙动也会造成动目标在距离向上散焦，当目标的方位频谱相对于 PRF 混叠时，相邻脉冲间未补偿的距离徙动表示为

$$\Delta\rho_n = n_{Dop} \frac{\lambda}{2} \tag{6.106}$$

其中，n_{Dop} 是目标多普勒偏移量。在合成孔径时间内的总额外距离徙动为

$$\rho_n = \Delta\rho_n T_{int} PRF = n_{Dop} \frac{\lambda^2 r_0 PRF}{2L_a V_p} \tag{6.107}$$

径向测速精度可以通过微分得到误差子项贡献量，其平方和即可表征整体干涉测速能力。定义 x-y-z 坐标系下 x 轴航向的一发多收 DBF-ATI 系统，A_1 和 A_2 为顺轨两组多通道接收天线，且具有沿航向基线 B；a 为轨道高度 H 与地球半径之和；θ 为对目标点观测下视角。则测速精度为

$$
\sigma_{V_r} = \sqrt{
\begin{aligned}
& \left(\frac{\partial V_r}{\partial V_p}\right)^2 \sigma_{V_p}^2 + \left(\frac{\partial V_r}{\partial B}\right)^2 \sigma_B^2 + \left(\frac{\partial V_r}{\partial \Phi_{12}}\right)^2 \sigma_{\Phi_{12}}^2 \\
& + \left(\frac{\partial V_r}{\partial B_y}\right)^2 \sigma_{B_y}^2 + \left(\frac{\partial V_r}{\partial B_z}\right)^2 \sigma_{B_z}^2 + \left(\frac{\partial V_r}{\partial h}\right)^2 \sigma_h^2 \\
& + \left(\frac{\partial V_r}{\partial a}\right)^2 \sigma_a^2 + \left(\frac{\partial V_r}{\partial R}\right)^2 \sigma_{r_0}^2
\end{aligned}
} \tag{6.108}
$$

其中，误差源 $\sigma_{V_p}, \sigma_B, \sigma_{\Phi_{12}}, \sigma_{B_y}, \sigma_{B_z}, \sigma_h, \sigma_a, \sigma_{r_0}$ 含义分别为飞行器速度、沿航迹基线长度、干涉相位、基线 y 轴、基线 z 轴、观测场景高度、轨道高度以及观测斜距的测量不确定性，各误差贡献因子分别为

$$
\frac{\partial V_r}{\partial V_p} = \frac{1}{B}\left(\frac{\lambda}{2\pi}\Phi_{12} - B_z \cos\theta - B_y \sin\theta\right) \tag{6.109}
$$

$$
\frac{\partial V_r}{\partial S_v} = -\frac{2v_{amb}}{\lambda B}\left(\frac{\lambda}{2\pi}\Phi_{12} - B_z \cos\theta - B_y \sin\theta\right) \tag{6.110}
$$

$$
\frac{\partial V_r}{\partial \Phi_{12}} = \frac{v_{amb}}{\pi} \tag{6.111}
$$

$$
\frac{\partial V_r}{\partial B_y} = \frac{2v_{amb}}{\lambda}\sin\theta \tag{6.112}
$$

$$
\frac{\partial V_r}{\partial B_z} = \frac{2v_{amb}}{\lambda}\cos\theta \tag{6.113}
$$

$$
\frac{\partial V_r}{\partial h} = -\frac{2v_{amb}r_e}{\lambda a r_0}\left(B_z + \frac{1}{\tan\theta}B_y\right) \tag{6.114}
$$

$$
\frac{\partial V_r}{\partial a} = -\frac{2v_{amb}}{\lambda}\left(\frac{1}{r_0} - \frac{\cos\theta}{a}\right)\left(B_z + \frac{1}{\tan\theta}B_y\right) \tag{6.115}
$$

$$
\frac{\partial V_r}{\partial r_0} = -\frac{2v_{amb}}{\lambda}\left(\frac{1}{a} - \frac{\cos\theta}{R}\right)\left(B_z + \frac{1}{\tan\theta}B_y\right) \tag{6.116}
$$

在多视数为 N_L 时，干涉相位可以表示为

$$
\hat{\phi} = \arctan\left[\frac{\operatorname{Im}\left\{\sum_{n=1}^{N_L} s_1^{(n)} s_2^{*(n)}\right\}}{\operatorname{Re}\left\{\sum_{n=1}^{N_L} s_1^{(n)} s_2^{*(n)}\right\}}\right] \tag{6.117}
$$

其中，s_1 与 s_2 分别表示 A_1 和 A_2 多通道合成后单视复信号，干涉相位标准差为

$$
\sigma_{\Phi_{12}} = \frac{1}{\sqrt{2N_L}}\frac{\sqrt{1-\gamma^2}}{\gamma} \tag{6.118}
$$

干涉相位标准差是相干系数函数 γ 的函数。总相干系数可以表述为子相关系数乘积式:

$$\gamma = \gamma_{\mathrm{tgt}} \cdot \gamma_{\mathrm{dop}} \cdot \gamma_{\mathrm{pro}} \cdot \gamma_{\mathrm{asr}} \tag{6.119}$$

其中, $\gamma_{\mathrm{tgt}}, \gamma_{\mathrm{dop}}, \gamma_{\mathrm{pro}}, \gamma_{\mathrm{asr}}$ 分别表示目标信噪比相干系数、多普勒相干系数、处理相干系数、模糊相干系数。其中目标信噪比受到距离向多通道影响较大, 主要有通道固定相位误差、空间去相干、波束指向误差以及波达角误差 4 种因素降低信噪比, 影响合成信号质量, 进而降低顺轨干涉效果。

考虑同场景 SAR 顺轨图像组, 式 (6.120) 和式 (6.121) 对应分辨单元图像值 a_1 和 a_2 分别为

$$a_1 = s_1 + n_1 \tag{6.120}$$

$$a_2 = s_2 + n_2 \tag{6.121}$$

其中, s_1 和 s_2 是目标信号, n_1 和 n_2 对应噪声分量。具有相差 ϕ_{v}:

$$s_2 = s_1 \exp\left(-\mathrm{j}\phi_{\mathrm{v}}\right) \tag{6.122}$$

在理想条件下对于两组顺轨, 接收通道完全一致。n_1 和 n_2 为独立噪声。则对于该分辨单元的相干系数为

$$\gamma_{\mathrm{tgt}} = \frac{\langle a_1 a_2^* \rangle}{\sqrt{\langle a_1 a_1^* \rangle \langle a_2 a_2^* \rangle}} \tag{6.123}$$

去除非相关交叉项后得到

$$\gamma_{\mathrm{tgt}} = \frac{\langle s_1 s_2^* \rangle}{\sqrt{\left(\langle s_1 s_1^* \rangle + \langle n_1 n_1^* \rangle\right)\left(\langle s_2 s_2^* \rangle + \langle n_2 n_2^* \rangle\right)}} \tag{6.124}$$

化简为

$$\gamma_{\mathrm{tgt}} = \frac{S \exp\left(\mathrm{j}\phi_{\mathrm{v}}\right)}{S + N} = \frac{\exp\left(\mathrm{j}\phi_{\mathrm{v}}\right)}{1 + 1/\mathrm{SNR}} \approx \frac{1}{1 + 1/\mathrm{SNR}} \tag{6.125}$$

其中, $N = \langle n_1 n_1^* \rangle = \langle n_2 n_2^* \rangle$; $S = \langle s_1 s_1^* \rangle = \langle s_2 s_2^* \rangle$; $S \exp\left(\mathrm{j}\phi_{\mathrm{v}}\right) = \langle s_1 s_2^* \rangle$。热噪是非相干噪声的主要元素。在实际应用时, 多通道合成主要受到固定相位误差、波达角估计误差以及通道间空间去相干影响。定义雷达回波中观测目标的雷达截面积为 σ_{tgt}, 雷达系统的等效后向散射系数为 σ_0, 则得到取对数的式 (6.126), 沿视角目标信噪比:

$$G_{\mathrm{tgt}} = \sigma_{\mathrm{tgt}} - \sigma_0 \tag{6.126}$$

1) 通道固定相位误差

设第 n 个通道信号回波信号，经过快时间补偿后不再受回波视角调制，如

$$
\begin{aligned}
s_n(t) &= s_{\text{ref}}(t)\exp(\mathrm{j}\phi_n) \\
&= \text{rect}\left(\frac{t-t_0}{T_{\text{s}}}\right)\exp\left(\mathrm{j}\pi K_{\text{r}}(t-t_0)^2\right)\exp\left(-\mathrm{j}\frac{4\pi r_0}{\lambda}\right)\exp(\mathrm{j}\phi_n)
\end{aligned} \tag{6.127}
$$

其中，$s_{\text{ref}}(t)$ 为参考通道信号；ϕ_n 为各通道相对于参考通道的残余固定相位误差；K_{r}，t_0 为斜距 r_0 的双程延时，则求和就能得到 DBF 合成信号，即

$$
s_{\text{dbf}}(t) = \sum_{n=1}^{N} s_n(t) \tag{6.128}
$$

可以发现，DBF 接收系统的各通道信号存在固定相位误差时，不会直接影响单通道脉冲压缩带来的能量累积，但多通道合成后会在每个对应距离单元形成对消。定义固定相位增益损耗为

$$
G_{\text{p}} = 10\lg\left(\frac{S_{\text{dbf}}}{N S_{\text{ref}}}\right) \tag{6.129}
$$

其中，$S_{\text{dbf}} = \langle s_{\text{dbf}} s_{\text{dbf}}^* \rangle$；$S_{\text{ref}} = \langle s_{\text{ref}} s_{\text{ref}}^* \rangle$。

2) 波达角估计误差

实际在地面具有高度起伏时，通过理想平地地球几何获取的波达角估计具有不可忽略的误差，定义 SCORE 法指向的方向为 $\theta_{\text{s}}(t)$，真实具有高程 h 的目标回波方向为 θ_0，则角估计误差为

$$
\Delta\theta = \theta_0 - \theta_{\text{s}}(t_0) \tag{6.130}
$$

其中，t_0 为回波真实双程延时，该误差造成回波并没有按照理想状态被多通道合成最大增益接收，而是因为地形带来了增益损失。G_0 为接收天线等效方向图，损失量为

$$
G_1 = \frac{G_0(\theta_{\text{s}} + \Delta\theta)}{G_0(\theta_{\text{s}})} \tag{6.131}
$$

3) 空间去相干

在理想航迹下，通常可以忽略沿航迹干涉系统下空间去相干的影响，但对于多通道系统，由于距离向多通道带来的入射角差异，会造成雷达回波固有的信号差异，降低在空间尺度上的相干性。参考交轨干涉空间去相干系数，定义多通道下空间基线增益损失，表述为

$$G_{\text{spatial}} = 10 \lg \left(1 - \frac{2 \cos\theta \, |\delta\theta| \, \rho_y}{\lambda} \right) \tag{6.132}$$

其中, ρ_y 为距离分辨率, 则通道间最大视角差异 $\delta\theta$ 约为 $(N-1) \, d/r_0$。

则 DBF-SAR 图像信噪比为

$$\text{SNR} = G_{\text{tgt}} + G_{\text{p}} + G_1 + G_{\text{spatial}} \tag{6.133}$$

下面利用表 6.5 的系统参数, 分析多通道合成对 ATI 测速性能的影响。

表 6.5 仿真参数输入

系统参数	参数值	备注
载频	35.75GHz	
轨道高度	500km	
带宽	100MHz	线性调频
发射天线高度	0.25m	
接收天线高度	0.25m	
接收通道数	$N=1,2,4,8,16$	
收发天线长度	5m	
x 轴基线长度	10m	
y 轴基线长度	0m	
z 轴基线长度	0m	
单通道系统灵敏度	-30dB	典型值
RASR	-40dB	典型值
AASR	-25dB	典型值
网格	10m×10m	

应用多通道合成后, 干涉图像对相干系数能够获得有效的提升, 通过图 6.28 的单视仿真结果, 可以得到, 雷达系统单通道数据在目标归一化散射截面积小于 -20dB 时相干系数会低于 0.5, 而此时四通道系统对应值可以达到 0.67。目标散射截面积大于 -10dB 时, 多通道相干系数提升极限小于 0.1。

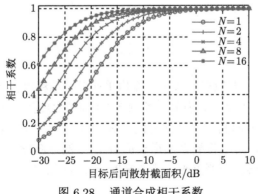

图 6.28 通道合成相干系数

这里代入表 6.6 的误差源配置，仿真得到多通道理想情况下的测速性能。在当前误差分配下，可以发现干涉相位误差为主要误差量，单通道地距 700km 处误差源贡献量主要有相位误差贡献量 0.88m/s、z 轴基线误差贡献量 0.05m/s、y 轴基线误差贡献量 0.05m/s。

表 6.6　多源误差输入

系统参数	参数值	备注
x 轴基线误差	0.01m	沿航迹方向
y 轴基线误差	0.1mm	x-z 面法线方向
z 轴基线误差	0.1mm	地心方向
平台高度误差	5m	
地表高程误差	5m	
平台速度误差	3m	
斜距误差	10m	

图 6.29 为各误差分量对于测速精度的贡献量。

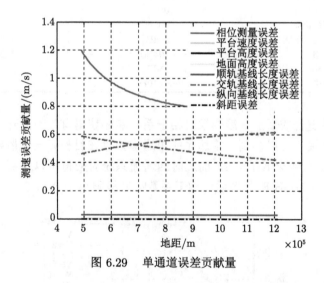

图 6.29　单通道误差贡献量

如图 6.30 所示，弱散射场景下幅宽内单通道近端精度大于 1.4m/s，16 通道合成后近端精度为 1.24m/s；强散射场景下多通道测速精度集中在 1.25m/s 左右。

这里以不同的地面高程以及通道间最大相位误差为 15° 的情况下进行试验，并考虑空间去相干，可以得到多通道合成后 ATI 测速精度。如图 6.31 所示，在地距较小时，高程误差会严重影响测速精度，并且可能会出现实际系统性能不如单通道的情况。

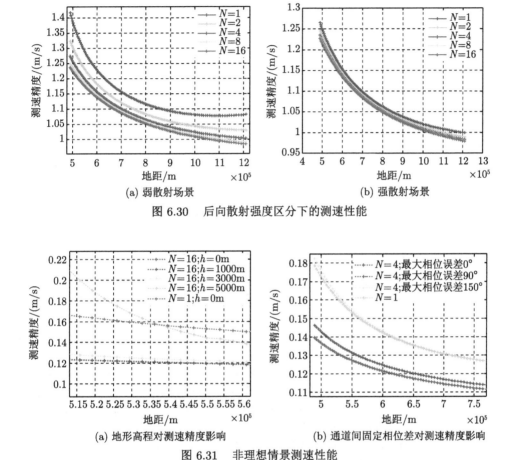

(a) 弱散射场景　　　　　　　　(b) 强散射场景

图 6.30　后向散射强度区分下的测速性能

(a) 地形高程对测速精度影响　　　　(b) 通道间固定相位差对测速精度影响

图 6.31　非理想情景测速性能

容易得出结论，DBF-SAR 面对弱散射环境可以提升系统的干涉测量性能。在具体实现方面，对多通道雷达系统相位误差进行实时或者后处理可以有效提高大多数情况下的系统顺轨干涉性能，同时对于复杂地形环境，有必要进行基于自适应或者基于外部 DEM 数据的波达角估计，完成高精确度的快时间权校正。

6.4.3　顺轨干涉试验

为验证 DBF-SCORE-ATI 方法，这里开展机载试验。采用四通道合成技术，可以获得更大的理论回波增益，因此不需要如交轨时采用 10° 以下的下视角。如图 6.32 所示，保有余量的情况下分析样机理论测速精度优于 0.5m/s。

通过实测数据处理并经过流速计多点检测，综合测速精度优于 0.48m/s，符合理论分析结果。

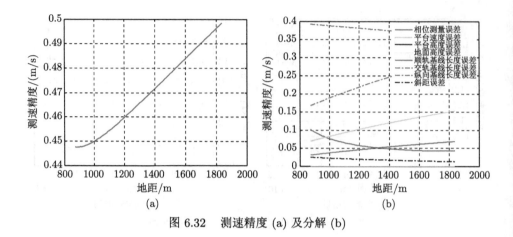

图 6.32　测速精度 (a) 及分解 (b)

参 考 文 献

[1] Bechor N B, Zebker H A. Measuring two-dimensional movements using a single InSAR pair[J]. Geophysical Research Letters, 2006, 33(16): 325-333.

[2] Hooper A, Zebker H A. Phase unwrapping in three dimensions with application to InSAR time series[J]. JOSA, 2007, 24(9): 2737-2747.

[3] Hooper A. A multi-temporal InSAR method incorporating both persistent scatterer and small baseline approaches[J]. Geophysical Research Letters, 2008, 35(16): 21-28.

[4] Connan G, Griffiths H D, Brennan P V, et al. Experimental imaging of internal waves by a mm-wave radar [C]//OCEANS '98 Conference Proceedings, 1998, 2: 619-623.

[5] Connan G, Griffiths H D, Brennan P V, et al. W-band radar measurements of laboratory water waves [C]//OCEANS '99 MTS/IEEE, 1999, 3: 1333-1337.

[6] Connan G, Garello R, Griffiths H D, et al. Millimeter-wave radar back-scattering from water waves [C]//The Record of the IEEE 2000 International Radar Conference, 2000: 347-351.

[7] Deledalle C A, Denis L, Tupin F. NL-InSAR: Nonlocal interferogram estimation[J]. IEEE Transactions on Geoscience, 2010, 49(4): 1441-1452.

[8] Parizzi A, Brcic R. Adaptive InSAR stack multilooking exploiting amplitude statistics: a comparison between different techniques and practical results[J]. IEEE Geoscience Remote Sensing Letters, 2010, 8(3): 441-445.

[9] Perissin D, Wang T. Time-series InSAR applications over urban areas in China[J]. IEEE Journal of Selected Topics in Applied Earth Observations Remote Sensing of Environment, 2010, 4(1): 92-100.

[10] Zebker H A, Hensley S, Shanker P, et al. Geodetically accurate InSAR data processor[J]. IEEE Transactions on Geoscience Remote Sensing, 2010, 48(12): 4309-4321.

[11] Liu X, Gao W, Deng Y. Synthesis technique of array-fed shaped-reflector antenna for

DBF-SAR application[J]. IEEE Antennas Wireless Propagation Letters, 2011, 11: 30-33.

[12] Sandwell D, Mellors R, Tong X, et al. Gmtsar: An insar processing system based on generic mapping tools[J]. IEEE Transactions on Geoscience Remote Sensing, 2010, 48(12): 4426-4443.

[13] Bordoni F, Younis M, Krieger G, et al. Performance investigation on the high-resolution wide-swath SAR system operating in multisubpulse mode[C]// 2012 IEEE International Geoscience and Remote Sensing Symposium, 2012.

[14] Rosen P A, Gurrola E, Sacco G F, et al. The InSAR scientific computing environment[C]//EUSAR 2012: 9th European Conference on Synthetic Aperture Radar, 2012.

[15] Adamiuk G, Schaefer C, Fischer C, et al. SAR Architectures based on DBF for C- and X-band applications[C]//EUSAR 2014: 10th European Conference on Synthetic Aperture Radar, 2014.

[16] Villano M, Krieger G, Moreira A. A novel processing strategy for staggered SAR[J]. IEEE Geoscience Remote Sensing Letters, 2014, 11(11): 1891-1895.

[17] Bekaert D, Walters R, Wright T, et al. Statistical comparison of InSAR tropospheric correction techniques[J]. Remote Sensing of Environment, 2015, 170: 40-47.

[18] Liu B, He Y. Improved DBF algorithm for multichannel high-resolution wide-swath SAR[J]. IEEE Transactions on Geoscience Remote Sensing of Environment, 2015, 54(2): 1209-1225.

[19] Kulpa K S, Wojtkiewicz A, Nalecz M, et al. The simple method for analysis of nonlinear frequency distortions in FMCW radar [C]//13th International Conference on Microwaves, Radar and Wireless Communications, 2000, 1: 235-238.

[20] Patyuchenko A, Younis M, Krieger G, et al. Design and optimization of the reflector antenna for an X/Ka-band spaceborne DBF SAR system[C]// European Conference on Antennas and Propagation (EuCAP), 2015.

第 7 章　毫米波合成孔径雷达图像应用技术

7.1　概　　述

SAR 是对地观测获取地物回波与图像的技术手段，而 SAR 技术要服务于国土、环保、海洋、农林、交通、灾害监测等不同领域，需要在回波乃至图像数据基础上完成进一步的信息挖掘并生成用户直接关心的数据产品，因此 SAR 的图像应用处理成为 SAR 数据产品发挥实际作用必不可少的步骤。

与传统频段 SAR 相比，毫米波 SAR 图像具有目标轮廓细节描绘能力强、图像类光学的优点，在目标检测识别方面有着独特的优势；同时毫米波频段地物后向散射强的特点，使得毫米波 SAR 图像中目标的阴影更加完整清晰，引入目标阴影信息可进一步提升其对目标特征的描绘能力。另外，毫米波更短的波长使其应用于干涉测量时，获得同样的干涉测量精度所需的基线长度大幅缩短，单星就可以实现高精度的干涉测量；而且毫米波较弱的穿透能力，在对水体、冰雪进行高度测量时，能够更加准确地反映其表面高度、提供更加精确的测量结果。

结合毫米波 SAR 图像的以上特点，本章针对性地开展相应处理方法的介绍。首先介绍基于可训练非线性扩散模型的 SAR 图像相干斑抑制方法，提升 SAR 图像质量；在此基础上介绍面向舰船目标的检测识别，并给出利用毫米波 SAR 图像中目标阴影信息的建筑目标检测方法；最后面向海洋综合观测，介绍基于单星毫米波干涉 SAR 的海面高度和海表流场反演方法。

7.2　基于可训练非线性扩散模型相干斑去噪

SAR 图像相干斑去噪一直以来都是 SAR 图像处理的关键技术。国内外专家对相干斑噪声抑制进行了大量的研究，主要形成了四类方法：空域算法、变换域算法 (如小波域去噪算法)、非局部滤波和变分算法。

传统的空域滤波算法中，平稳滤波算法主要是基于相干斑的噪声模型，有 Lee、Frost 和 Kuan 等滤波器，并且都是基于 LMMSE(linear minimum mean-square error) 准则所开发出来的线性滤波器。在平稳滤波算法的基础上，基于滤波器窗内相干斑噪声局部非平稳的假设，相关研究者提出了非平稳滤波算法。这类算法主要有高斯最大后验概率 (MAP Gaussian) 滤波和伽马最大后验概率 (Gamma MAP) 滤波等。

基于小波变换域的相干斑去噪算法主要有两种。有研究者首先提出了基于对数变换的小波变换域相干斑去噪算法，在此基础上根据贝叶斯 (Bayesian) 准则，对该类算法进行了优化。进行对数变换的小波域去噪算法主要缺点是去噪图像的均值会出现偏差，为了解决这类小波域算法的缺点，近年来许多研究者提出了具有良好二维奇异性刻画能力和平移不变性质的新一代小波的相干斑去噪方法。这类方法通常可以很好地保持图像细节，但却普遍存在阈值选择困难、伪吉布斯效应明显的问题。

近些年，非局部均值滤波已经广泛应用于 SAR 相干斑去噪中。贝叶斯非局部均值 (Bayesian NLM) 滤波算法、PPB 滤波算法 (probabilisic patch-based filter) 和三维块匹配 (block-matching 3D，BM3D) 算法等都被应用于相干斑去噪中，并取得了良好的效果。但由于这类算法相似块选择或分组过程都会受到噪声影响，处理过程中很可能引入一些杂斑 (ghost artifacts)，这种现象在比较平滑的区域尤为明显。这一类算法的另一缺点就是计算量比较大。

变分模型近些年来在相干斑去噪领域中得到越来越广泛的应用。由于总变分 (total variation, TV) 仅能有效地逼近分片常数函数，所以基于 TV 的相干斑去噪方法在去噪过程中或多或少地都会引起阶梯效应。为解决这种缺陷，总广义变分 (TGV) 被引入图像处理领域，理论分析和实验结果表明，基于 TGV 的相干斑去噪方法可以有效地避免阶梯效应。

目前，效果较好的相干斑去噪算法主要是基于非局部均值 (non-local means, NLM) 的算法。该类算法虽然能够取得较好的效果，但算法计算效率较差。针对这一问题，有研究者提出了一种简便有效的降噪方法，与当前主流的相干斑去噪方法相比，该方法不仅具有很好的去噪性能而且其运算量较小。该方法采用最新提出的基于可训练非线性扩散的图像复原框架进行相干斑噪声抑制，这种模型可以理解为一种具有可训练激励函数的递归卷积神经网络。

本章首先对相干斑噪声和可训练非线性扩散过程进行简单介绍，之后提出基于可训练非线性扩散模型的 SAR 强度图像相干斑去噪方法。在扩散过程中，该模型使用的线性滤波器、影响函数等相关参数根据强度图像相干斑噪声的统计特性进行训练得到，从而适用于相干斑去噪应用。实验结果表明，该算法的性能与当前主流算法的性能相当甚至更优，同时具有很高的计算效率。

7.2.1　可训练的非线性扩散过程

首先对相干斑噪声和可训练非线性扩散过程进行简单介绍。

假设 Y 是观测到的 SAR 强度图像，则 Y 可以表示为真实的图像强度 u 和相干斑噪声 η 的乘积：

$$Y = u\eta \tag{7.1}$$

注意到，L-视 SAR 强度图像的相干斑噪声 η 服从下面的 Gamma 分布：

$$p(\eta) = \frac{1}{\Gamma(L)} L^L \eta^{L-1} \mathrm{e}^{-L\eta} H(\eta) \tag{7.2}$$

其中，H 表示 Heaviside 函数；Γ 表示传统的 Gamma 函数。

有研究者提出了一种基于非线性扩散的简便高效的图像复原框架。这种框架在传统的非线性扩散模型基础上加入参数化的滤波器和非线性扩散函数，称为时变非线性扩散模型，如下所示

$$\begin{cases} u_0 = f \\ u_{t+1} = u_t - \sum_{i=1}^{N_k} \bar{k}_i^t * \varphi_i^t \left(k_i^t * u_t \right) - \psi(u_t, f), \quad t = 0, \cdots, T-1 \end{cases} \tag{7.3}$$

其中，u_0 表示扩散过程的初始状态；k_i^t 表示非线性滤波器；$k_i * u$ 表示图像 u 与滤波器核 k_i 的二维卷积；φ_i^t 表示非线性扩散函数；$\psi(u_t, f)$ 对应数据拟合项；N_k 表示滤波器个数。假设模型的数据拟合项为 $D^t(u, f)$，则 $\psi(u_t, f)$ 一般选为 $\psi(u_t, f) = \nabla_u D^t(u, f)$。该模型中非线性扩散每一步中的参数都是不同的，而且每一步的参数都需要通过一定的训练框架学习得到。专家场模型一般求解的问题模型如下所示

$$E(u, f) = \sum_{i=1}^{N_k} \sum_{p=1}^{N} \rho_i^t \left(\left(k_i^t * u \right)_p \right) + D(u, f) \tag{7.4}$$

其中，$\left\{ \rho_i^t \right\}_{t=0}^{t=T-1}$ 为惩罚函数，且 $\rho'(z) = \phi(z)$。将上式改写成由若干个迭代步组成的梯度下降过程，同时优化每一步迭代中的参数。

非线性扩散过程的参数训练过程如下所述。给定包含 S 组训练样本的训练数据集 $\left\{ f^s, u_{gt}^s \right\}_{s=1}^S$，其中 f^s 为退化图像 (如噪声图像、低分辨率图像以及模糊图像等)，u_{gt}^s 对应真实图像。训练框架采用某种损失函数 (本章拟采用 l_2 范数)，训练用于每一步扩散过程的模型参数集 Θ^t。每一个扩散步的模型参数集 Θ^t 包含 λ、线性滤波器参数和非线性扩散函数，即 $\Theta^t = \left\{ \lambda^t, \phi_i^t, k_i^t \right\}$。训练框架可以描述为下面的优化问题：

$$\begin{cases} \min_{\Theta} L\left(\Theta\right) = \sum_{s=1}^{S} \ell\left(u_T^s, u_{gt}^s\right) = \sum_{s=1}^{S} \frac{1}{2}\left\|u_T^s - u_{gt}^s\right\|_2^2 \\ \text{s.t.} \begin{cases} u_0^s = f^s \\ u_{t+1}^s = u_t^s - \sum_{i=1}^{N_k}\sum_{i=1}^{N_k} \bar{k}_i^t * \varphi_i^t\left(k_i^t * u_t^s\right) - \psi\left(u_t^s, f^s\right), \quad t = 0, \cdots, T-1 \end{cases} \end{cases}$$

$$(7.5)$$

其中，$\Theta = \left\{\Theta^t\right\}_{t=0}^{t=T-1}$。这一优化问题可以使用 L-BFGS 算法或者随机梯度下降法来求解。为了简便起见，我们只用联合训练框架同时训练扩散过程的模型参数。相应的参数梯度 $\dfrac{\partial u_t}{\partial \Theta_t}$ 可以表示为

$$\frac{\partial \ell\left(u_T, u_{gt}\right)}{\partial \Theta_t} = \frac{\partial u_t}{\partial \Theta_t} \cdot \frac{\partial u_{t+1}}{\partial u_t} \cdots \cdots \frac{\partial \ell\left(u_T, u_{gt}\right)}{\partial u_T} \tag{7.6}$$

值得注意的是，这一模型和卷积神经网络联系紧密。非线性扩散过程的每一步迭代都需要与一组线性滤波器进行卷积操作，因此该扩散过程可以看作一种特殊的卷积网络。具体来说非线性扩散过程本质上是一种反馈卷积神经网络。由于这种反馈操作，该扩散过程应被归类为具有可训练激励函数的循环网络。

针对相干斑噪声，我们采用 $D\left(u\right) = \langle u - Y\lg u, 1\rangle$ 作为数据拟合项。然而，如果我们取 $\psi\left(u, f\right) = \nabla_u D\left(u, f\right) = 1 - \dfrac{f}{u}$，则会存在以下问题：在算法迭代中，当 u 非常接近零值时，$\psi\left(u, f\right)$ 的值可能会变得很大而导致梯度下降非常不稳定。因此直接计算梯度下降 $1 - \dfrac{f}{u}$ 并不可行。针对这一问题，我们采用 Ipiano 算法对优化进行求解，该方法可以避免 $1 - \dfrac{f}{u}$ 的形式。Ipiano 算法求解的问题模型为

$$\arg\min_u F\left(u\right) + G\left(u\right) \tag{7.7}$$

其中，函数 $F\left(u\right)$ 要求是光滑函数 (可能非凸)；$G\left(u\right)$ 要求是凸函数 (可能非光滑)。Ipiano 算法的更新规则如下：

$$u^{n+1} = \left(I + \tau\partial G\right)^{-1}\left(u^n - \tau\nabla F\left(u^n\right)\right) \tag{7.8}$$

其中，τ 为迭代步长。$\left(I + \tau\partial G\right)^{-1}\left(\tilde{u}\right)$ 可以通过下面的优化问题获得

$$\left(I + \tau\partial G\right)^{-1}\left(\tilde{u}\right) = \arg\min_u \frac{\left\|u - \tilde{u}\right\|_2^2}{2} + \tau G\left(u\right) \tag{7.9}$$

7.2.2　用于相干斑去噪的最优化非线性扩散过程

基于 7.2.1 节可训练的非线性扩散过程原理，这里提出一种用于相干斑去噪的最优化非线性扩散过程。首先，最优化非线性扩散过程可以看作在求解时只优化少量几步迭代步中的参数。因此，我们结合数据拟合项 $D\left(u\right) = \langle u - Y\lg u, 1\rangle$，构建以下 FoE 优化模型：

$$\arg\min_{u>0} E\left(x\right) = \sum_{i=1}^{N_k} \sum_{p=1}^{N} \rho_i\left(\left(k_i * u\right)_p\right) + \lambda\langle u - f\lg u, 1\rangle \tag{7.10}$$

我们可以得到 $F\left(u\right) = \sum_{i=1}^{N_k} \sum_{p=1}^{N} \rho_i\left(\left(k_i * u\right)_p\right)$、$G\left(u\right) = \lambda\langle u - f\lg u, 1\rangle$。通过计算，容易得到

$$\nabla F\left(u\right) = \sum_{i=1}^{N_k} K_i^{\mathrm{T}} \varphi_i\left(K_i u\right) \tag{7.11}$$

其中，$K_i \in R^{N\times N}$ 是一个高度稀疏的矩阵，表示图像 u 与滤波器核 k_i 的二维卷积，即 $K_i u \Leftrightarrow k_i * u$。可得

$$\nabla F\left(u\right) = \sum_{i=1}^{N_k} \bar{k}_i * \varphi_i\left(k_i * u\right) \tag{7.12}$$

其中，$\bar{k}_i$ 通过将二维滤波器 k_i 旋转 $180°$ 得到，即 $K_i^{\mathrm{T}} u \Leftrightarrow \bar{k}_i * u$。另一个子问题 $(I + \tau\partial G)^{-1}(\tilde{u})$ 的形式为

$$(I + \tau\partial G)^{-1}(\tilde{u}) = \arg\min_u \frac{\|u - \tilde{u}\|_2^2}{2} + \tau\lambda\langle u - f\lg u, 1\rangle \tag{7.13}$$

直接对上式求导即可得其解为

$$\hat{u} = (I + \tau\partial G)^{-1}(\tilde{u}) = \frac{\tilde{u} - \tau\lambda + \sqrt{(\tilde{u} - \tau\lambda)^2 + 4\tau\lambda f}}{2} \tag{7.14}$$

其中，当 $f > 0$ 时 $\hat{u}$ 始终为正，这一更新准则可以保证在扩散过程中 $u > 0$，即保证 $\lg u$ 有意义。因此，针对相干斑降噪的扩散过程可以表示为

$$u_{t+1} = \frac{\tilde{u}_{t+1} - \lambda^{t+1} + \sqrt{(\tilde{u}_{t+1} - \lambda^{t+1})^2 + 4\lambda^{t+1} f}}{2} \tag{7.15}$$

其中，$\tilde{u}_{t+1} = u_t - \sum_{i=1}^{N_k} \bar{k}_i^{t+1} * \varphi_i^{t+1} \left(k_i^{t+1} * u_t \right)$，这里我们设置 $\tau = 1$。

本算法的处理步骤可以概括为如图 7.1 所示，其中针对第 t 步迭代的训练参数为 $\Theta_t = \{\Gamma^t, \Omega^t\}$，$\Gamma^t = \left(\varphi_i^t, k_i^t\right)_{i=1}^{N_k}$，$\Omega^t = \lambda^t$。具体步骤描述如下：

输入噪声图像 $u_0 = f$，以及训练好的参数 $\{\Theta_t\}_{t=1}^{\mathrm{T}}$

For $t = 1$ to $T - 1$

步骤 1：利用 $\tilde{u}_{t+1} = u_t - \sum_{i=1}^{N_k} \bar{k}_i^{t+1} * \varphi_i^{t+1} \left(k_i^{t+1} * u_t \right)$ 计算 $\tilde{u}_{t+1}$

步骤 2：利用式 (7.15) 计算 u_{t+1}

End

输出去噪图像：$u_{\mathrm{output}} = u_T$

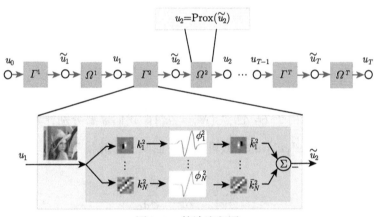

图 7.1 算法流程图

下面介绍针对扩散过程的参数联合训练策略。

首先，针对相干斑降噪的扩散函数，我们需要计算损失函数 $\ell\left(u_T^s, u_{gt}^s\right)$ 关于参数集 Θ_t 的梯度，这里 $\Theta_t = \left(\lambda^t, \varphi_i^t, k_i^t\right)$。根据 $\dfrac{\partial \ell\left(u_T, u_{gt}\right)}{\partial \Theta_t} = \dfrac{\partial u_t}{\partial \Theta_t} \cdot \dfrac{\partial u_{t+1}}{\partial u_t} \cdots$

$\dfrac{\partial \ell\left(u_T, u_{gt}\right)}{\partial u_T}$，我们需要分别计算 $\dfrac{\partial \ell\left(u_T, u_{gt}\right)}{\partial \Theta_t}$ 的各个组成部分，即 $\dfrac{\partial u_t}{\partial \Theta_t}$、$\dfrac{\partial u_{t+1}}{\partial u_t}$

和 $\dfrac{\partial \ell\left(u_T, u_{gt}\right)}{\partial u_T}$。基于二次代价函数，$\dfrac{\partial \ell\left(u_T, u_{gt}\right)}{\partial u_T}$ 可以表示为

$$\frac{\partial \ell\left(u_T, u_{gt}\right)}{\partial u_T} = u_T - u_{gt} \tag{7.16}$$

同时，$\dfrac{\partial u_{t+1}}{\partial u_t}$ 可以通过下式计算得到

$$\frac{\partial u_{t+1}}{\partial u_t} = \frac{\partial \tilde{u}_{t+1}}{\partial u_t} \cdot \frac{\partial u_{t+1}}{\partial \tilde{u}_{t+1}} \tag{7.17}$$

可得

$$\frac{\partial \tilde{u}_{t+1}}{\partial u_t} = I - \sum_{i=1}^{N_k} \left(K_i^{t+1}\right)^{\mathrm{T}} \cdot \Lambda_i \cdot \left(\bar{K}_i^{t+1}\right)^{\mathrm{T}} \tag{7.18}$$

其中，Λ_i 为对角矩阵，$\Lambda_i = \mathrm{diag}\left(\varphi_i^{t\,'}(z_1), \cdots, \varphi_i^{t\,'}(z_p)\right)$，（$\varphi_i^{t\,'}$ 为 φ_i^t 的一阶导数），$z = k_i^{t+1} * u_t$。在实际应用中，我们并不需要严格地构建矩阵 K_i 和 $\bar{K}_i$（$\bar{K}_i$ 与 $\bar{k}_i$ 有关，$\bar{K}_i u \Leftrightarrow \bar{k}_i * u$）。而是通过图像 u 和二维滤波器 k_i、$\bar{k}_i$ 的卷积操作计算得到。

接下来计算 $\dfrac{\partial u_{t+1}}{\partial \tilde{u}_{t+1}}$，可得

$$\frac{\partial u_{t+1}}{\partial \tilde{u}_{t+1}} = \mathrm{diag}\left(z_1, \cdots, z_p\right) \tag{7.19}$$

考虑梯度 $\dfrac{\partial u_t}{\partial \Theta_t}$，由于 Θ_t 包含 $\left(\lambda^t, \varphi_i^t, k_i^t\right)$，我们需要分别计算这三项的偏导数。其中，$u_t$ 关于 $\left(\varphi_i^t, k_i^t\right)$ 的导数可以由下面两式计算得到

$$\begin{aligned}
\frac{\partial u_t}{\partial \varphi_i^t} &= \frac{\partial \tilde{u}_t}{\partial \varphi_i^t} \cdot \frac{\partial u_t}{\partial \tilde{u}_t} \\
\frac{\partial u_t}{\partial k_i^t} &= \frac{\partial \tilde{u}_t}{\partial k_i^t} \cdot \frac{\partial u_t}{\partial \tilde{u}_t}
\end{aligned} \tag{7.20}$$

u_t 关于 λ_t 的梯度由下式得到

$$\frac{\partial u_t}{\partial \lambda_t} = (z_1, \cdots, z_p) \tag{7.21}$$

其中，$z = \dfrac{1}{2}\left[-1 + \dfrac{(\lambda^t - \tilde{u}_t) + 2f}{\sqrt{(\tilde{u}_t - \lambda^t)^2 + 4\lambda^t f}}\right]$。在实际应用中，为了保证在训练过程中 λ_t 为正，我们设定 $\lambda = e^\beta$。因此，在实际编程过程中我们使用 $\dfrac{\partial u_t}{\partial \beta_t}$ 取代 $\dfrac{\partial u_t}{\partial \lambda_t}$。

此时 $\dfrac{\partial u_t}{\partial \beta_t}$ 可以由下式表示

$$\frac{\partial u_t}{\partial \beta_t} = \frac{\lambda^t}{2}\left[-1 + \frac{(\lambda^t - \tilde{u}_t) + 2f}{\sqrt{(\tilde{u}_t - \lambda^t)^2 + 4\lambda^t f}} \right] \tag{7.22}$$

7.2.3 相干斑去噪试验分析

为了评估本章所提算法的性能，这里与四种很具有代表性的图像去噪算法——增强的 Lee 滤波算法、DPAD 算法、PPBit 算法和 SAR-BM3D 算法进行对比。对比实验使用图像降噪研究常用的测试图像集，为了从视觉上对比说明本章所提算法的优点，我们给出了各方法实验结果图中同一区域的局部放大图。量化分析时采用峰值信噪比 (peak signal to noise ratio，PSNR) 和结构相似性 (structural similarity，SSIM) 指标来衡量图像降噪的性能。峰值信噪比 PSNR 的计算公式为

$$\mathrm{PSNR\,(dB)} = 10\lg \frac{255 \cdot 255 \cdot N}{\|u - \hat{u}\|^2} \tag{7.23}$$

其中，N 表示图像像素个数；u 表示无噪声图像；$\hat{u}$ 表示降噪处理后的图像。SSIM 度量的计算公式为

$$\mathrm{SSIM}\,(\hat{u}, u) = \frac{(2\mu_{\hat{u}}\mu_u)\,(2\sigma_{u\hat{u}} + c_2)}{(\mu_{\hat{u}}^2 + \mu_u^2 + c_1)\,(\sigma_u^2 + \sigma_{\hat{u}}^2 + c_2)} \tag{7.24}$$

其中，μ_u、$\mu_{\hat{u}}$ 分别表示图像 u 和 $\hat{u}$ 的平均值；σ_u 和 $\sigma_{\hat{u}}$ 分别表示各自的标准差；$\sigma_{u\hat{u}}$ 表示 μ_u 和 $\mu_{\hat{u}}$ 之间的协方差。另外，常数设置为 $c_1 = (0.01D)^2$，$c_2 = (0.03D)^2$，其中 D 表示图像的动态范围 (针对 8bit 图像，动态范围是 255)。SSIM 的值在 $[0,1]$，1 表示重构结果最好，0 表示最差。

我们在实验中选取扩散步数为 8、滤波器尺寸为 7×7，每一步的滤波器个数为 48，训练使用的图像样本数为 400。

首先对单视图像进行处理，图 7.2 的实验结果表明：与增强的 Lee 滤波算法、DPAD 算法以及 PPBit 算法相比，本章所提算法与 SAR-BM3D 算法的处理效果相当，能够保留细节和较小的图像特征。同时，与 SAR-BM3D 算法相比，本章所提算法能够获得更加清晰的边缘信息。对比图像降噪处理的结果及其局部放大的图 7.3 可以发现，在细节保持和几何结构保持方面，本章所提算法的性能和 SAR-BM3D 相当，优于其他三种算法。可以发现，使用 SAR-BM3D 算法进行降噪处理后的图像中均匀区域内的杂斑干扰比较严重。由于本章所提算法使用的扩滤波器和影响函数在训练时考虑了相干斑噪声的统计特性，所以可以在去噪的同时有效地保持图像的结构特征。

(a) 原始图像 (b) 添加噪声后的图像 (c) 增强的Lee滤波

(d) DPAD (e) PPBit (f) SAR-BM3D

(g) 本章所提算法

图 7.2 单视图像降噪效果对比

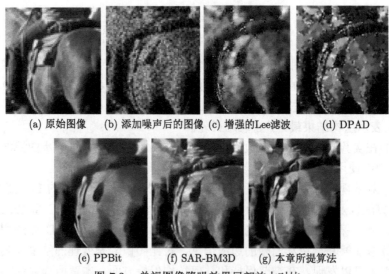

(a) 原始图像 (b) 添加噪声后的图像 (c) 增强的Lee滤波 (d) DPAD

(e) PPBit (f) SAR-BM3D (g) 本章所提算法

图 7.3 单视图像降噪效果局部放大对比

在图 7.4 和图 7.5 中，我们给出了对真实 SAR 幅度图像的降噪处理结果。

通过仔细的视觉效果对比，我们发现本章所提算法处理后的图像保留了更多的图像细节特征与边缘信息。

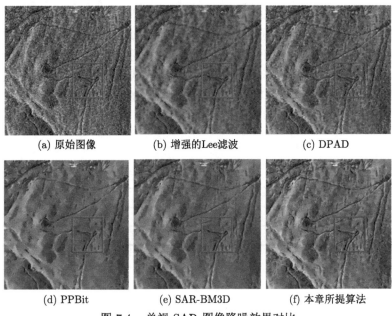

(a) 原始图像　　　　　　　(b) 增强的Lee滤波　　　　　　(c) DPAD

(d) PPBit　　　　　　　　(e) SAR-BM3D　　　　　　(f) 本章所提算法

图 7.4　单视 SAR 图像降噪效果对比

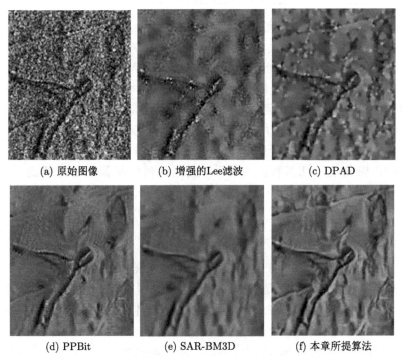

(a) 原始图像　　　　　　　(b) 增强的Lee滤波　　　　　　(c) DPAD

(d) PPBit　　　　　　　　(e) SAR-BM3D　　　　　　(f) 本章所提算法

图 7.5　单视 SAR 图像降噪效果局部放大对比

本章所提算法的运算量主要集中在图像的卷积操作，所以非常适用于并行实现。我们给出了对两幅不同大小图像进行降噪处理的运算时间，同时还给出了其他四种对比算法的处理时间。四种对比算法通过 MATLAB 实现，但核心部分通过 C 语言编译。本章所提算法基于 MATLAB 实现。表 7.1 同时还给出了本章所提算法通过 GPU 并行处理实现所需的运算时间，通过对比可以发现，本章所提算法所需的处理时间 (尤其是在 GPU 并行运算的情况下) 少于其他算法。

表 7.1　不同大小图像的降噪处理时间

	增强的 Lee 滤波	DPAD	PPBit	SAR-BM3D	本章所提算法
256×256	4.6	20.5	13.2	42.4	3.05 (0.03)
512×512	17.8	82.3	48.9	169.1	9.33 (0.09)

7.3　面向对象的目标检测识别

7.3.1　基于双参数全局恒虚警率的舰船检测方法

SAR 图像船舶检测是海洋遥感应用的研究热点，传统的 SAR 图像船舶检测算法普遍存在运算量大、特征提取不准确、虚警率高等问题[1-3]。本章针对传统 SAR 图像船舶检测运算量大、旁瓣严重导致的特征提取不准确等问题，提出了一种基于迭代旁瓣修正的全局恒虚警率 (constant false alarm rate, CFAR) 的 SAR 图像船舶检测算法。首先，利用全局 CFAR 算法进行初步检测；接着，提取出连通区域，利用连通区域的像素个数筛选出感兴趣区域 (region of interest, ROI)；然后，基于建立的一种迭代旋转去旁瓣的方法去除 ROI 旁瓣的影响，提取出其几何特征；最后，利用几何特征筛选出最终的检测结果。实验结果表明，本章提出的 SAR 图像船舶检测算法具有较好的检测效率和效果。

1. 全局 CFAR 检测

CFAR 舰船检测算法由于结构简单，运行效率高，在实际中获得了广泛应用。CFAR 检测算法的基本原理是根据虚警概率 P_{fa} 和 SAR 图像杂波的统计分布模型 $f(x)$ 共同确定一个自适应的阈值，根据阈值与待检测像素之间的关系来确定待检测像素是目标像素或者是背景像素[4,5]。

如图 7.6 所示，假设 SAR 图像中某一点像素值为 x，设背景与目标分布的先验概率分别为 $r(w_0)$ 和 $r(w_1)$，条件概率分别为 $r(x|w_0)$ 和 $r(x|w_1)$，其中 w_0 和

w_1 分别表示背景和目标, 这样基于最小错误率的贝叶斯决策准则为

$$r\left(x|w_0\right) < r\left(x|w_1\right) \tag{7.25}$$

如果上式成立, 则把像素归类于目标, 否则归类于背景。上述规则的似然等价形式为

$$P(x) = \frac{r(x|w_0)}{r(x|w_1)} > \frac{r(w_0)}{r(w_1)} \tag{7.26}$$

如果上式成立, 则把像素归类于目标, 否则归类于背景。对 SAR 图像来说, 假设舰船目标和背景杂波的先验概率未知, 若取两者的先验概率相等, 则得到判定目标的最大似然准则为

$$P\left(x\right) = \frac{r(x|w_0)}{r(x|w_1)} > 1 \tag{7.27}$$

但是对于 SAR 图像来说, 由于背景杂波的先验概率远高于目标像素的先验概率, 所以上述相等的假设并不合理。实际合理的决策思想应为先控制犯第一类错误的概率在某一范围内, 然后寻找使犯第二类错误的概率尽可能小的检验, 即为 N-P 准则 [6]。当

$$\lambda = \lambda(a) = \frac{r\left(x \mid w_1\right)}{r\left(x \mid w_0\right)} \tag{7.28}$$

且 $P_{\text{fa}} = \displaystyle\int_a^{\infty} r(x|w_0)\mathrm{d}x$ 时, 检错概率最小, 则判决准则为

$$P(x) = \frac{r(t|w_1)}{r(t|w_0)} > \lambda \tag{7.29}$$

其中, t 由式 (7.30) 求得

$$P_{\text{fa}} = \int_t^{\infty} r(x|w_0)\mathrm{d}x \tag{7.30}$$

图 7.6 中, $P_{\text{b}}(x)$ 为 w_0 的分布函数, $P_{\text{t}}(x)$ 为 w_1 的分布函数, P_{d} 为检测正确率, P_{fa} 为虚警率。综合考虑高正检率和低虚警率, 最优化设置阈值 T, 从而达到较好的目标检测效果。

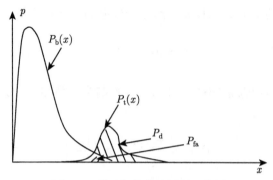

图 7.6　基于阈值的检测率示意图

　　传统的通用 CFAR 算法流程以图中某像素点为中心，设置其背景窗口。假定杂波背景服从高斯分布，分布函数的参数由窗口内的像素集计算估计得到 [7,8]。通过解算出的分布函数和预先设定虚警率，求解出 CFAR 阈值，具体表达式如下：

$$1 - P_{\text{fa}} = \int_0^T p(x)\mathrm{d}x \tag{7.31}$$

　　比较阈值与该点的像素值，判别该点是否为目标，从而输出该像素点的检测结果。在获取全图检测结果的过程中，背景窗口即为滑动窗口，求解分布函数的参数时，所有像素点重复参与了计算，从而导致运算量很大，效率降低 [9]。

　　然而在实际的星上实时检测项目中，星上计算存储资源有限，必须尽量约束运算量；但传统的 CFAR 检测算法，每个像素经过了多次参数估计的阈值运算，产生了大量冗余计算，运算开销大。因此，本章提出采用全局 CFAR 检测算法进行初步检测，将图像分割成块，每块计算一次参数和阈值，各像素只统计一次，效率更高，计算速度快，占用运算资源少，有利于适应星上的实时检测。这样做的依据是，SAR 图像中船舶像素一般只占整块图像像素数的 2% 以下，对背景杂波的影响可以忽略。另外，选择了高斯分布假设代替了目前常用的 K 分布、G0 分布假设，以减小阈值的计算量，阈值 T 由下式确定：

$$P_{\text{fa}} = 1 - \phi\left(\frac{T - \mu}{\sigma}\right) \tag{7.32}$$

　　其中，ϕ 为高斯分布的累积积分函数；μ 和 σ 分别表示杂波的均值和标准差。为确保图中海洋杂波分布相近，将每次检测的图像大小设置在 3000×3000 以下。为降低高海况情况下的漏检率，将阈值设置得较低，之后再通过特征提取进行约束并去除虚警。图 7.7 显示了经全局 CFAR 检测后的结果。

(a) 原图　　　　　　　(b) 全局CFAR检测

图 7.7　　全局 CFAR 检测前后对比

基于全局 CFAR 初检，输出二值图像后，需要通过一定规则连通区域像素，来提取目标信息。如图 7.8 所示，若像素点 o 为目标，则相邻的 8 个像素点 (a、b、c、d、e、f、g、h) 为 o 的八近邻，b、g、d、e 为 o 的四近邻。

a	b	c
d	o	e
f	g	h

图 7.8　　像素连接关系

本章采取两次扫描算法提取全图中的连通区域，第一次遍历时，从左上到右下依次扫描全图，标记值为 1 且未标记过的像素；第二次遍历时，采用深度优先遍历算法合并等价标记。在此过程中，可以提取出各个连通区域的像素个数和坐标信息，由于船舶目标的面积有限，在分辨率已知的情况下，可以大致估算出船舶目标在 SAR 图像中的像素个数范围，由此，可以初步去除不满足条件的检测结果，筛选出 ROI。

2. 迭代旁瓣修正

在前期检测过程中使用了全局 CFAR 检测方法，且设置了低阈值，导致了检测结果中有较高的虚警，这些虚警可能是人工目标、海浪、斑噪等。通过连通区域的像素个数约束，可以去除部分海浪、斑噪等面积明显小于船只的虚警，但对人工目标、小礁石、大型海浪造成的虚警，其去除能力有限。因此，需要进一步对 ROI 进行特征提取来鉴别，以减少检测结果中的虚警。然而由于 SAR 成像的机理，SAR 图像上的船舶目标往往带有十字旁瓣 [10-13]，如图 7.9 所示，所以严重影响了特征提取的准确性。针对该问题，本章在提取连通区域和提取几何特征之间增加了一个步骤——迭代旁瓣修正。该步骤的目的是消除由 SAR 成像机理造成的十字旁瓣影响，使对 ROI 的特征提取更加准确。为方便后续操作，减小运算量，这里对每个 ROI 进行了切片。

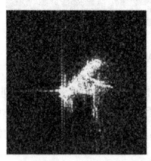

图 7.9　SAR 图像中舰船目标的十字旁瓣现象

迭代旁瓣修正技术迭代进行切片旋转与去除目标两侧的十字旁瓣操作，最终船舶目标两侧的旁瓣将被去除，并旋转至与纵轴平行，下面对该算法过程进行详细的介绍：

(1) 将船只分为上下两部分，分别计算出船只整体重心并设为 P_0，上半部重心为 P_1、下半部重心为 P_2；

(2) 计算 P_1P_2 与纵轴的夹角 θ，以 P_0 为原点，将船只旋转 θ 角度；

(3) 迭代进行前两步直至 θ 小于阈值；

(4) 从切片两侧计算每列像素个数，小于阈值 T 的设为 0；

(5) 重复进行以上四步 1~3 次，直至船舶主轴完全平行于图像纵轴。

迭代旁瓣修正完成后，船舶目标的十字旁瓣在该过程中几乎被完全去除，并被旋转至平行于纵轴。其中，前三步使用了不断调整重心的旋转方法，相比先求取倾斜角再旋转的 vusar 和 radon 变换等传统方法，其具有受旁瓣影响小、精度高等优点，能够更精确地将船舶旋转至平行于图像纵轴方向。迭代旁瓣修正的方法以求角度、旋转、去旁瓣三个步骤不断迭代的方式，将主轴提取、去除旁瓣、旋转船体至与纵轴平行三个任务结合起来，同时完成三个任务，一般来说前两步进行 2~4 次迭代即可。图 7.10 展示了迭代旁瓣修正前后的对比图。从图中可以看出，本方法可以将船舶目标的旁瓣干净地去除，并精确地将船舶主轴旋转至平行于图像纵轴，其最小外接矩形基本上紧贴真实船舶，证明了本算法的可行性。

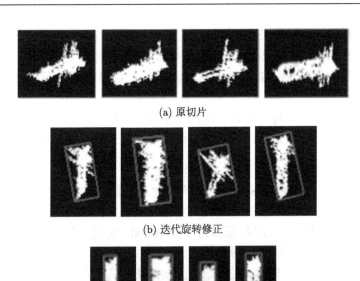

(a) 原切片

(b) 迭代旋转修正

(c) 修正后切片

图 7.10 迭代旁瓣修正前后的效果

3. 几何特征提取和鉴别

几何特征如长、宽、长宽比、方位角、面积、周长等物理量是对舰船目标最直观的描述，本章将使用长、宽、长宽比这三个特征对目标进行鉴别。ROI 切片经过迭代旁瓣修正后，无须求取其最小外接矩形，进行简单的遍历、判断操作即可提取其几何特征。

长度特征：从切片的上边缘开始计算每一行的像素个数，若像素数小于 3 则继续向中心推进，否则保存行值为 up，结束操作；从切片的下边缘开始计算每一行的像素个数，若像素数小于 3 则继续向中心推进，否则保存行值为 down，结束操作；目标的长度 L 即可表示为

$$L = \text{up} - \text{down} \tag{7.33}$$

宽度特征：从切片的左边缘开始计算每一列的像素个数，若像素数小于 3 则继续向中心推进，否则保存列值为 left，结束操作；从切片的右边缘开始计算每一行的像素个数，若像素数小于 3 则继续向中心推进，否则保存列值为 right，结束操作；目标的宽度 W 即可表示为

$$W = \text{right} - \text{left} \tag{7.34}$$

　　长宽比特征：舰船的长宽比为长和宽的比值，一般在 5~8。

　　相比于常用的 radon 变换找最长主轴、求解最小外接矩形算法，由于不受旁瓣影响，计算出的结果更加精确，更加稳健，对 CFAR 检测算法效果的依赖性更低。

　　最后，在进行了上述步骤后，对图像中每个 ROI 切片都提取了其几何特征，根据船舶的先验几何知识，可以进行特征鉴别将大部分虚警滤除。

4. 实验结果与分析

　　本章利用 GF-3 的海洋 SAR 图像 (单极化，图像分辨率 3m) 进行实验测试 [6]，来验证本章提出的检测算法的有效性。实验参数设置如下：CFAR 的阈值为 $T = u + 4.5v$，连通区域的面积限制范围为 100~10000，迭代旁瓣修正法中循环次数取 3 次，每次的限制偏角取 6°，旁瓣限制阈值取 15。

　　实验一：选取样本图像，进行迭代旁瓣修正和几何特征提取实验，部分实验结果如图 7.11 所示。

(a) 原图

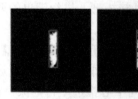 

(b) 部分切片迭代旁瓣修正结果

(c) 最终检测结果

图 7.11　检测结果

实验二：选取 200 张 GF-3 图进行检测算法运算时长的对比验证实验，传统方法与本章算法的部分对比结果如表 7.2 所示。

表 7.2 传统方法与本章算法的运算时长对比

样本序号	传统方法/s	本章算法/s
1	61.21	4.23
2	70.35	6.25
3	65.37	5.35
4	76.31	7.02
5	68.12	5.59

实验三：裁剪、拼接多幅 GF-3 图像，构成行宽 6250、列高 6144 的实验大图。检测结果如图 7.12 所示。

(a) 实验大图原图及漏检　　　　　　(b) 检测结果及虚警

图 7.12　漏检及虚警结果

由图 7.11 可知，本章提出的迭代旁瓣修正方法能有效去除 SAR 图像中的十字旁瓣效应，达到更准确的几何信息提取效果。

由表 7.2 可知，相比传统的检测方法，本章算法的计算量较小，速度更快。传统检测算法中的滑窗 CFAR 是整个检测算法中时间消耗最大的部分，达 80% 以上，涉及大量的乘积累加运算。而本章提出的检测算法从工程实际出发，考虑到实时应用需求，采用全局 CFAR 算法，简化运算步骤，将运算效率提高 10∼100 多倍。

由图 7.12 可知，试验大图中共 94 只船，漏检为图 7.12(a) 中红圈部分，虚警为图 7.12(b) 中黄框部分，共 5 个漏检，6 个虚警，漏检率为 6.4%，虚警率为 5.3%。其中虚警多因图像中船只像素较弱，断裂成多个部分引起；漏检多因海况过高、船只过小或像素过弱产生。

相比传统的 CFAR 检测算法，本章介绍的算法具有以下优点：

(1) 采取全局 CFAR，大大降低了运算量；

(2) 采用迭代旁瓣修正模型，去除旁瓣影响，相比传统特征提取算法能更精准地提取目标几何特征。

7.3.2　基于干涉阴影的建筑目标检测方法

各频段雷达波的穿透能力不同，但综合考虑，有波长越长穿透能力越强，波长越短定位精度越高的特点。其中以植被、叶簇穿透为例，VHF(甚高频，载频 50MHz) 雷达就具有极佳的探林能力，而 P 波段 (载频 400MHz)、L 波段 (载频 1250MHz) 也能够实践一定的探地任务。SAR 是一种主动探测设备，天线阵面辐射方向调制的电磁波，当目标存在遮挡时，会出现 SAR 图像阴影。如图 7.13 所示，L_s 即为地面上的阴影长度，$\widehat{L}_\mathrm{s}$ 是对应斜距平面上的阴影长度。

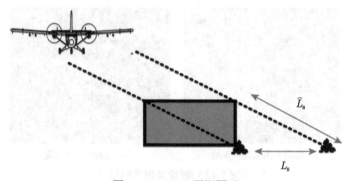

图 7.13　SAR 阴影图示

根据如图 7.14 的实测数据，可以发现 Ka 波段建筑物阴影明显，具有较为清晰的轮廓信息，区域内强度低。

1. 相位阴影分析

面向干涉相位中的阴影特征，这里首先分析 SAR 干涉图像的相位统计特性，对干涉相位的概率密度函数建模分析。干涉相位精确性受到各项独立因素影响，为实现高相干性，需要关注的去相干因素主要包括以下几种。

(1) 时间去相干。

具体包括场景在观测前后的明确变化，例如，年间隔下的城市变迁；月间隔下的植被生长；天间隔下的地震、泥石流、滑坡，以及随时变化的水流、迁徙冰川，都会造成干涉前后具有时间变量，造成图像对应区域相干性的下降。

图 7.14 Ka 波段 SAR 图像建筑阴影

(2) 雷达接收机噪声。

雷达接收链路噪声是收发链路的主要热噪源。并且地物回波较弱时，甚至能被接收机内部噪声"湮没"。这种噪声在一般的脉冲雷达中是对作用距离的极大限制，而在 SAR 语境中会转变为直接影响图像、干涉相位信噪比的约束。

(3) 处理去相干。

SAR 硬件信号流、数字采样后的处理器信号处理都对干涉相位的噪声特性有巨大影响；处理斜距模型、运算流程的相位多项式阶数的影响至关重要，例如，基本的频率变标算法就无法在斜视下满足高保相成像。

(4) 空间去相干。

视角差异不同于其他误差带来的去相干因素，既是干涉原理也是造成干涉相位间失效的原理；当视角差异过大时，两幅 SAR 图像间不可避免地难以互相对应。例如，第 5 章为顺轨干涉所定义的相干系数 γ，交轨相干系数组成为

$$\gamma = \gamma_s \cdot \gamma_n \cdot \gamma_p \tag{7.35}$$

式中，γ_s 是场景在获取时间段的相干系数；γ_n 为噪声相干系数；γ_p 为处理相干系数。在本章的分析情景中，不考虑动态目标，所以认为场景的时间相干性恒定为 1。考虑目标场景回波受到复高斯调制，具有功率谱密度 $2\sigma^2$。处理流程的传递函数分别为 H_1 和 H_2；在相同的输入 x 下，得到信号输出 y_1 和 y_2；考虑到处理输出信号分别携带的噪声量为 n_1 和 n_2，得到信噪比 $\mathrm{SNR_1}$ 和 $\mathrm{SNR_2}$。干涉图定义为 $z_1 \cdot z_2^*$，干涉相位为

$$\Delta\phi = \arg\left(z_1 \cdot z_2^*\right) \tag{7.36}$$

其中，$z_1 = y_1 + n_1$；$z_2 = y_2 + n_2$。原始信号 x 与噪声量 n_1 的自相关函数为

$$R_{xx}(\tau) = 2\sigma^2 \delta(\tau) \tag{7.37}$$

$$R_{n_1,n_1}(\tau) = 2\sigma_1^2 \int |H_{1p}|^2 \exp(-2\pi j f\tau)\mathrm{d}f \tag{7.38}$$

式中，$2\sigma_1^2$ 是噪声分量 1 的功率密度；H_{1p} 为引入噪声 n_1 的传递函数。则信噪比为

$$\mathrm{SNR}_1 = \frac{\sigma \displaystyle\int_{-\infty}^{+\infty} |H_p|^2 \,\mathrm{d}f}{\sigma_1 \displaystyle\int_{-\infty}^{+\infty} |H_{1p}|^2 \,\mathrm{d}f} \tag{7.39}$$

其中，$\phi_0 = \arg(\gamma)$，干涉相位的概率密度函数表述为

$$\mathrm{pdf}(\Delta\phi) = \mathrm{pdf}_0\left(\Delta\phi - \phi_0\right) \tag{7.40}$$

$$\mathrm{pdf}_0(\phi) = \frac{1 - |\gamma|^2}{2\pi} \frac{1}{1 - |\gamma|^2 \cos^2\phi} \left\{ 1 + \frac{|\gamma|\cos\phi \arccos(-|\gamma|\cos\phi)}{\sqrt{1 - |\gamma|^2 \cos^2\phi}} \right\} \tag{7.41}$$

考虑 $\mathrm{pdf}_0(\phi)$ 定义在圆周相位内，其期望为

$$E(\phi) = \int_{-\pi}^{\pi} \phi\,\mathrm{pdf}_0(\phi)\mathrm{d}(\phi) = 0 \tag{7.42}$$

则相位偏移量 $E(\Delta\phi) = \phi_0 = \arg(\gamma)$；相位方差为

$$E\left\{(\phi_0 - \Delta\phi)^2\right\} = \int_{-\pi}^{\pi} \phi^2\,\mathrm{pdf}_0(\phi)\mathrm{d}(\phi) = \sigma_\phi^2 \tag{7.43}$$

由于相位期望 ϕ_0 只影响分布中心而不影响相位方差，所以只分析无偏量 $\phi = \Delta\phi - \phi_0$。相干系数 γ_n 和处理相干系数 γ_p 分别受信噪比 SNR 和传递函数 H 调制，分别有

$$\gamma_n = |\gamma_n| = \frac{1}{\sqrt{\left(1 + \mathrm{SNR}_1^{-1}\right)\left(1 + \mathrm{SNR}_2^{-1}\right)}} \tag{7.44}$$

和

$$\gamma_p = \frac{\displaystyle\int_{-\infty}^{+\infty} H_1(f)H_2^*(f)\mathrm{d}f}{\sqrt{\displaystyle\int_{-\infty}^{+\infty} |H_1(f)|^2 |H_2(f)|^2 \,\mathrm{d}f}} \tag{7.45}$$

即干涉相位的方差只与相干系数幅值有关。仿真结果如图 7.15 所示。

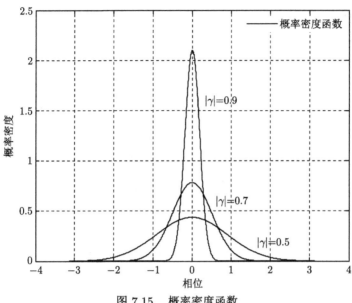

图 7.15 概率密度函数

2. 基于双阈值的建筑阴影检测方法

只分析热噪时，仿真分析随信噪比或相干系数变化的相位标准差，如图 7.16 所示。可以分析得到，理论上在低相干性时相位波动大，如果可以去除相位均值则可以使用功率指标区分高相干区域与低相干区域。

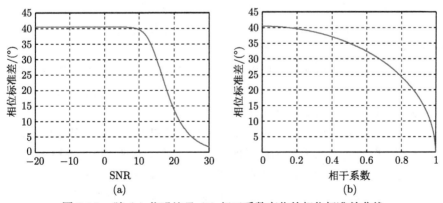

图 7.16 随 (a) 信噪比及 (b) 相干系数变化的相位标准差曲线

　　在实测数据图像中可以发现，Ka 波段下阴影清晰，并且分析去除一次相位梯度后的相位特征，可以发现阴影区域由于零均值高斯分布也具有较强的整体强度，如图 7.17 所示，阴影区域能量较强而有效的相干回波能量较弱。

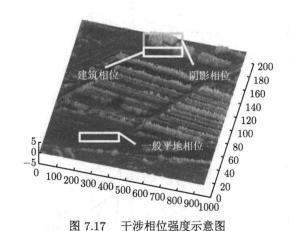

图 7.17　干涉相位强度示意图

　　该特征的实现基础来自于毫米波多通道系统超短的厘米级基线下，一般建筑物高度小于模糊高度，$h < h_{\mathrm{amb}}$。单航过测高系统的模糊高度可以表述为

$$h_{\mathrm{amb}} = \frac{\lambda R_0 \sin \theta}{B \cos \left(\theta - \alpha_0 \right)} \tag{7.46}$$

式中，R_0 为斜距长度；θ 为入射角；B 为基线；α_0 为天线法向视角。模糊高度是指去平地相位后地形变化引起干涉相位变化一圆周相位的高程值。如果在长基线下，高度起伏区域由于大斜率的相位缠绕，也会产生接近高斯分布的方差的强度特征。通过校飞参数设计分析，可以在 60° 入射角下实现超过 200m 的模糊高度值，并可以在图 7.17 的实测数据中发现，去除平地相位和低次相位梯度后，公里级的有效幅宽没有发生相位模糊。

　　通过计算该片实测数据，这里以去梯度的相位作为测度。如图 7.18 和图 7.19所示，阴影区域明显强于道路场景有效回波 45.81dB。这也为通过毫米波阴影数据作为建筑目标判决依据提供了有力的条件。

　　然而，背景场景的回波相位在广义上也具有随机性，存在强能量区域，对此，根据阴影区域时域特性仅有约为底噪的强度，这里提出双阈值阴影检测的毫米波建筑信息提取方法，通过时域强度阈值和相位能量阈值判定阴影区域，基于强度的自适应均值滤波完成区域扩张，扩大阴影区域并降噪改善连贯性。输出结果通过阈值判定和时域强度判定综合得到阴影掩模。

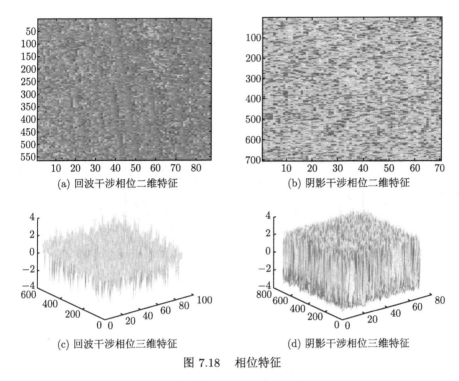

(a) 回波干涉相位二维特征   (b) 阴影干涉相位二维特征

(c) 回波干涉相位三维特征   (d) 阴影干涉相位三维特征

图 7.18 相位特征

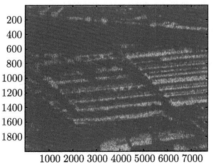

图 7.19 干涉相位强度

自适应滤波的目的是增加阴影区域边界区分度并改善图像平滑性，其具体步骤包括邻域求和、点值取平方以及去除小值，直到区块掩模内部无噪点。不同于一般降噪的滤波方法，其不保留细节相位信息。以下具体阐述该"阴影–噪声"增强的滤波方法。

(1) 首先对求取区域内的平地相位、一次相位梯度，二次相位梯度进行补偿去除，然后选取相位绝对值的均值作为初始阈值。

(2) 相位绝对值的幅度均值可以表征该量的大致功率趋势，如果此时以阈值进行滤波则会出现全局的大范围噪点，所以先进行小矩形窗的普通均值或中值滤波，即实现相位平滑。

(3) 最后完成阈值检测，只保留阴影"高能量"区域。阴影增强结果如图 7.20 所示。

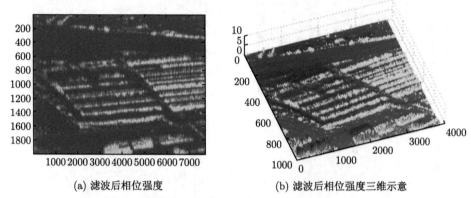

(a) 滤波后相位强度　　　　　　　　(b) 滤波后相位强度三维示意

图 7.20　面向阴影增强的自适应滤波

总结该双阈值的建筑阴影检测方法流程如图 7.21 所示。

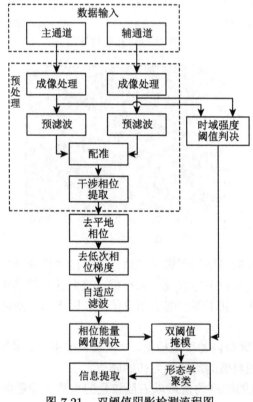

图 7.21　双阈值阴影检测流程图

通过干涉阴影增强的滤波以及双阈值的阈值提取，这里最终以形态学聚类完成掩模的潜在目标识别与位置定位，并以面积判定筛选，通过 500m^2 的限定阈值，实现建筑物提取，可以发现取得较好的提取效果。其结果如图 7.22 所示。

(a) 双门限掩模   (b) 建筑物阴影识别

图 7.22 建筑物阴影信息提取结果

大型阴影目标区域如表 7.3 所示，可以发现观测区域内阴影区域超过 3300m^2 的区域超过 10 块，主要是独栋建筑及相邻的建筑片区；由于滤波及聚类过程中，实际探测区域会大于原有阴影区域，所以通过实际的阴影面积会小于该计算量。这里通过区域中心点提取了横纵轴位置，如表 7.3 所示，图像横轴总点数为 900，纵轴总点数为 1200。

表 7.3 目标参数提取

阴影编号	阴影区域面积/m^2	横/纵轴位置	
1	26235	800	573
2	12336	763	811
3	12072	337	432
4	9450	475	61
5	7992	518	114
6	6747	818	143
7	5352	399	624
8	4962	548	314
9	4314	489	146
10	3345	765	643

7.4 基于毫米波 SAR 的海洋信息反演

毫米波具有低穿透、干涉基线短、相位灵敏度高的特点，Ka 频段的毫米波 SAR/InSAR 能够实现广域海洋普查、详查，或海洋动力拓扑信息、速度场反演。对此，应开展基于毫米波 SAR 系统/数据的海洋信息反演技术研究，包括针对海表流场等海洋要素的反演方案设计及定量化分析。

并且，SAR 具有光学遥感无法替代的能够全天时、全天候工作的优点，一直是海洋监测的重要手段。在开发利用海洋的各类活动中，海洋现象及其活动状态涉及多个方面的经济利益。

7.4.1 海表流场反演方法

海洋总面积超全球地表的 70%，其动力学、热力学能量传递对于全球气候、生物演化与气象灾害预防存在重大意义。相比于已经大规模铺设的浮标、水站，虽然大洋环境中长波的地转流分量能够使用海面测高反演，但目前尚未有成熟的天基洋流测速技术。基于 SAR 的重轨或者长基线分布式干涉，其由于动目标的去相干难以实践。因此，发展基于单星多通道干涉的流场测量方法与体制具有重大意义。Ka 频段毫米波凭借在干涉体制下的短基线优势以及散射体表面特征的高灵敏度，已经引起了对地观测领域的广泛关注。在 L、C 等波段需要重轨或分布式才能布置的干涉基线，能够在单星 Ka 下实现近似最优。然而，根据雷达方程，毫米波频段存在较高的衰减，同时，发射机效率、大气损耗等原因也使得 Ka 频段尚未取得大规模应用。对此，基于 DBF-SCORE 技术的毫米波系统能够避免几万瓦的峰值发射功率，实现较好的测量效果，是有潜力解决次中尺度 (1~10km) 涡旋、湍流速度矢量天基广域解译的重要技术手段。

本小节聚焦于基于毫米波频段的洋流精确解译科技，其能够通过多通道双波束实现地转流与非地转流场的广域向量化反演，并以此为目的对 DBF 体制波束展宽与其他误差源开展分析，明确适合干涉体制的星上处理架构与地面处理流程。DBF-SCORE 技术是基于多通道的宽幅成像解决方案，已经在 3.2 节中详细叙述，首先根据波束宽度和天线尺寸的对应关系配备小口径的发射天线尺寸，并且在接收端具有多个小口径接收天线，满足宽幅场景的收发覆盖。而信号质量则由接收端扫描接收 (即 SCORE) 完成，通过通道间调相合成获得理论的增益提升。图 7.23 为距离向剖面下 DBF-SCORE 技术与用作全向速度测量的双波束扫描示意图。

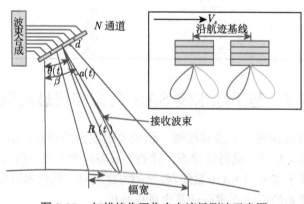

图 7.23   扫描接收用作全向流场测速示意图

1. 波束展宽损耗

多通道的干涉能在回波弱时发挥作用。然而根据文献, 理想模型会在入射角、脉冲宽度的影响下, 在斜距–地距投影后发生回波波束宽度展宽, 展宽量为

$$\chi_\theta(\theta) = \frac{t_{\mathrm{p}}c}{2R_{\mathrm{a}}\left(\dfrac{R_{\mathrm{a}}\cos\theta}{\sqrt{R_{\mathrm{e}}^2 - (R_{\mathrm{a}}\sin\theta)^2}} - 1\right)\sin\theta} \tag{7.47}$$

当波束宽度超过多通道合成波束主瓣时, 增益损失出现, 而当 PEL(pulse extension loss) 调制深度过大时, 会因为幅度调制产生进一步的相位调制。图 7.24(a) 所示是等脉宽下, 随着入射角变化的回波展宽, 图 7.24(b) 是对应展宽下的等效 DBF 天线接收方向图。

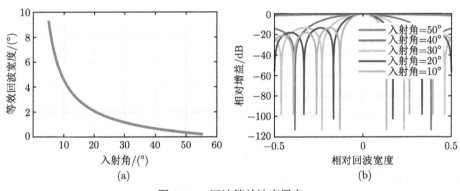

图 7.24　回波等效波束展宽

2. 波达角误差

DBF-SCORE 技术使用的权系数与角度直接相关, 如果波达角已知信息误差较大, 则等效于窄波束扫描与真实回波错开, 也会形成额外的相位调制, 其关系如下式所示

$$\omega_{\mathrm{n}}(t) = \exp\left(-\mathrm{j}\frac{2\pi d_{\mathrm{n}}\sin(\alpha(t))}{\lambda}\right) \tag{7.48}$$

图 7.25 显示了波达角误差与对应相位误差的关系。

同时, 波达角估计错误时, 也会导致幅宽内回波等效方向图的中心角度的错位, 造成增益的下降乃至脉冲压缩性能的恶化, 产生次级的相位误差调制。

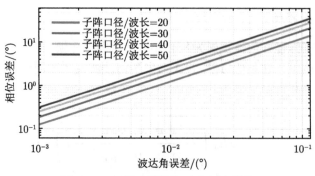

图 7.25　波达角误差与对应相位误差

3. 测量架构分析

多通道系统的内部链路固定幅相误差会影响到合成性能，在回波中的信道强度，一方面是噪声，另一方面是有用信号。单通道处理下，放大整个数字信号并不能改善任何的指标，然而通道间的强度差异会影响信噪比在信号综合后的贡献量，所以在没有先验信息时还是要完成幅度均衡。同理，固定的相位校准也是基于一个基本假设，只有在单通道信号的噪声特性较好且延迟量是缓变的情况下，才能以某点或某段的相位为参考，进行相位校准。

在图 7.23 的干涉构型中，斜距面上每个天线阵面的多个通道完成一维高分辨与增益的提升；方位面上通过合成孔径获得高分辨率，以及时间基线下的干涉相位的提取。海面的 SAR 数据，其去相干时间直接与风场速度相关，对此，这里进行了不同风速下的基线长度引起的去相干因子的计算，如图 7.26 所示，表明在强风速下分布式系统或者重轨不适合高精度 ATI。

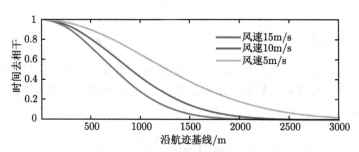

图 7.26　沿航迹基线引起的去相干因子

这里考虑两幅天线下其中一幅的 DBF 实现，分析回波展宽、波达角、固定幅相误差下的保相性能。其中固定幅相误差可以通过高精度内定标装置进行校准。图 7.27 为脉冲压缩前与脉冲压缩后实现 DBF 的两种方式，其中 LNA 为低噪声放大器，E_N 是固定幅相误差校准量，$\omega_N(t)$ 为 SCORE 加权量，$H(f)$ 为频域的匹配滤波器。

如图 7.27(a) 所示，传统的先进行合成的 SCORE 架构，长时宽的调频信号方向图的赋型会明显受到窄波束调制，比较完美的办法是使用频率独立的加权系数完成调制，然而此运算代价大。图 7.27(b) 中，先进行脉冲压缩处理的信号会先经过距离向增益调制与分辨率获取，再进行相干累加，这里的区别是，其接收方向图实质上分别是合成窄波束与原始的小天线口径宽波束。因此，面向高分辨率或高精度干涉需求，后者具有优势。

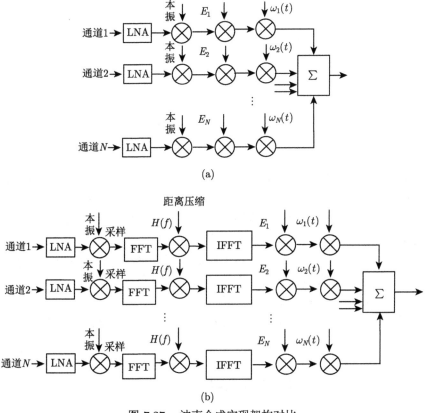

图 7.27 波束合成实现架构对比

由于是单星干涉，波达角估计误差的相位调制项会在两个阵面作差时被去除，不会构成残余相位，然而增益损失则直接造成相位均方根误差 (RMS) 的抬高。通过图 7.28 的仿真可以发现，对于海平面这种远小于千米起伏的场景，可以不进行波达角估计，图中 h 表示场景起伏差。

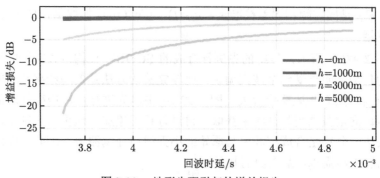

图 7.28　地形失配引起的增益损失

大洋表层流场的地转流分量确定依赖于海面动力地形数据，v 和 u 分别为经、纬速度，在非赤道地区下有

$$v = -\frac{g}{2\gamma \sin\varphi}\frac{\partial D}{\partial x} \tag{7.49}$$

$$u = -\frac{g}{2\gamma \sin\varphi}\frac{\partial D}{\partial y} \tag{7.50}$$

式中，g 为重力加速度；γ 为地球自转角速度；φ 为维度；x 和 y 为坐标系刻度。因此流场直接测量后的广域流场数据的组成细分，能够通过海表测绘得到的平均海面高程数据实现流场组成分量精细描述，进一步与大地水准面求差而得到海面动力地形，从而根据进一步的拟合模型求取地转流。目前没有直接天基测绘来源的非地转流分量，进而能通过上述拟合数据的剔除，在顺轨干涉的全向流场中提取。对此，需要明确的是，何等程度上的海面高程精度能够具有意义。根据重力卫星和高度计卫星对大地水准面与海洋动力面的现有测量能力，可以发现实现千米级尺度的宽幅数据是具有实际意义的。

应用小口径的单星高相干多基线数据，具有实现大幅宽海面测绘的能力，相关 Ka 频段系统及处理分析工作可以参考 7.5.2 节。综合上述分析，这里提出一种基于 DBF-SCORE 的沿航迹干涉方法，通过脉冲压缩、DBF 合成、成像、配准、相位提取、地转流分量去除的方式提取了目标区域速度信息，其流程如图 7.29 所示。

在理想正交波束情况下，目标由速度带来的干涉相位为

$$(v_{\text{fo}}, v_{\text{ba}}) = \left(\frac{2\pi}{\lambda}\frac{B_{\text{x}}}{V_{\text{p}}\phi_{\text{fo}}}, \frac{2\pi}{\lambda}\frac{B_{\text{x}}}{V_{\text{p}}\phi_{\text{ba}}}\right) \tag{7.51}$$

式中，v_{fo} 和 v_{ba} 是正交速度分量；B_{x} 为沿航迹基线；V_{p} 为卫星速度；ϕ_{fo} 和 ϕ_{ba} 分别是前后波束下干涉相位。

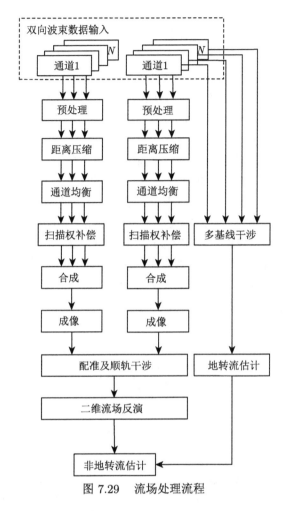

图 7.29 流场处理流程

通过前后两天线得到的两幅 SAR 图像进行干涉处理，并取得干涉复图像的相位，通过相位进行线性变换即可以直接得到流场速度。不过应注意的是，此时得到的流场仅仅是得到的投影在雷达视线方向的多普勒速度。若要求得海表面流场，还应去除长波轨道速度和布拉格相速度的影响。其中，在精度要求不是特别高的情形下，长波轨道速度的去除，可以通过大面积的平均来进行。但是，利用空间平均去除长波轨道速度其是基于大尺度波轨道速度的周期性的。那么就需要精确知道所观测海面空间的精确海浪波长信息，但就文献来看，很少有人在进行空间平均之前对波长进行估计。此外，由于海面不同空间位置处的海浪波长很可能存在不一致性，那么直接用确定的空间平均进行处理，一般往往会剩余一部分估计速度的残差项，进而影响测流精度。

布拉格相速可以通过式 (7.52) 进行计算：

$$c_{\mathrm{p}} = \sqrt{\frac{g}{|\boldsymbol{k}_{\mathrm{b}}|} + \frac{T\,|\boldsymbol{k}_{\mathrm{b}}|}{\rho}} \qquad (7.52)$$

其中，g 为重力加速度；T 为表面张力；ρ 为海水密度；$|\boldsymbol{k}_{\mathrm{b}}|$ 为布拉格波波数，通常情况下，会存在向雷达传播和背雷达传播两个布拉格波。两者的相对分量的大小与风向有关。布拉格波相速度影响的去除，是利用相近频段的波其传播速度相同的原理，进行相干去除消减影响。

这里采用的仿真具有 200km 的二维幅宽，输入的速度范围在 0~3m/s，并且具有海平面起伏高度引起的速度分量，速度范围的选取都在模糊速度内。如图 7.30 所示，首先进行 20° 入射角下两种 DBF 实现方式的全向测速，可以发现由 PEL 引起的增益下降会直接体现在测速精度上。在一致的海面 NRCS 参数下，图 7.30(a) 的测速误差相对于输入量的平均误差为 4.7%，图 7.30(b) 的平均误差为 11.5%。

如图 7.31 所示，进一步减小入射角，保持相同的脉冲宽度，在小的入射角下波束展宽加大，可以发现经过脉冲压缩后 DBF 处理的速度参数精度明显优于基带回波直接进行 DBF 的测量值，后者已经无法实现有效速度测量。

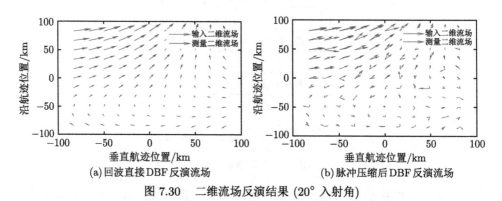

(a) 回波直接 DBF 反演流场　　　　　　　　(b) 脉冲压缩后 DBF 反演流场

图 7.30　二维流场反演结果 (20° 入射角)

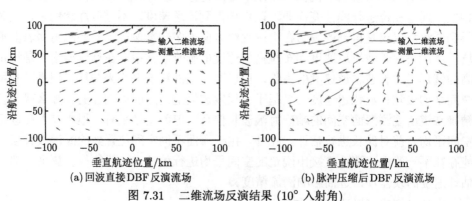

(a) 回波直接 DBF 反演流场　　　　　　　　(b) 脉冲压缩后 DBF 反演流场

图 7.31　二维流场反演结果 (10° 入射角)

通过多基线干涉测量, 得到该区域 40000km^2 的地形起伏量 (假设绝对高程可以通过外源模型标定, 这里只考虑相对测高精度), 如图 7.32 所示。

通过地形测量出平均海面高程, 与大地水准面进行求差, 进一步反演得到了由海表动力高程 (MDT) 引起的环流速度。在总速度矢量中求差可以拟合得到地转流分量与非地转流分量, 如图 7.33 所示。

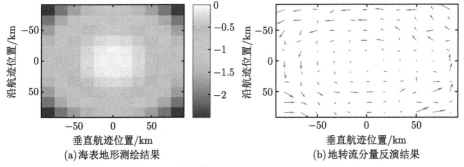

(a) 海表地形测绘结果 (b) 地转流分量反演结果

图 7.32 交轨基线测绘结果与地转流分量

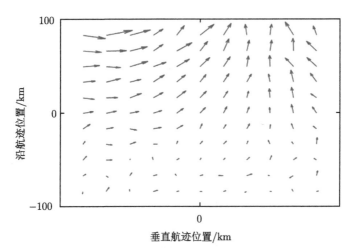

图 7.33 反演得到的非地转流分量

DBF-SAR 面对弱散射环境可以提升系统的干涉测量性能。在具体实现方面, 对多通道雷达系统相位误差进行实时脉冲压缩后再进行合成, 能够改善在小入射角或者长脉宽情况下的顺轨干涉性能, 同时二维流场反演, 能够通过通道间干涉的提取进行地转流分量的提取, 实现定量化产品的精细化反演, 其中在相同时宽的 10° 入射角下, 相比于后进行脉冲压缩, 其测速精度由 11.5% 改善到 4.7%。对此应用 M4S 模型对洋流速度进行分析, 模型流程如图 7.34 所示。M4S 能够通过迭代去除各种因素的影响, 从而使仿真得到的顺轨干涉相位与实际干涉相位相一致, 得到 "最优流场"。

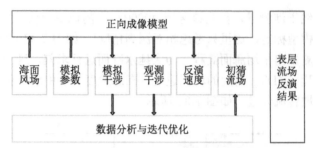

图 7.34　M4S 迭代反演表层流场流程图

该模型的具体实现步骤如图 7.35 所示，对流场的反演不需要布拉格相速和长波轨道速度的精确的先验知识，避免了波浪运动模型本身带来的误差。

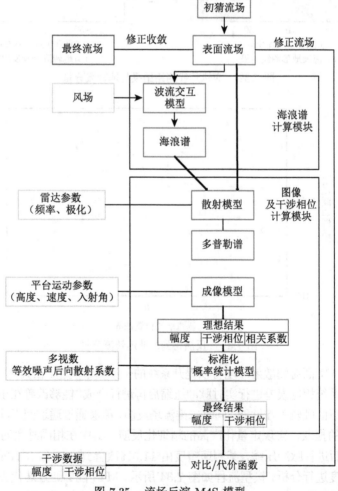

图 7.35　流场反演 M4S 模型

7.4.2 海面高度反演方法

干涉 SAR 对海观测复反射系数互协方差的严格表达式是

$$\langle r_1(x,t,\tau)r_2^*(x,t,\Delta\tau)\rangle = \sigma(x,t)\exp\left(\mathrm{i}\frac{2\pi\Delta t}{\tau_c}\right)\exp\left(-\frac{\Delta t^2}{2\tau_c^2}\right)$$
$$\times \exp\left[-2\mathrm{i}kU_0(x,t)\Delta t\right] \tag{7.53}$$

式中，$\Delta t = B/(2V)$，为时间基线；U_0 为粗糙海面径向速度分量；τ_c 为场景相干时间；σ 为场景后向散射系数。上式表达了干涉 SAR 对不稳定海洋粗糙表面的径向速度测量的敏感性，第一相位项表示了平均海表速度 U_0 附加的相位噪声。根据成像要求，该相位噪声需要对比于平均相位项是极小值，即

$$|2k\cdot U_0\Delta t| \gg \left|\frac{2\pi\Delta t}{\tau_c}\right| \tag{7.54}$$

进而得到场景相干时间限制，结果如图 7.36 所示。

$$\tau_c \gg \frac{\lambda}{2|U_0|} \tag{7.55}$$

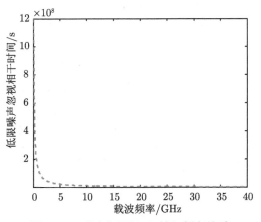

图 7.36　噪声忽视相干时间–频率关系

干涉过程时间间隔带来的雷达后向散射截面积损失项由相位 $\exp[-\Delta t^2/(2\tau_c^2)]$ 表述，后向散射系数可以表示为

$$\sigma'(x,t,\Delta t) = \sigma_0\left(-\Delta t^2/(2\tau_c^2)\right) \tag{7.56}$$

为了在相位信息中提取干涉信息，需要有效信号 $\sigma'(x,t,\Delta t)$ 高于噪声等级。如图 7.37 所示，需要场景相干时间有

$$\tau_c \gg \frac{B}{2V}\frac{1}{(2\ln 2)^{1/2}} \tag{7.57}$$

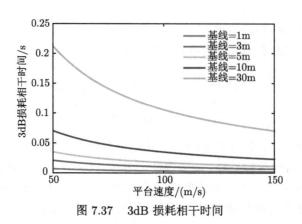

图 7.37　3dB 损耗相干时间

　　对此，本书提出如图 7.38 所示的毫米波单星干涉下的海面高程反演流程，其能避免长时间基线下由流场引起的相位调制与回波强度损失。反演过程包括数据原始滤波、多普勒中心估计、二维聚焦，能够实现基于图像的风速估计、云雨冰区域判定，以及基于相干性和信噪比的浪高估计；在星上、外源参考数据校正后，能够完成点定标下的高精度宽刈幅海面高程数据校正，可依据动力拓扑信息完成重力异常面、浪高、涡旋、波峰、地转流场等海洋要素反演。

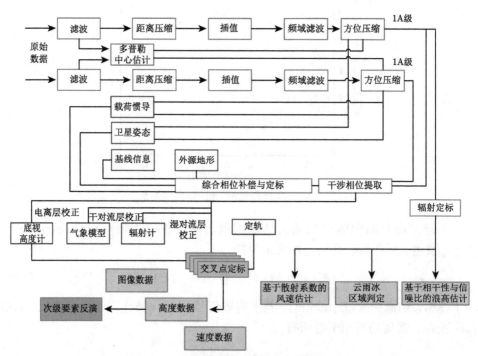

图 7.38　基于天基单星干涉的海面高程反演

对此，本书开展基于单飞行平台多接收口径的毫米波干涉技术验证，得到如图 7.39 所示的湖面水体高程，由于风场等因素，存在一定的内波高程起伏。

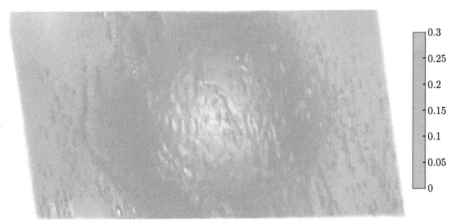

图 7.39　机载单航过水面干涉测高技术验证

为实现基于毫米波干涉 SAR 载荷数据获取、多源协同误差修正的高精度干涉需求，尤其是实现宽幅高度计应用需求，需要定标手段辅助以实现预期指标。具体技术手段有：① 采用辐射计实现湿对流层校正，对干对流层及电离层开发定量的修正算法；② 高精度精密定轨；③ 通过内定标改善延时差，降低干涉相位误差；④ 外定标手段对系统误差修正。其中通过数据升降轨完成残余高程数据平面校正的具体分析如图 7.40 所示。

如图 6.12 所示，交叉点定标技术实现的基本假设是基线倾角误差会形成测高结果的正弦调制，而在宽幅海洋测绘体制下一般使用小入射角，造成正弦调制近似有

$$\sin \theta \approx \theta \tag{7.58}$$

因此倾角误差能够很容易等效到垂直航迹维度的测量面一次线性偏置，即 "抬高"，在幅宽内的倾角误差图示为图 7.41。据此，升降轨处形成的宽幅测量交叉区域能够形成最简洁有效的倾角误差校正区域。

由于误差量在时空分布上具有持续性，在谱分析中可以与有效信号分离开。测量值 $H_{\mathrm{obs}}(x, t)$ 分解为真实高度信号 $H_{\mathrm{real}}(x, t)$ 与相干误差项的和：

$$H_{\mathrm{obs}}(x, t) = H_{\mathrm{real}}(x, t) + x R(t) + x^2 / (a \cdot \delta B(t)) / B + \varepsilon(x, t) \tag{7.59}$$

式中，t 定义为方位向时间；x 为距离向地距位置；$R(t)$ 为天线转角。这里模拟具有长波、中波及短波的海面高程数据，并沿航迹获取厘米级精度底视高度计数据。模拟海面及海面高程剖面如图 7.42 所示。

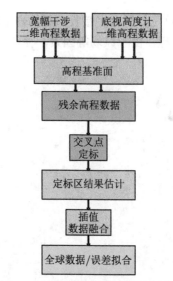

图 7.40　SAR 与高度计协同定标流程

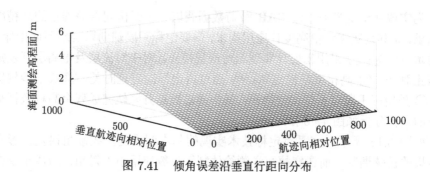

图 7.41　倾角误差沿垂直行距向分布

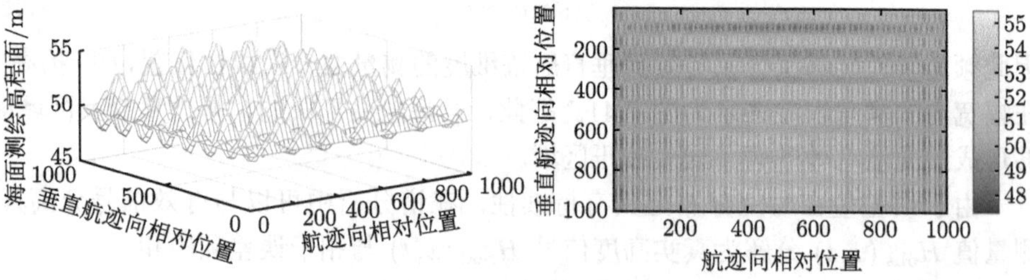

图 7.42　模拟海面数据

(1) 直接定标。

直接方法利用 H_{ref}(外源信息) 计算 H_{obs} 中的真实地形 H_{real} 的大块变化。如果使用 Y 作为差值，则

$$Y(x,t) = H_{\text{obs}}(x,t) - H_{\text{ref}}(x,t)$$

$$= x \cdot R(t) + x^2/(H \cdot \delta B(t))/B + \delta H(x,t) + \varepsilon(x,t) \tag{7.60}$$

使用 $H_{\text{ref}}(x,t)$ 能够将数据搬移，允许误差特征仅仅表现在残余项中。定标前后的残差如图 7.43 所示。

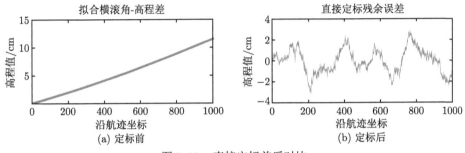

图 7.43　直接定标前后对比

(2) 交叉点定标。

如图 7.44 所示，升降轨菱形交叉区域由四个小区域，以及一个底视高度计交叉点组成；如果两轨数据的时间差足够小，则每个测量值可以认为分享了真实值 H_{real}、误差 ε 的部分量。但 $R(t)$ 以及 $\delta B(t)$ 在两次观测时间改变，且两轨具有不同的相对交轨距离 (指到底视轨道，即使目标区域经纬度相同)。

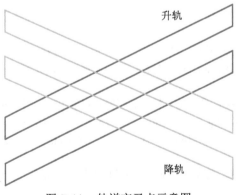

图 7.44　轨道交叉点示意图

交叉定标残余与沿航迹误差的前后对比如图 7.45 所示。干涉 SAR 的数据可以获得一级产品海面高度，再适当融合其他传感器数据，可以反演出海面动力高度、有效波高和重力场异常，最后采用集料同化方法反演出四级产品海洋温跃层、会聚区和海底地形等。

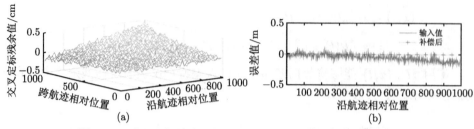

图 7.45　交叉定标残余误差 (a) 与沿航迹误差 (b) 的前后对比

参 考 文 献

[1] 唐沐恩, 林挺强, 文贡坚. 遥感图像中船舶检测方法综述 [J]. 计算机应用研究, 2011, 28(1):29-36.

[2] 陈嘉琪. 一种超分辨 SAR 图像水域分割算法及其应用 [J]. 电子与信息学报, 2021, 43(3): 700-707.

[3] 黄韦良, 周长宝, 厉冬玲. 我国星载 SAR 海洋应用的现状与需求 [J]. 中国航天, 1997, (12):5-9.

[4] Li H Y, Song H J, Wang R, et al. A Modification to the complex-valued MRF modeling filter of interferometric SAR phase[J]. J. IEEE Geoscience and Remote Sensing Letters, 2014, 12(3): 681-685.

[5] Wang H, Zhang H, Dai S, et al. Azimuth multichannel GMTI based on Ka-band DBF-SCORE SAR system[J]. J. IEEE Geoscience and Remote Sensing Letters, 2018, 15(3): 419-423.

[6] 孙显, 王智睿, 孙元睿.AIR-SARShip-1.0: 高分辨率 SAR 船舶检测数据集 [J]. 雷达学报, 2019, 8(6): 852-862.

[7] 李焘. 基于 SAR 图像的船舶目标检测方法研究 [D]. 西安: 西安电子科技大学, 2019.

[8] 樊庆聚. 星载 SAR 图像海上船舶目标检测与鉴别技术研究 [D]. 长沙: 国防科学技术大学, 2016.

[9] 章林. 高分三号 SAR 图像船舶目标检测研究及实现 [D]. 西安: 西安电子科技大学, 2018.

[10] Hui W, Chen Z, Zheng S. Preliminary research of low-RCS moving target detection based on Ka-band video SAR[J]. J. IEEE Geoscience and Remote Sensing Letters, 2017, 6: 1-5.

[11] 王辉, 赵凤军, 邓云凯. 毫米波合成孔径雷达的发展及其应用 [J]. 红外与毫米波学报, 2015, 34(4): 452-459.

[12] Moreira A, Prats-Ipaola P, Younis M, et al. A tutorial on synthetic aperture radar[J]. IEEE Geoscience and Remote Sensing Magazine, 2013, 1(1): 6-43.

[13] Greidanus H, Alvarez M, Santamaria C, et al. The SUMO ship detector algorithm for satellite radar images[J]. Remote Sensing, 2017, 9(3): 1-27.